数据科学与工程技术丛书

MASTERING PYTHON FOR FINANCE
SECOND EDITION

Python金融数据分析

（原书第2版）

［新加坡］马伟明（James Ma Weiming）著

张永冀 黄昊 译

机械工业出版社
China Machine Press

图书在版编目（CIP）数据

Python 金融数据分析：原书第 2 版 /（新加坡）马伟明著；张永冀，黄昊译 . -- 北京：机械工业出版社，2021.4

（数据科学与工程技术丛书）

书名原文：Mastering Python for Finance, Second Edition

ISBN 978-7-111-67873-1

I. ① P… II. ① 马… ② 张… ③ 黄… III. ① 软件工具 – 程序设计 – 应用 – 金融 – 数据处理 IV. ① F830.41-39

中国版本图书馆 CIP 数据核字（2021）第 058748 号

本书版权登记号：图字 01-2020-1950

James Ma Weiming: *Mastering Python for Finance, Second Edition* (ISBN: 978-1789346466).

Copyright © 2019 Packt Publishing. First published in the English language under the title "Mastering Python for Finance, Second Edition".

All rights reserved.

Chinese simplified language edition published by China Machine Press.

Copyright © 2021 by China Machine Press.

本书中文简体字版由 Packt Publishing 授权机械工业出版社独家出版。未经出版者书面许可，不得以任何方式复制或抄袭本书内容。

Python 金融数据分析（原书第 2 版）

出版发行：机械工业出版社（北京市西城区百万庄大街 22 号　邮政编码：100037）	
责任编辑：王春华　李美莹	责任校对：马荣敏
印　　刷：三河市东方印刷有限公司	版　　次：2021 年 4 月第 1 版第 1 次印刷
开　　本：185mm×260mm　1/16	印　　张：18.5
书　　号：ISBN 978-7-111-67873-1	定　　价：89.00 元

客服电话：（010）88361066　88379833　68326294　　投稿热线：（010）88379604
华章网站：www.hzbook.com　　读者信箱：hzit@hzbook.com

版权所有·侵权必究
封底无防伪标均为盗版

本书法律顾问：北京大成律师事务所　韩光 / 邹晓东

前　　言

本书将介绍如何利用新的方法进行金融建模并实现复杂的数据运算。书中讲授的工具与数据均可以通过公开渠道获取，通过建模与研究分析，你会对整个 Python 生态系统有全局性的认识。书中的大量实例分析会加深你对金融风险管控的认知。

本书内容从 Jupyter Notebook 的设置开始（所有任务均在 Notebook 中完成），随后讲解一系列金融分析中广泛应用的库（如 TensorFlow、Keras、NumPy、SciPy、scikit-learn 等），这些库可以帮助分析师做出基于数据分析的高效投资决策。书中结合常见的金融概念（如股票、期权、利率及其他金融衍生品等）讲解如何开发金融应用程序以及利用不同的算法实现风险分析。之后，你将学习如何对时间序列数据进行统计分析，了解如何搭建算法交易平台以利用高频数据设计交易策略，以及如何构建事件驱动的回溯测试系统来检验交易策略，评价不同策略的业绩表现。最后，你将探索金融前沿领域正在运用的机器学习和深度学习技术。

通过阅读本书，你将学习将 Python 应用于金融行业的不同范例，并执行高效的数据分析。

目标读者

对 Python 定量研究感兴趣的金融从业者、数据分析师和软件开发人员适合阅读本书。此外，本书对那些想使用机器学习技术扩展现有金融应用程序功能的读者也有一定的参考价值。

本书的主要内容

第 1 章简要介绍设置 Python 环境（包括 Jupyter Notebook）的过程。我们将使用 pandas 库在 Jupyter 中画图，以便进行时间序列分析。

第 2 章介绍使用 Python 求解线性方程组、执行整数规划，以及将矩阵代数应用于投资组合分析的线性优化过程。

第 3 章介绍金融中的非线性问题，探究从非线性模型中提取信息的一些方法，学习非线性波动建模中的求根方法。SciPy 的优化模块包含根函数与 fsolve 函数，可以帮助求解非线性模型的根。

第 4 章探讨如何使用三叉树模型、二叉树网格和有限差分法等进行期权估值。

第 5 章讨论收益率曲线的推导过程，以及利用 Python 实现衍生品利率的短期定价模型。

第 6 章介绍识别主成分的主成分分析，还有用于检验时间序列是否平稳的 Dicker-Fuller 检验。

第 7 章通过讨论波动指数，对美国股票指数和 VIX 数据进行分析，并通过各分指数的期权价格推测主指数价格。

第 8 章讨论使用代理 API 开发均值回归和趋势跟踪的实时交易平台。

第 9 章讨论如何设计和实施事件驱动的回溯测试系统，以可视化模拟交易策略的表现。

第 10 章介绍机器学习，研究机器学习的概念及其在金融领域中的应用，还包括一些应用机器学习来协助做出交易决策的实例。

第 11 章介绍如何建立使用神经网络的深度学习预测模型，通过实际操作学习 TensorFlow 和 Keras。

读者需要具备的知识

读者需要有使用 Python 的经验。

下载示例代码及彩色图像

本书的示例源码及所有截图和样图，可以从 `http://www.packtpub.com` 通过个人账号下载，也可以访问华章图书官网 `http://www.hzbook.com`，通过注册并登录个人账号下载。

除此之外，还可以在 GitHub 上下载代码，地址为 `https://github.com/PacktPublishing/Mastering-Python-for-Finance-Second-Edition`。如果代码有更新，GitHub 存储库也会同步更新。

排版约定

这里是本书用到的一些排版约定。

代码体：表示数据库表名称、文件夹名称、文件名、文件扩展名、路径名、伪 URL、用户输入和 Twitter 句柄中的代码。例如："默认情况下，pandas 的 `.plot()` 命令使用 `matplotlib` 库显示图。"

代码块设置如下：

```
In [ ]:
    %matplotlib inline
    import quandl

    quandl.ApiConfig.api_key = QUANDL_API_KEY
    df = quandl.get('EURONEXT/ABN.4')
    daily_changes = df.pct_change(periods=1)
    daily_changes.plot();
```

当我们希望你注意代码块的特定部分时，相关的行或项以粗体设置：

```
2015-02-26 TICK WIKI/AAPL open: 128.785 close: 130.415
2015-02-26 FILLED BUY 1 WIKI/AAPL at 128.785
2015-02-26 POSITION value:-128.785 upnl:1.630 rpnl:0.000
2015-02-27 TICK WIKI/AAPL open: 130.0 close: 128.46
```

命令行输入或输出如下所示：

```
$ cd my_project_folder
$ virtualenv my_env
```

表示警告或重要说明。

表示提示和技巧。

审校者简介

Anil Omanwar 在认知计算领域有超过 11 年的研究经验，兴趣主要集中在自然语言处理（NLP）、机器学习、信息可视化和文本分析等关键领域，致力于解决人工决策自动化中的关键问题以及辅助不同领域专家优化人机交互能力。他精通情感分析、问卷调查、文本聚类和短语提取，这些分析方法广泛应用于银行、石油和天然气、生命科学、制造业、零售业、社交媒体等行业。目前，他正与 IBM 澳洲的研发人员利用 NLP 和 IBM Watson 平台在石油和天然气项目上进行合作。他拥有包括 NLP 自动化和智能设备等多项新兴技术方面的专利。

Rahul Shendge 在普纳大学获得计算机工程学士学位，并通过多项技术认证，现为高级软件工程师。他是开源爱好者，在云计算、程序设计、交易算法以及机器学习方面有丰富的实践经验，曾在金融、医疗、教育等行业任职，帮助客户提升分析能力以做出更具价值的商业决策。他思想开放，喜欢钻研新技术，热衷于数据分析以及探索新的数据解决方案。

目　　录

前言
审校者简介

第一部分　开始学习 Python

第 1 章　Python 金融分析概述 ·················· 2
1.1　安装 Python ································ 3
　　1.1.1　准备一个虚拟环境 ················ 3
　　1.1.2　运行 Jupyter Notebook ········· 4
　　1.1.3　关于 Python 的其他建议 ······· 5
1.2　Quandl 简介 ······························· 6
1.3　绘制时间序列图 ························· 7
　　1.3.1　从 Quandl 检索数据集 ··········· 7
　　1.3.2　绘制收盘价与成交量的
　　　　　 关系图 ···························· 9
　　1.3.3　绘制烛台图 ························· 12
1.4　对时间序列数据进行金融分析 ····· 13
　　1.4.1　绘制收益率图 ····················· 13
　　1.4.2　绘制累积收益率图 ·············· 14
　　1.4.3　绘制直方图 ························· 15
　　1.4.4　绘制波动率图 ····················· 16
　　1.4.5　Q-Q 图 ······························ 17
　　1.4.6　下载多个时间序列数据 ······· 18
　　1.4.7　显示相关矩阵 ····················· 19
　　1.4.8　绘制相关性图 ····················· 19
　　1.4.9　简单的移动平均线 ·············· 20
　　1.4.10　指数移动平均 ··················· 22
1.5　总结 ··· 23

第二部分　金融概念

第 2 章　金融中的线性问题 ···················· 26
2.1　资本资产定价模型与证券
　　 市场线 ····································· 27
2.2　套利定价理论模型 ····················· 30
2.3　因子模型的多元线性回归 ·········· 30
2.4　线性最优化 ······························· 32
　　2.4.1　安装 Pulp ···························· 32
　　2.4.2　一个用线性规划求最大值
　　　　　 的实例 ···························· 32
　　2.4.3　线性规划的结果 ·················· 34
　　2.4.4　整数规划 ···························· 34
2.5　使用矩阵解线性方程组 ·············· 37
2.6　LU 分解 ····································· 38
2.7　Cholesky 分解 ···························· 40
2.8　QR 分解 ····································· 41
2.9　使用其他矩阵代数方法求解 ······· 42
　　2.9.1　Jacobi 迭代法 ······················ 42
　　2.9.2　Gauss-Seidel 迭代法 ············ 44
2.10　总结 ··· 45

第3章 金融中的非线性问题 ... 46
3.1 非线性建模 ... 46
3.2 非线性模型求根算法 ... 49
3.2.1 增量法 ... 50
3.2.2 二分法 ... 52
3.2.3 牛顿迭代法 ... 54
3.2.4 割线法 ... 56
3.2.5 求根法的结合使用 ... 57
3.3 利用 SciPy 求根 ... 58
3.3.1 求根标量函数 ... 58
3.3.2 通用非线性求解器 ... 59
3.4 总结 ... 60

第4章 期权定价的数值方法 ... 61
4.1 什么是期权 ... 61
4.2 二叉树期权定价模型 ... 62
4.3 欧式期权定价 ... 62
4.4 编写 StockOption 基类 ... 65
4.4.1 利用二叉树模型给欧式期权定价 ... 66
4.4.2 利用二叉树模型给美式期权定价 ... 67
4.4.3 Cox-Ross-Rubinstein 模型 ... 69
4.4.4 Leisen-Reimer 模型 ... 70
4.5 希腊值 ... 72
4.6 三叉树期权定价模型 ... 75
4.7 期权定价中的 Lattice 方法 ... 77
4.7.1 二叉树网格 ... 77
4.7.2 CRR 二叉树 Lattice 方法期权定价模型 ... 78
4.7.3 三叉树网格 ... 79
4.8 期权定价中的有限差分法 ... 80
4.8.1 显式方法 ... 82
4.8.2 编写 FiniteDifferences 类 ... 82
4.8.3 隐式方法 ... 85
4.8.4 Crank-Nicolson 方法 ... 88
4.8.5 奇异障碍期权定价 ... 90
4.8.6 美式期权定价的有限差分方法 ... 91
4.9 隐含波动率模型 ... 95
4.10 总结 ... 98

第5章 利率及其衍生工具的建模 ... 99
5.1 固定收益证券 ... 99
5.2 收益率曲线 ... 100
5.3 无息债券 ... 101
5.4 自助法构建收益率曲线 ... 102
5.4.1 自助法构建收益率曲线的实例 ... 102
5.4.2 编写 BootstrapYieldCurve 类 ... 103
5.5 远期利率 ... 106
5.6 计算到期收益率 ... 107
5.7 计算债券定价 ... 108
5.8 债券久期 ... 109
5.9 债券凸度 ... 109
5.10 短期利率模型 ... 110
5.10.1 Vasicek 模型 ... 111
5.10.2 Cox-Ingersoll-Ross 模型 ... 112
5.10.3 Rendleman and Bartter 模型 ... 113
5.10.4 Brennan and Schwartz 模型 ... 115
5.11 债券期权 ... 116
5.11.1 可赎回债券 ... 117
5.11.2 可回售债券 ... 117
5.11.3 可转换债券 ... 117
5.11.4 优先股 ... 117

5.12 可赎回债券期权定价 118
 5.12.1 用 Vasicek 模型定价无息债券 118
 5.12.2 提前行权定价 119
 5.12.3 有限差分策略迭代法 121
 5.12.4 可赎回债券定价的其他影响因素 127
5.13 总结 128

第 6 章 时间序列数据的统计分析 129

6.1 道琼斯工业平均指数及其 30 种成分 130
 6.1.1 从 Quandl 上下载 Dow 成分数据集 130
 6.1.2 关于 Alpha Vantage 131
 6.1.3 获取 Alpha Vantage API 密钥 131
 6.1.4 安装 Alpha Vantage 的 Python 包 132
 6.1.5 从 Alpha Vantage 下载 DJIA 数据集 132
6.2 PCA 分析 133
 6.2.1 特征向量和特征值的求法 133
 6.2.2 用 PCA 重新构建道琼斯指数 135
6.3 平稳和非平稳时间序列 136
 6.3.1 平稳性与非平稳性 136
 6.3.2 平稳性检查 136
 6.3.3 非平稳过程的类型 137
 6.3.4 平稳过程的类型 137
6.4 扩展 Dickey-Fuller 检验 137
6.5 用趋势分析时间序列 138
6.6 如何使时间序列平稳 141
 6.6.1 去趋势 141
 6.6.2 差分 143
 6.6.3 按季节分解 144
 6.6.4 ADF 检验的缺陷 147
6.7 预测和预报时间序列 147
 6.7.1 自回归积分移动平均法 147
 6.7.2 用网格搜索求取模型参数 148
 6.7.3 SARIMAX 模型的拟合 149
 6.7.4 SARIMAX 模型的预测和预报 151
6.8 总结 153

第三部分 实践操作

第 7 章 对 VIX 的交互式金融分析 156

7.1 波动率指数衍生品 157
 7.1.1 STOXX 与欧洲期货交易所 157
 7.1.2 EURO STOXX 50 指数 157
 7.1.3 VSTOXX 157
 7.1.4 S&P 500 指数 158
 7.1.5 SPX 期权 158
 7.1.6 VIX 指数 158
7.2 S&P 500 指数和 VIX 指数的金融分析 158
 7.2.1 获取数据 158
 7.2.2 执行分析 160
 7.2.3 SPX 与 VIX 的相关性 164
7.3 计算 VIX 指数 166
 7.3.1 导入 SPX 期权数据 166
 7.3.2 查找近期期权和远期期权 170
 7.3.3 计算所需的分钟数 172
 7.3.4 计算远期 SPX 指数水平 174
 7.3.5 寻找所需的远期行权价格 175
 7.3.6 确定行权价格限 175

7.3.7　按行权价格将贡献列表……176
7.3.8　计算波动率……180
7.3.9　计算远期期权波动率……180
7.3.10　计算VIX指数……181
7.3.11　计算多个VIX指数……181
7.3.12　比较结果……183
7.4　总结……184

第8章　构建算法交易平台……186

8.1　什么是算法交易……186
8.1.1　具有公共API的交易平台……187
8.1.2　选择一种编程语言……188
8.1.3　系统功能……188
8.2　建立算法交易平台……189
8.2.1　设计代理接口……189
8.2.2　需要的Python库……190
8.2.3　编写事件驱动代理类……190
8.2.4　存储价格事件处理程序……191
8.2.5　存储订单事件处理程序……191
8.2.6　存储仓位事件处理程序……191
8.2.7　声明一个获取价格的抽象函数……192
8.2.8　声明流式价格的抽象函数……192
8.2.9　声明发送订单的抽象函数……192
8.2.10　实现代理类……192
8.3　建立均值回归算法交易系统……198
8.3.1　设计均值回归算法……198
8.3.2　实现均值回归交易类……198
8.3.3　添加事件监听器……200
8.3.4　编写均值回归信号生成器……201
8.3.5　运行交易系统……204
8.4　建立趋势跟踪交易平台……205
8.4.1　趋势跟踪算法的设计……205
8.4.2　编写趋势跟踪交易类……206
8.4.3　编写趋势跟踪信号发生器……206
8.4.4　运行趋势跟踪交易系统……207
8.5　用VaR技术实现风险管理……208
8.6　总结……211

第9章　回溯测试系统的实现……213

9.1　回溯测试概述……213
9.1.1　回溯测试的缺陷……214
9.1.2　事件驱动回溯测试系统……214
9.2　设计并实施回溯测试系统……215
9.2.1　TickData类……216
9.2.2　MarketData类……216
9.2.3　MarketDataSource类……216
9.2.4　Order类……218
9.2.5　Position类……218
9.2.6　Strategy类……219
9.2.7　MeanRevertingStrategy类……220
9.2.8　BacktestEngine类……222
9.2.9　运行回溯测试系统……225
9.2.10　多策略运行回溯测试系统……227
9.2.11　改进回溯测试系统……227
9.3　回溯测试模型的10个注意事项……228
9.3.1　模型的资源限制……228
9.3.2　模型评价标准……228
9.3.3　估计回溯测试参数的质量……229
9.3.4　应对模型风险……229
9.3.5　样本数据回测的性能……229
9.3.6　解决回溯测试的常见缺陷……229
9.3.7　常识错误……230
9.3.8　理解模型环境……230
9.3.9　数据准确性……230

9.3.10　数据挖掘……230
9.4　回溯测试中的算法选择……230
　　9.4.1　k-均值聚类算法……230
　　9.4.2　KNN 机器学习算法……231
　　9.4.3　分类回归树分析……231
　　9.4.4　2k 析因设计……231
　　9.4.5　遗传算法……231
9.5　总结……232

第 10 章　金融中的机器学习……233

10.1　机器学习简介……233
　　10.1.1　机器学习在金融中的应用……234
　　10.1.2　监督学习和无监督学习……235
　　10.1.3　监督机器学习中的分类与回归……236
　　10.1.4　过拟合和欠拟合模型……236
　　10.1.5　特征工程……236
　　10.1.6　机器学习的 scikit-learn 库……237
10.2　用单资产回归模型预测价格……237
　　10.2.1　OLS 线性回归……238
　　10.2.2　准备自变量和因变量……238
　　10.2.3　编写线性回归模型……239
　　10.2.4　测量预测性能的风险度量……240
　　10.2.5　岭回归……243
　　10.2.6　其他回归模型……244
　　10.2.7　结论……245
10.3　用跨资产动量模型预测收益……245
　　10.3.1　准备自变量……245
　　10.3.2　准备因变量……246
　　10.3.3　多资产线性回归模型……247
　　10.3.4　决策树的集成……248
10.4　基于分类的机器学习预测趋势……250
　　10.4.1　准备因变量……250
　　10.4.2　准备多资产数据集作为输入变量……250
　　10.4.3　逻辑回归……251
　　10.4.4　基于分类预测的风险度量……252
　　10.4.5　支持向量分类器……255
　　10.4.6　其他类型的分类器……256
10.5　机器学习算法的应用结论……257
10.6　总结……257

第 11 章　金融中的深度学习……259

11.1　浅谈深度学习……259
　　11.1.1　什么是深度学习……260
　　11.1.2　人工神经元……260
　　11.1.3　激活函数……261
　　11.1.4　损失函数……261
　　11.1.5　优化器……262
　　11.1.6　网络结构……262
　　11.1.7　TensorFlow 和其他深度学习框架……263
　　11.1.8　什么是张量……263
11.2　基于 TensorFlow 的深度学习价格预测模型……263
　　11.2.1　特征化模型……263
　　11.2.2　需要的库……264
　　11.2.3　下载数据集……264
　　11.2.4　缩放和拆分数据……267
　　11.2.5　基于 TensorFlow 构建人工神经网络……268
　　11.2.6　绘制预测值和实际值……271

11.3 基于 Keras 的信用卡支付违约
预测···272
 11.3.1 Keras 简介·······························273
 11.3.2 安装 Keras·······························273
 11.3.3 获取数据集·······························273
 11.3.4 缩放和拆分数据····················274
 11.3.5 基于 Keras 的深度神经
    网络设计·······························275
 11.3.6 度量模型的性能····················277
 11.3.7 显示 Keras 历史记录中
    的事件···································279

11.4 总结···281

第一部分
开始学习 Python

本部分介绍如何在电脑上设置 Python 环境，为运行本书中的代码示例做准备。本部分只包含一章：
- 第 1 章　Python 金融分析概述

第 1 章
Python 金融分析概述

从本书第 1 版出版到现在，Python 和许多第三方库都有了重要的更新——许多工具和特性已经被遗弃，转而支持新的工具和特性。本章将指导你如何获取最新的可用工具以及准备本书中将使用的环境。

本书需要的大部分数据集将从 Quandl 导入，这是一个为金融、经济和替代数据服务的平台。这些数据是由各种数据出版商提供的，包括联合国、世界银行、中央银行、贸易交易所、投资研究公司还有 Quandl 社区的成员。使用 Python 的 Quandl 模块，可以便捷地下载数据集并进行金融分析，从而获得有用的信息。

本书将使用 pandas 模块对时间序列数据进行操作。这个模块中的两个主要数据结构是 Series 对象和 DataFrame 对象，它们可用于绘制图表并使复杂的信息可视化。本章将介绍金融时间序列计算和分析的常用方法。

本章的目的是介绍建立工作环境的基础并讲解一些将在本书中使用的库。和其他软件包一样，这几年 pandas 模块也发生了巨大的变化。由于很多方法已经被废弃，以前编写的旧版本 pandas 接口代码已经无法使用。本书中使用的 pandas 是 0.23 版本，所有的代码都以这个版本为准。

本章讨论以下主题：

▲ 为你的环境设置 Python、Jupyter、Quandl 以及其他的一些库

▲ 从 Quandl 上下载数据集并绘制你的第一张图表

▲ 绘制价格与成交量的关系图以及烛台图

▲ 计算和绘制收益率图和累积收益率图

▲ 绘制波动率图、直方图和 Q-Q 图

▲ 可视化数据集之间的相关性并生成关联矩阵

▲ 可视化简单移动平均线和指数移动平均线

1.1 安装 Python

在编写本书时,最新的 Python 版本是 3.7.0,你可以根据你的操作系统(Windows、macOS X、Linux/UNIX 等)从 Python 的网站 https://www.python.org/downloads/ 下载最新的版本,然后按照安装说明在操作系统上安装基本的 Python 解释器。

安装过程需要将 Python 添加到你的环境路径中,如果使用 MacOSX/Linux 或 Windows 系统,在命令行窗口中键入以下命令,就可以检查 Python 的版本:

```
$ python --version
Python 3.7.0
```

建议你使用 Anaconda、Miniconda 或者 Enthought Canopy 等一体化的 Python 包⊖,这样可以更加方便地完成 Python 库的安装。下面是这些一体化 Python 包的下载网址:

Anaconda: https://www.anaconda.com/distribution/

Miniconda: https://docs.conda.io/en/latest/miniconda.html

Enthought Canopy: https://www.enthought.com/product/enthought-python-distribution/

当然,高级用户可能更喜欢使用基本的 Python 解释器来控制安装需要的库。

1.1.1 准备一个虚拟环境

建议你安装一个 Python 的虚拟环境,这可以允许你隔离其他环境中安装的包,管理特定项目所需的独立包。

在命令行窗口输入以下内容,来获取一个虚拟环境⊜:

```
$ pip install virtualenv
```

在某些系统上,Python 3 可能会使用不同的 `pip` 可执行文件,需要通过备月 `pip` 命令安装(比如. `$ pip3 install virtualenv`)。

如果要创建一个虚拟环境,请转到项目所在的目录并运行 `virtualenv`。

例如,如果项目所在的文件夹名称为 `my_project_folder`,输入以下指令:

```
$ cd my_project_folder
$ virtualenv my_venv
```

⊖ 推荐中国读者使用这个方法。——译者注

⊜ 如无特别说明,本书中提到的命令行窗口建议使用 Python 一体化包自带的命令行窗口,例如安装 anaconda 包之后在开始界面可以看到一个名为"anaconda prompt"的程序;本书所有安装指令输入时不包括前缀"$";要使用 pip 命令需要先在你的电脑上安装 pip 模块。——译者注

`virtualenv my_venv` 指令将在当前工作目录中创建一个文件夹，其中包括先前安装的基本 Python 解释器的可执行文件以及一个 `pip` 库的副本，可以用这个副本来进行其他包的安装。

在使用新的虚拟环境之前，需要在命令行窗口中进行激活。

macOS/Linux 系统：

```
$ source my_venv/bin/activate
```

Windows 系统：

```
$ my_project_folder\my_venv\Scripts\activate
```

运行上述指令之后，在提示符的左边会出现当前虚拟环境的名称，从而让你知道当前虚拟环境已经被激活（比如，`my_venv) current_folder$`）。来自同一终端窗口的包将安装在 `my_venv` 文件夹中，该文件夹与全局 Python 解释器隔离。

> 如果有多个应用程序使用不同版本的相同模块，虚拟环境可以防止其相互冲突。当然，这个步骤(创建虚拟环境的过程)并不是必需的，你仍然可以使用默认的基本解释器来安装各种包。

1.1.2 运行 Jupyter Notebook

Jupyter Notebook 是一个基于浏览器的交互式计算环境，用于编写、运行和可视化各种编程语言的交互数据，它以前被称作 IPython Notebook。现在 IPython 仍然是 Python 的一个 shell 和 Jupyter 的内核。Jupyter 是一个开源的软件，免费给所有人学习和使用——你可以用它进行基本的编程，也可以进行高级统计或量子力学的计算。

在命令行窗口输入以下指令来安装 Jupyter Notebook ⊖：

```
$ pip install jupyter
```

之后，你可以通过以下指令来运行 Jupyter Notebook：

```
$ jupyter notebook
...
Copy/paste this URL into your browser when you connect for the first time,
to login with a token:
     http://127.0.0.1:8888/?token=27a16ee4d6042a53f6e31161449efcf7e71418f23e17549d
```

注意你的命令行窗口，当 Jupyter 启动时，控制台将提供有关它运行状态的信息。你还可以看到一个 URL，将该 URL 复制到 Web 浏览器中，将会打开 Jupyter Notebook ⊖。

⊖ 安装过程中建议使用 VPN，否则可能出现下载失败的问题，如果下载失败，可以多尝试几次，大部分 pip 安装命令都是如此。——译者注

⊖ 运行上述代码应该会自动打开这个界面，另外 Jupyter Notebook 运行期间不能关闭此命令行窗口。——译者注

由于 Jupyter 在发出上述命令的目录中启动，所以它将在工作目录中列出所有已保存的笔记本。如果这是你第一次在这个目录中工作，列表就是空的。

要启动你的第一个笔记本，你可以点击 New，然后点击 Python3，一个 Jupyter Notebook 将在新的窗口中打开。从现在开始，这本书中的大部分计算会在 Jupyter Notebook 中进行。

1.1.3 关于 Python 的其他建议

Python 编程语言中的所有设计注意事项都被记录为 PEP（Python Enhancement Proposal），目前已经有数百个 PEP 被记录，但是你需要熟悉的只有 PEP 8——让 Python 开发人员编写出更易读懂的代码的样式指南。

PEP 的官方存储库网址：https://github.com/python/peps

什么是 PEP

PEP 是描述与 Python 相关的特性、过程或环境的设计文档的编号集合，每个 PEP 都被保存在一个文本文件中，其中包含了特定特性的技术规范及其存在的理由。例如，PEP 0 是所有 PEP 的索引，而 PEP 1 则提供了 PEP 的目的和指引。作为软件开发人员，我们经常阅读代码而不是编写代码。因此，为了编写清晰、简洁和可读的代码，我们应该使用样式指南作为编写代码的公约——PEP 8 就是其中一种。如果你想了解更多关于 PEP 8 的内容，可以访问：https://www.python.org/dev/peps/pep-0008/

Python 的 Zen 原则

PEP 20 表明了 Python 的 Zen 原则，这是指导 Python 编程语言设计的 20 个原理的集合，要显示这个彩蛋，请在 Python 窗口中键入以下命令：

```
>> import this
The Zen of Python, by Tim Peters

Beautiful is better than ugly.
Explicit is better than implicit.
Simple is better than complex.
Complex is better than complicated.
Flat is better than nested.
Sparse is better than dense.
Readability counts.
Special cases aren't special enough to break the rules.
Although practicality beats purity.
Errors should never pass silently.
Unless explicitly silenced.
In the face of ambiguity, refuse the temptation to guess.
There should be one-- and preferably only one --obvious way to do it.
Although that way may not be obvious at first unless you're Dutch.
Now is better than never.
Although never is often better than *right* now.
If the implementation is hard to explain, it's a bad idea.
If the implementation is easy to explain, it may be a good idea.
Namespaces are one honking great idea -- let's do more of those!
```

你只会看到20个句子中的19个，你知道最后一个是什么吗？这得你自己来想象！

1.2 Quandl 简介

Quandl 是一个为金融、经济和另类数据服务的平台，这些数据由各种数据发布商提供，包括联合国、世界银行、中央银行、贸易交易所和投资研究公司。

使用 Python 的 Quandl 模块，你可以轻松地将金融数据导入 Python 中。Quandl 提供免费的数据集，其中包括一些数据样本，但如果你需要访问一些优质的数据产品，就必须要先付费。

为你的环境设置 Quandl

安装 Quandl 软件包需要最新版本的 NumPy 和 pandas，除此之外，在本章的其余部分，我们还将需要 matplotlib 这个模块。

在你的命令行窗口输入以下指令来安装这些库：

```
$ pip install quandl numpy pandas matplotlib
```

这几年 pandas 库发生了很多变化，旧版本的代码在最新版的 pandas 库中可能无法运行，系统会报错。我们使用的 pandas 是 0.23 版本，你可以在 Python 的命令行窗口输入以下代码来检查你所使用的 pandas 版本[⊖]。

```
>>> import pandas
>>> pandas.__version__
'0.23.3'
```

如果你想使用 Quandl 导入数据集，还需要 API(应用程序编程接口)密钥。

如果你没有 Quandl 账户，可以通过以下步骤来创建：

1）打开浏览器输入以下网址：https://www.quandl.com/ 然后会显示图 1-1 所示页面。

2）选择 "SIGN UP" 并按照说明创建一个免费账户，成功注册后，你就能得到一个 API 密钥。

3）复制这个密钥并且妥善保管，你之后会需要它。当然，你也可以在 "ACCOUNT SETTINGS" 中再次检索这个密钥。

4）请记住检查你收件箱中的欢迎信息，并验证你的 Quandl 账户，使用 API 密钥需要一个经过验证且有效的 Quandl 账户。

⊖ 最新版本也可以运行本书中的所有代码。——译者注

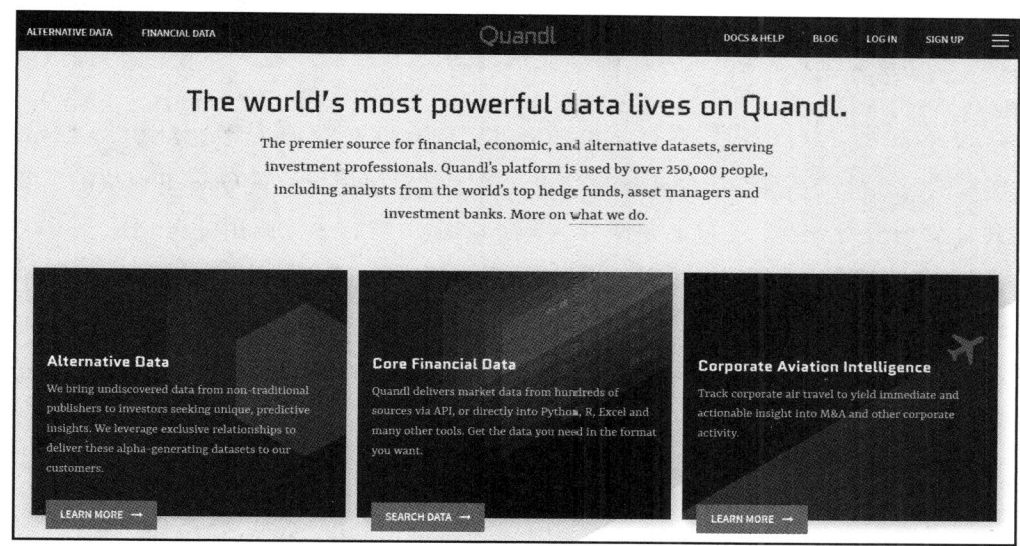

图 1-1

 匿名用户每 10 分钟最多使用 20 次且每天最多使用 50 次数据请求，通过身份验证的免费用户每 10 秒最多使用 300 次，每 10 分钟最多使用 2 000 次且每天最多使用 50 000 次数据请求。

1.3 绘制时间序列图

分析时间序列数据的一种简单而有效的方法就是将时间序列数据可视化在一个图表上，这样我们就可以从中推断出某些假设。本节将指导你从 Quandl 下载股价数据集，并将这些数据绘制在价格和成交量图表上。我们还将绘制烛台图，比起直线图表，这将给我们更多的信息。

1.3.1 从 Quandl 检索数据集

将数据从 Quandl 导入到 Python 中的过程非常简单，假如我们对泛欧交易所的荷兰银行集团感兴趣，只需要在 Jupyter Notebook 单元格中输入以下代码（这个数据集在 Quandl 上的代码为 EURONEXT/ABN）：

```
In [ ]:
    import quandl

    # Replace with your own Quandl API key
    QUANDL_API_KEY = 'BCzkk3NDWt7H9yjzx-DY'
    quandl.ApiConfig.api_key = QUANDL_API_KEY
    df = quandl.get('EURONEXT/ABN')
```

将 Quandl 的 API 密钥存储在常量变量中是一个很好的习惯，如果 API 密钥发生改变，只需要在这一个地方修改它！

导入 quandl 包后，我们将 Quandl 的 API 密钥存储在常量变量 QUANDL_API_KEY 中，本章的其余部分还要继续使用这个变量。这个常量值用于设置 Quandl 模块的 API 密钥，并且只需要对 quandl 包的每个导入执行一次。最后一行调用 quandl.get() 指令，将 ABN 数据集从 Quandl 直接下载到 df 变量中。（注意：EURONEXT 是数据提供者 Euronext Stock Exchange 的缩写。）

默认情况下，Quandl 会将数据集导入到 pandas 模块的 DataFrame 中。我们可以用如下代码来检查 DataFrame 的头和尾：

```
In [ ]:
    df.head()
Out[ ]:
            Open    High    Low     Last    Volume      Turnover
Date
2015-11-20  18.18   18.43   18.000  18.35   38392898.0  7.003281e+08
2015-11-23  18.45   18.70   18.215  18.61   3352514.0   6.186446e+07
2015-11-24  18.70   18.80   18.370  18.80   4871901.0   8.994087e+07
2015-11-25  18.85   19.50   18.770  19.45   4802607.0   9.153862e+07
2015-11-26  19.48   19.67   19.410  19.43   1648481.0   3.220713e+07

In [ ]:
    df.tail()
Out[ ]:
            Open    High    Low     Last    Volume      Turnover
Date
2018-08-06  23.50   23.59   23.29   23.34   1126371.0   2.634333e+07
2018-08-07  23.59   23.60   23.31   23.33   1785613.0   4.177652e+07
2018-08-08  24.00   24.39   23.83   24.14   4165320.0   1.007658e+08
2018-08-09  24.40   24.46   24.16   24.37   2422470.0   5.895752e+07
2018-08-10  23.70   23.94   23.28   23.51   3951850.0   9.336493e+07
```

 默认情况下，head() 和 tail() 命令分别显示的是 DataFrame 的前 5 行和最后 5 行，你可以把它传递的参数设置成一个具体的数字来定义要显示的行数。例如，head(100) 将显示 DataFrame 中的前 100 行。

如果你没有为 get() 命令设置任何附加参数，那么它将会检索整个时间序列数据集，即从你进行操作时的前一个工作日一直到 2015 年 11 月。

要可视化这个 DataFrame，我们可以通过 plot() 命令绘制一个图

```
In [ ]:
    %matplotlib inline
    import matplotlib.pyplot as plt

    df.plot();
```

运行结果如图1-2所示。

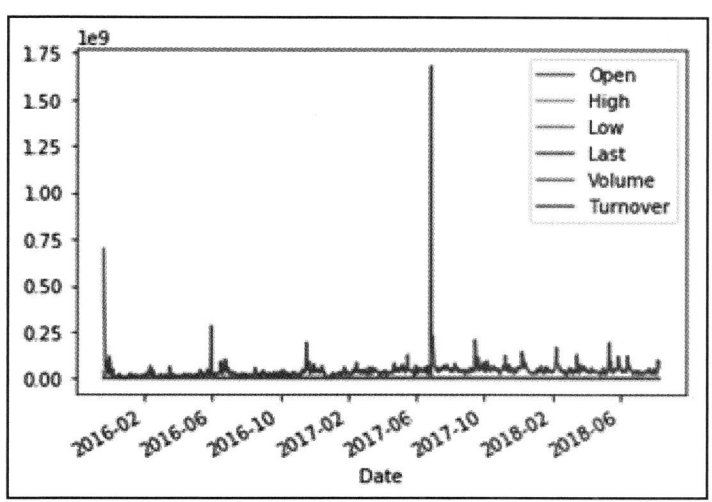

图 1-2

pandas的plot()命令将返回一个Axis对象，此对象的字符串表示将与plot()命令一起显示在界面上。为了消除这个信息，我们在最后一条语句的末尾添加一个分号"；"。或者，我们也可以在单元格底部添加一条pass语句。除此之外，我们还可以将绘图函数分配给一个变量，这样也能消除这个输出。

 默认情况下，pandas的plot()命令月matplotlib库来显示图像，如果系统报错的话，请检查你是否安装了这个库，并且%matplotlib inline命令至少被调用过一次。

 你可以自定义图表的外观，有关DataFrame中plot命令的更多信息，可在以下网页上找到：https://pandas.pydata.org/pandas-docs/stable/generated/pandas.DataFrame.plot.html

1.3.2 绘制收盘价与成交量的关系图

当没有参数提供给plot()命令时，它会用DataFrame的所有列在同一图表上绘制折线图，我们无法从这个杂乱无章的图像中得到什么有用的信息。为了有效地从这些数据中提取信息，我们可以绘制一只股票的收盘价与成交量的关系图。

在单元格中输入以下命令：

```
In [ ]:
    prices = df['Last']
    volumes = df['Volume']
```

上述命令会将我们感兴趣的数据分别存储到 closing_prices 和 volumes 这两个变量中，我们可以继续使用 head() 和 tail() 命令查看由此产生的 pandas 数据类型的头部和底部：

```
In [ ]:
    prices.head()
Out[ ]:
    Date
    2015-11-20    18.35
    2015-11-23    18.61
    2015-11-24    18.80
    2015-11-25    19.45
    2015-11-26    19.43
    Name: Last, dtype: float64

In [ ]:
    volumes.tail()
Out[ ]:
    Date
    2018-08-03    1252024.0
    2018-08-06    1126371.0
    2018-08-07    1785613.0
    2018-08-08    4165320.0
    2018-08-09    2422470.0
    Name: Volume, dtype: float64
```

如果你想知道某个特定变量的类型，可以使用 type() 命令。比如，type(volumes) 命令的运行结果是 pandas.core.series.Series，这样我们就知道 volumes 是属于 pandas 序列数据类型的。

从 2018 年一直追溯到 2015 年都有数据可查，这样就可以绘制收盘价与成交量的关系图：

```
In [ ]:
    # The top plot consisting of daily closing prices
    top = plt.subplot2grid((4, 4), (0, 0), rowspan=3, colspan=4)
    top.plot(prices.index, prices, label='Last')
    plt.title('ABN Last Price from 2015 - 2018')
    plt.legend(loc=2)

    # The bottom plot consisting of daily trading volume
    bottom = plt.subplot2grid((4, 4), (3,0), rowspan=1, colspan=4)
    bottom.bar(volumes.index, volumes)
    plt.title('ABN Daily Trading Volume')

    plt.gcf().set_size_inches(12, 8)
    plt.subplots_adjust(hspace=0.75)
```

运行结果如图 1-3 所示。

在第一行中，subplot2grid 命令的第一个参数 (4,4) 将整个图划分为一个 4x4 的网格，第二个参数 (0,0) 表明绘图将锚定在图形的左上角。rowspan=3 指示绘图将占据网格上 4 个可用行中的 3 行，即实际高度为图形的 75%；colspan=4 指示绘图将占用网格的所有 4 列，即使用其所有可用宽度。这个命令会返回一个 matplotlib axis 对象，我们将使用该对象绘制图形的上部。

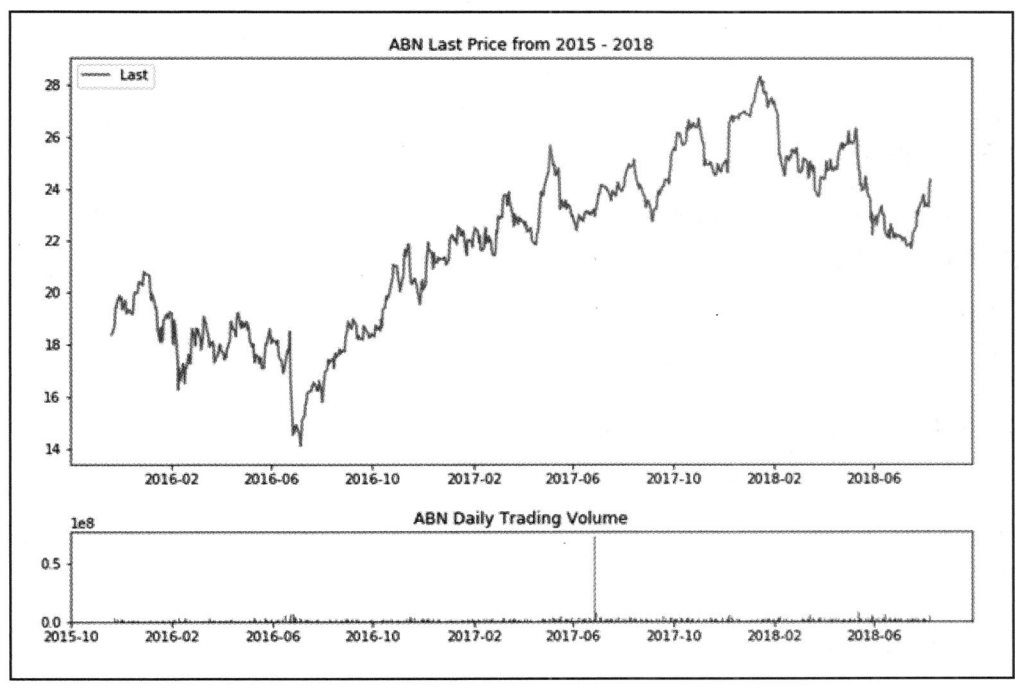

图　1-3

在第二行中，使用 plot() 命令绘制上图表，x 轴为日期值，y 轴上的数值为收盘价格。在接下来的两行中，我们指定了当前图像的标题以及放置在左上角的时间序列数据的图例。

接下来，我们重复上述操作，在下部呈现每日交易量，这个图表锚定在下方 1 行 4 列的网格空间中。

 在 legend() 命令中，loc 这个关键字接受一个整数值作为图例的位置代码，"2" 的含义是图表的左上角。有关位置代码表的信息，详见 matplotlib 的图解文档，https://matplotlib.org/api/legend_api.html?highlight=legend#module-matplotlib.legend。

为了让图像更清楚，我们调用 set_size_inches() 命令将图形设置为 9 英寸⊖宽 6 英寸高，从而形成了一个矩形图形（前面的 gcf() 命令表示获取当前的尺寸）。最后，我们调用带有 hspace 参数的 subplots_adjust() 命令，在上部和下部的两个子图之间添加少量的空缺。

⊖　1 英寸 = 0.0254 米。——编辑注

subplots_adjust() 命令用来对各个子图的布局进行优化，它可以接受的参数有：left、right、bottom、top、wspace、hspace。更多信息请参见 matplotlib 文档，https://matplotlib.org/api/_as_gen/matplotlib.pyplot.subplots_adjust.html。

1.3.3 绘制烛台图

烛台图是另一种流行的财务图表，它显示的信息比单一的价格图更多。烛台是每一个特定时间点的波动，其中包含四种重要的信息：开盘价、最高价、最低价和收盘价。

我们现在不再推荐使用以前的 matplotlib.finance 模块，用另一个由提取的代码组成的 mpl_finance 包来取代它，你可以在命令行窗口输入以下代码来获取这个包：

```
$ pip install mpl-finance
```

为了更加方便地可视化烛台图，我们将使用 ABN 数据集的一个子集。在下面的例子中，我们在 Quandl 上检索 2018 年 7 月份的每日价格作为数据集，并绘制如下的烛台图：

```
In [ ]:
    %matplotlib inline
    import quandl
    from mpl_finance import candlestick_ohlc
    import matplotlib.dates as mdates
    import matplotlib.pyplot as plt

    quandl.ApiConfig.api_key = QUANDL_API_KEY
    df_subset = quandl.get('EURONEXT/ABN',
                    start_date='2018-07-01',
                    end_date='2018-07-31')

    df_subset['Date'] = df_subset.index.map(mdates.date2num)
    df_ohlc = df_subset[['Date','Open', 'High', 'Low', 'Last']]

    figure, ax = plt.subplots(figsize = (8,4))
    formatter = mdates.DateFormatter('%Y-%m-%d')
    ax.xaxis.set_major_formatter(formatter)
    candlestick_ohlc(ax,
                    df_ohlc.values,
                    width=0.8,
                    colorup='green',
                    colordown='red')
    plt.show()
```

烛台图如图 1-4 所示。

你可以在 quandl.get() 命令中定义 start_date 和 end_date 的值，从而指定数据集的时间范围。

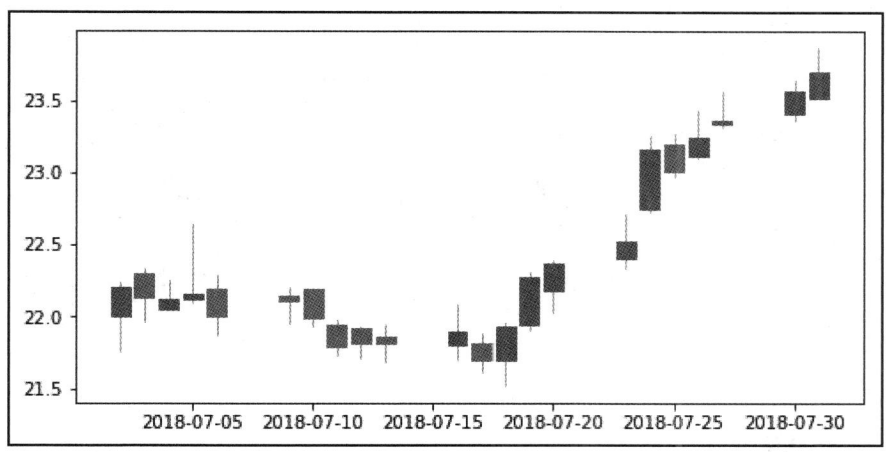

图 1-4

从 Quandl 检索的价格会放在一个名为 df_dataset 的变量中,由于 matplotlib 的绘图函数需要自己的格式,我们用 mdates.date2num 命令转换包含日期和时间在内的索引值,并将它们放在名为 Date 的新列中。

烛台的日期、开盘价、最高价、最低价和收盘价等数据将被提取为一个 DataFrame 列存储在 df_ohlc 变量中。plt.subplots() 函数会创建一个 8 英寸宽和 4 英寸高的图形,其中沿着 x 轴的标签将被转换为我们可读的格式。

调用 candlestick_ohlc() 命令来进行烛台图的绘制(烛台宽度为 0.8 或全天宽度的 80%),收盘价高于开盘价的上涨用绿色(书中为浅灰色)表示,而收盘价低于开盘价的下跌则用红色(书中为深灰色)表示。最后,用 plt.show() 命令来显示烛台图。

1.4 对时间序列数据进行金融分析

在本节中,我们将会处理用于金融分析的时间序列数据,并可视化它们的一些统计特性。

1.4.1 绘制收益率图

评估证券业绩的经典标准之一是其在前期的收益,我们可以用 pandas 中的 pct_change 来进行简单的计算,即计算 DataFrame 中每一行相对于前一行的百分比变化。

在下面的示例中,我们使用荷兰银行股票数据绘制了一个简单的每日百分比收益率图:

```
In [ ]:
    %matplotlib inline
    import quandl

    quandl.ApiConfig.api_key = QUANDL_API_KEY
    df = quandl.get('EURONEXT/ABN.4')
    daily_changes = df.pct_change(periods=1)
    daily_changes.plot();
```

每日百分比收益率如图 1-5 所示。

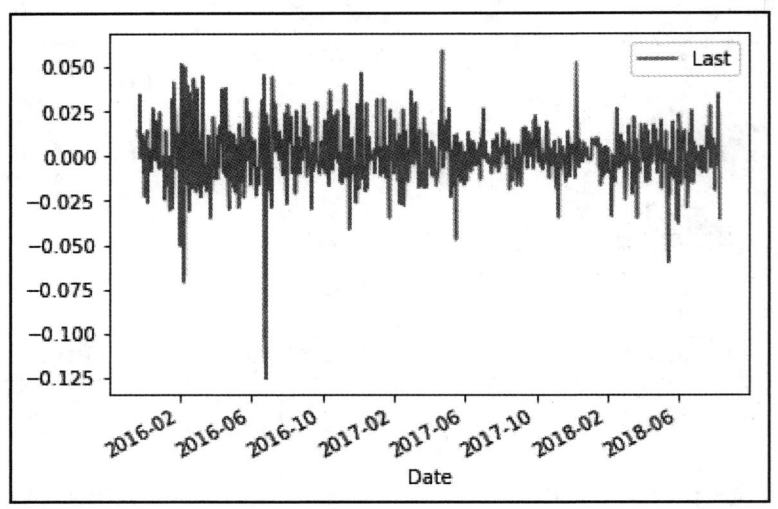

图　1-5

在 `quandl.get()` 函数中，我们将股票代码的后缀设为 4，指定仅检索数据集的第四列，即收盘价格。在对 `pct_change` 的调用中，`period` 参数指定了要计算百分比变化所移动的周期数，在默认情况下为 1。

 除了在股票代码中使用后缀表示法，我们还可以通过传递 `column_index` 参数和列的索引来指定要下载数据集的列。比如，`quandl.get('EURONEXT/ABN.4')` 和 `quandl.get('EURONEXT/ABN', column_index=4)` 的作用是相同的。

1.4.2　绘制累积收益率图

为了了解我们的投资组合表现如何，可以将其一段时间内的收益相加，用 `pandas` 的 `cumsum` 函数返回一个 DataFrame 的累计和。

在下面的例子中，我们绘制了之前计算的 ABN 每日收益的累计和：

```
In [ ]:
    df_cumsum = daily_changes.cumsum()
    df_cumsum.plot();
```

运行结果如图 1-6 所示。

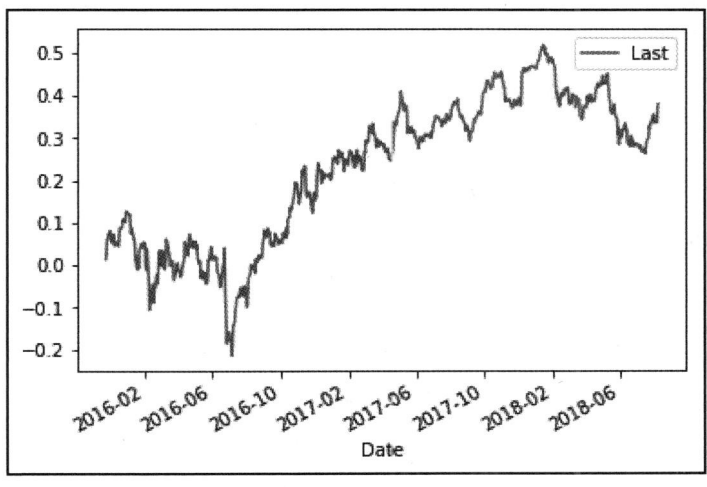

图 1-6

1.4.3 绘制直方图

直方图可以告诉我们数据是如何分布的，在本例中，我们想知道的是 ABN 每日收益的分布情况。我们在一个容量大小为 50 的 DataFrame 上使用 hist() 命令：

```
In [ ]:
    daily_changes.hist(bins=50, figsize=(8, 4));
```

结果如图 1-7 所示。

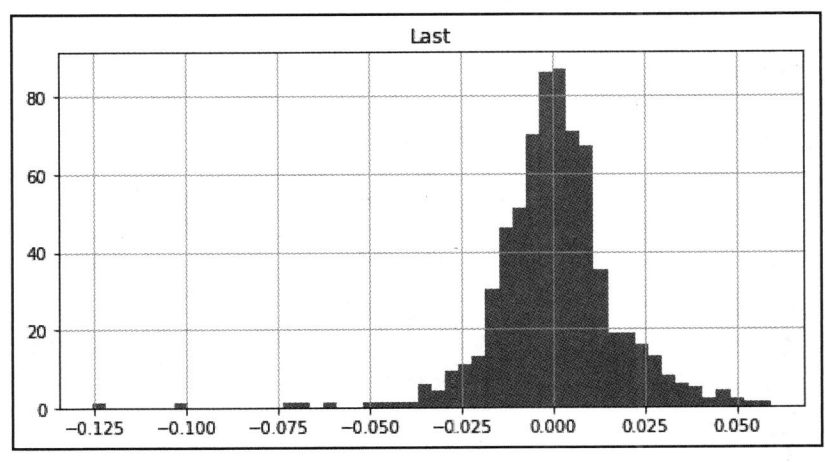

图 1-7

当 pandas 的 DataFrame 中存在多个数据列时，hist() 命令将自动在每个单独的绘图单元上绘制所有直方图。

使用 describe() 命令来总结数据集分布的中心趋势、分散性和形状：

```
In [ ]:
    daily_changes.describe()
Out[ ]:
                    Last
    count    692.000000
    mean       0.000499
    std        0.016701
    min       -0.125527
    25%       -0.007992
    50%        0.000584
    75%        0.008777
    max        0.059123
```

从直方图中可以看出，收益的分布均值趋向于 0.0（确切地说是 0.000499）；除了微小的向右倾斜，数据看起来相当对称且符合正态分布；标准差为 0.016701；通过百分位数的值我们可以看到，数据中 25% 的值低于 -0.007992，50% 的值低于 0.000584，75% 的值低于 0.008777。

1.4.4 绘制波动率图

要分析收益的分布，有一种方法是测量其标准差，这是对数据平均值离散度的度量。如果过去收益的标准差很高，则表示股票价格历史波动较大。

pandas 的 rolling() 命令可以帮助我们可视化一段时间内一个特定时间序列的变化，使用 std() 命令计算 ABN 数据集收益百分比变化的标准差，它会返回一个 DataFrame 或 Series 对象，可用于绘制图表。示例如下：

```
In [ ]:
    df_filled = df.asfreq('D', method='ffill')
    df_returns = df_filled.pct_change()
    df_std = df_returns.rolling(window=30, min_periods=30).std()
    df_std.plot();
```

运行结果如图 1-8 所示。

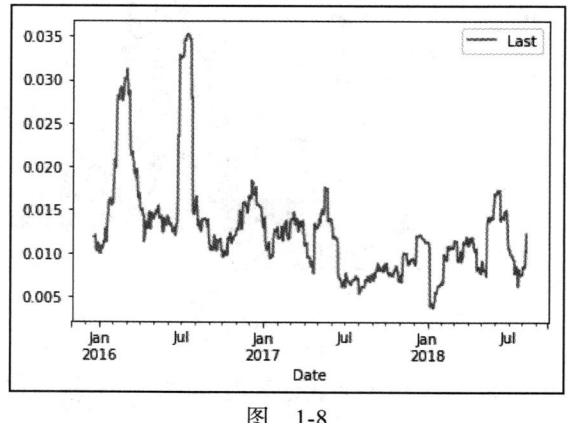

图 1-8

我们的原始时间序列数据集不包括周末和公共假日，在使用 rolling() 命令时必须考虑到这一点。`df.asfreq()` 命令将按每日的频率重新索引时间序列数据，创建新的索引以代替缺少的部分。值为 `ffill` 的 `method` 参数表示：在重新索引期间，我们将前向传递上一个有效的观测值，而不是丢失的值。

在 `rolling()` 命令中，我们指定了一个值为 30 的 `window` 参数，这是用于计算统计数据的观测数。换句话说，每个周期的标准差是以样本大小为 30 计算的。由于前 30 行的样本大小不足以计算标准差，我们将 `min_periods` 指定为 30，从而在计算过程中把这些数据排除在外。

我们选择 30 作为周期，是为了让结果近似等于每个月收益的标准差。注意：选择更宽的窗口周期意味着要测量的数据会更少。

1.4.5 Q-Q 图

Q-Q（分位数－分位数）图是概率分布图，用来比较其中的两个分位数。如果两个分布是线性相关的，那么 Q-Q 图中的点将趋近于落在一条直线上。Q-Q 图常用于检验数据是否符合正态分布。

`scipy.stats` 模块的 `probplot()` 函数可以计算和显示概率图的分位数，显示数据的最佳拟合线。在下面的示例中，我们将计算荷兰银行股票数据集中，每日收益的百分比变化，然后绘制 Q-Q 图：

```
In [ ]:
    %matplotlib inline
    import quandl
    from scipy import stats
    from scipy.stats import probplot

    quandl.ApiConfig.api_key = QUANDL_API_KEY
    df = quandl.get('EURONEXT/ABN.4')
    daily_changes = df.pct_change(periods=1).dropna()

    figure = plt.figure(figsize=(8,4))
    ax = figure.add_subplot(111)
    stats.probplot(daily_changes['Last'], dist='norm', plot=ax)
    plt.show();
```

运行结果如图 1-9 所示[⊖]。

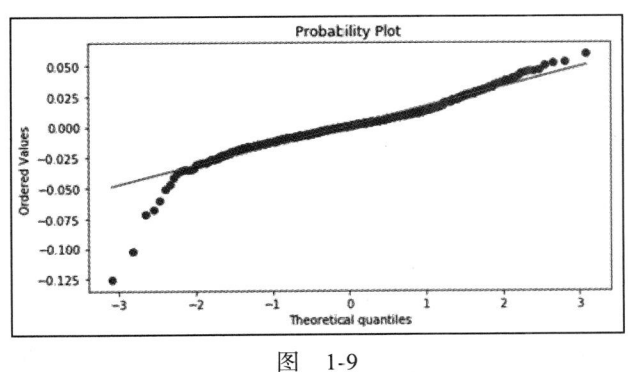

图　1-9

　⊖　这里要先安装 scipy 库，方法和其他库相似，在命令行窗口中输入：pip install scipy。——译者注

当所有点完全落在红线上时,意味着数据的分布与正态分布完美对应。大多数数据在分位数值介于 –2 和 +2 之间时接近于完美相关,而在这个范围之外,分布的相关性开始有差异,特别是在尾部有更多的负偏态。

1.4.6 下载多个时间序列数据

我们在 `quandl.get()` 命令的第一个参数中,将单个 Quandl 代码作为字符串对象传递,从而完成单个数据集的下载。如果要下载多个数据集,可以将单个的 Quandl 代码换成 Quandl 代码列表。

在下面的例子中,我们来研究三种银行股票的价格——荷兰银行、桑坦德银行和卡斯银行。这一次,我们仅将 2016 年至 2017 年收盘价格下载下来并存储在 `df` 变量中:

```
In [ ]:
    %matplotlib inline
    import quandl

    quandl.ApiConfig.api_key = QUANDL_API_KEY
    df = quandl.get(['EURONEXT/ABN.4',
                     'EURONEXT/SANTA.4',
                     'EURONEXT/KA.4'],
                    collapse='monthly',
                    start_date='2016-01-01',
                    end_date='2017-12-31')
    df.plot();
```

运行结果如图 1-10 所示。

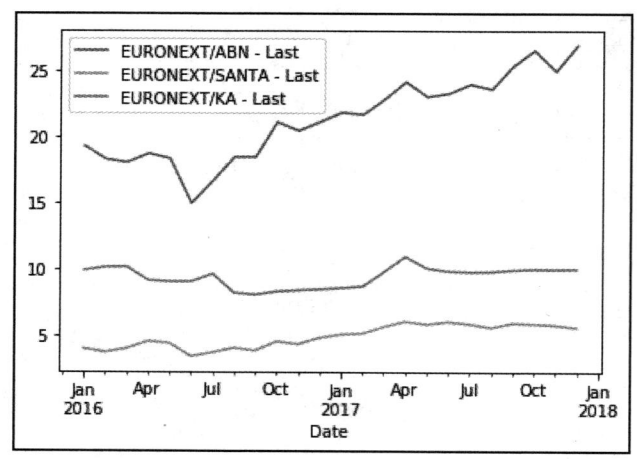

图 1-10

 默认情况下,`quandl.get()` 返回的是每日价格,我们还可以指定数据集下载其他类型的数据,比如,示例中的 `collapse='monthly'` 代码表明下载的是每月价格。

1.4.7 显示相关矩阵

相关性表示统计关联,用来衡量两个变量之间线性关系的密切程度。我们可以对两个时间序列数据集的返回值执行相关性计算,从而获得一个介于 –1 和 1 之间的值。相关性为 0 表示这两个时间序列的返回值之间没有任何关系,一个接近 1 的高相关值表示这两个时间序列数据的返回值倾向于一起移动,接近 –1 的低相关值表示这两个时间序列的返回值倾向于向彼此相反的方向移动。

在 `pandas` 中,用 `corr()` 命令计算 DataFrame 两个列之间的相关性,并将这些值作为矩阵输出。在前面的例子中,我们得到了三个数据集并储存在 DataFrame 的 `df` 变量中,使用以下命令来输出这些返回值之间的相关矩阵:

```
In [ ]:
    df.pct_change().corr()
Out[ ]:
                          EURONEXT/ABN - Last ...  EURONEXT/KA - Last
    EURONEXT/ABN - Last              1.000000 ...            0.096238
    EURONEXT/SANTA - Last            0.809824 ...            0.058095
    EURONEXT/KA - Last               0.096238 ...            1.000000
```

从输出的相关矩阵来看,在 2016 ~ 2017 年这两年间,荷兰银行和桑坦德银行这两只股票的相关性较高,达到了 0.809824。

在默认情况下,`corr()` 命令使用 Pearson 相关系数计算两个数据集之间的相关性,这相当于调用 `corr(method='pearson')`。除此之外,我们还可以输入 `kendall` 或 `spearman` 来得到 Kendall τ 和 Spearman 秩相关系数。

1.4.8 绘制相关性图

我们也可以用 `rolling()` 命令来实现相关性的可视化。在下面这个例子中,使用从 Quandl 下载的 2016 ~ 2017 年 ABN 和 SANTA 的收盘价格——这两个数据集已经储存在 DataFrame 的 `df` 变量中,通过以下代码得到它们的滚动相关性:

```
In [ ]:
    %matplotlib inline
    import quandl

    quandl.ApiConfig.api_key = QUANDL_API_KEY
    df = quandl.get(['EURONEXT/ABN.4', 'EURONEXT/SANTA.4'],
                    start_date='2016-01-01',
                    end_date='2017-12-31')

    df_filled = df.asfreq('D', method='ffill')
    daily_changes= df_filled.pct_change()
    abn_returns = daily_changes['EURONEXT/ABN - Last']
    santa_returns = daily_changes['EURONEXT/SANTA - Last']
    window = int(len(df_filled.index)/2)
    df_corrs = abn_returns\
```

```
        .rolling(window=window, min_periods=window)\
        .corr(other=santa_returns)
        .dropna()
df_corrs.plot(figsize=(12,8));
```

运行结果如图 1-11 所示。

图　1-11

`df_filled` 变量包含一个 DataFrame，它的索引按日为频率重新排列，并在准备 `rolling()` 命令时前向填充缺失的值。`daily_changes` 这个 DataFrame 会存储每日收益的百分比变化，它的列被提取到一个 Series 对象中，分别作为 `abn_returns` 和 `santa_returns`。`window` 变量在这个两年数据集中存储每年的平均天数，这个变量作为 `rolling()` 命令的参数，表示我们将计算一年的滚动相关性。`min_periods` 参数表明，只在有完整的样本可供计算时，程序才会计算其相关性。在本例中，`df_corrs` 数据集中没有第一年的相关值。最后，通过 `plot()` 命令就可以显示 2017 年全年每日收益的滚动相关性图。

1.4.9　简单的移动平均线

时间序列数据分析有一个通用的技术指标——移动平均线，`mean()` 函数可用于计算 `rolling()` 命令中给定窗口的平均值。举个例子，5 天简单移动平均线（SMA）是过去五个交易日的平均价格（每天计算一段时间）。同样，我们可以计算 30 天移动平均线，将这两个移动平均线放在一起可以用来产生交叉信号。

在下面的例子中，我们下载了荷兰银行的每日收盘价并计算了短期和长期的 SMA，将其显示在图像上：

```
In [ ]:
    %matplotlib inline
    import quandl
    import pandas as pd

    quandl.ApiConfig.api_key = QUANDL_API_KEY
    df = quandl.get('EURONEXT/ABN.4')

    df_filled = df.asfreq('D', method='ffill')
    df_last = df['Last']

    series_short = df_last.rolling(window=5, min_periods=5).mean()
    series_long = df_last.rolling(window=30, min_periods=30).mean()

    df_sma = pd.DataFrame(columns=['short', 'long'])
    df_sma['short'] = series_short
    df_sma['long'] = series_long
    df_sma.plot(figsize=(12, 8));
```

结果如图 1-12 所示。

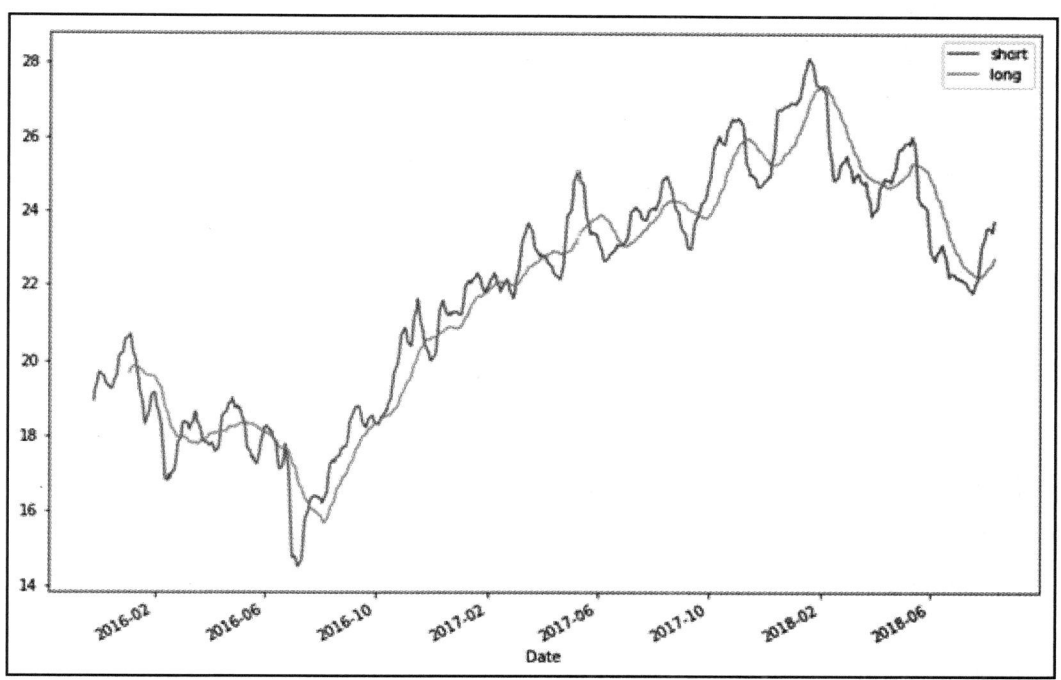

图　1-12

我们用 5 天的数据作为短期 SMA，30 天的数据作为长期 SMA，min_periods 参数用来排除样本容量不足的第一行，df_sma 变量是一个新创建的用于存储 SMA 计算结果的 pandas DataFrame。然后我们绘制一个 12 英寸 ×8 英寸的图像，从图 1-12 我们可以看出短期 SMA 和长期 SMA 有一些相交的点，技术分析师往往会用交叉点来描绘趋势和买卖信号。当然，5 和 10 的窗口周期只是一个参考值，你可以根据自己的需要调整这个值的大小。

1.4.10 指数移动平均

另一种计算移动平均的方法是指数移动平均（EMA）。回想一下，简单的移动平均线在窗口周期中给价格分配了相等的权重。然而，在 EMA 中，最近的价格分配的权重将高于以前的价格，而这个权重是按指数分配的。

pandas DataFrame 中的 ewm() 命令提供了指数加权函数，其中 span 参数指定了这个衰减过程的窗口周期。ABN 数据集的 EMA 用以下代码来绘制：

```
In [ ]:
    %matplotlib inline
    import quandl
    import pandas as pd

    quandl.ApiConfig.api_key = QUANDL_API_KEY
    df = quandl.get('EURONEXT/ABN.4')

    df_filled = df.asfreq('D', method='ffill')
    df_last = df['Last']

    series_short = df_last.ewm(span=5).mean()
    series_long = df_last.ewm(span=30).mean()

    df_sma = pd.DataFrame(columns=['short', 'long'])
    df_sma['short'] = series_short
    df_sma['long'] = series_long
    df_sma.plot(figsize=(12, 8));
```

运行结果如图 1-13 所示。

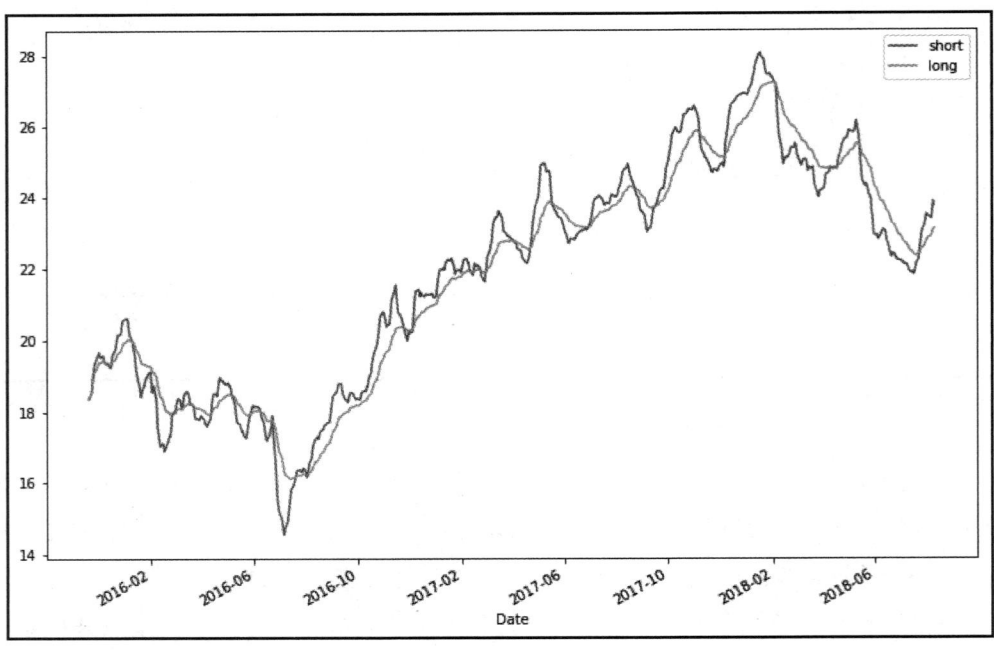

图 1-13

SMA 和 EMA 的图模式大致相同，但由于 EMA 对近期数据的权重高于较早数据的权重，因此它对价格变化的反应会比 SMA 更敏感。

 除了不同的窗口周期之外，你还可以尝试使用 SMA 和 EMA 价格的组合来获得更多的信息。

1.5 总结

本章中，主要介绍如何使用 Python3.7 设置工作环境以及通过虚拟环境来安装单独的包。pip 命令是一个方便的 Python 包管理器，可用来轻松地下载和安装 Python 模块，包括 Jupyter、Quandl 和 pandas。Jupyter 是一种基于浏览器的交互式计算环境，用于执行 Python 代码和可视化各种数据。有了 Quandl 账户，可以简单地获得高质量的时间序列数据集，这些数据是由各种数据发布者提供的。数据集直接下载到 pandas 的 DataFrame 对象中，该对象允许我们进行金融分析，例如绘制每日百分比收益图、直方图、Q-Q 图、相关性图、SMA 图和 EMA 图。

第二部分

金融概念

本部分包括了各种金融从业人员讨论的金融概念和数学模型。

本部分包括以下章节：

- 第2章 金融中的线性问题
- 第3章 金融中的非线性问题
- 第4章 期权定价的数值方法
- 第5章 利率及其衍生工具的建模
- 第6章 时间序列数据的统计分析

第 2 章
金融中的线性问题

非线性动力学在当今世界上固然有很重要的作用,然而,线性模型凭借其简洁性和易建模的优势,在金融领域广泛用于证券定价、投资组合最优资产配置等工作。当然,还有一个很重要的原因是线性金融模型可以确保得到一个全局最优解。

为了实现有效预测,回归分析广泛应用于统计领域以估计变量之间的关系。Python 有丰富的数学工具包,能作为科学脚本语言解决此类问题。例如,SciPy 和 NumPy 包含可供数据专家使用的各种线性回归函数。

传统投资组合管理中,资产配置通常遵循线性模型,每个投资者都有其独特的投资风格。我们可以将投资组合配置问题转换为包含等式和不等式的线性方程组,该线性方程组可用 $Ax = B$ 的矩阵形式表示。其中,A 为已知系数值,B 为观测值,x 为未知向量。通常,x 代表最优资产配比,我们可以利用线性代数中的直接或间接方法快速求解。

本章讨论以下主题:

- ▲ 资本资产定价模型、有效边界和资本市场线
- ▲ 利用回归方程求解证券市场线
- ▲ 套利定价模型与多元线性回归
- ▲ 投资组合分配中的线性优化
- ▲ 利用 Pulp 包进行线性优化
- ▲ 线性规划的结果
- ▲ 整数规划
- ▲ 二元条件下的线性整数规划模型
- ▲ 利用矩阵线性代数求解线性方程组
- ▲ 利用 LU 分解、Cholesky 分解和 QR 分解直接求解线性方程组
- ▲ 利用 Jacobi 迭代和 Gauss-Seidel 迭代间接求解线性方程组

2.1 资本资产定价模型与证券市场线

很多金融文献将资本资产定价模型（Capital Asset Pricing Model，CAPM）作为研究对象，本节来探讨该模型的关键概念。

根据资本资产定价模型，一种证券资产风险与收益率的关系如下：

$$R_i = R_f + \beta_i(E[R_{mkt}] - R_f)$$

对于证券 i，设其收益率为 R_i，β 系数为 β_i，则收益率 R_i 等于无风险收益率 R_f 与 β 系数乘以市场风险溢价的和。市场风险溢价是市场投资组合剔除无风险收益率的超额收益。图 2-1 可以更直观地展示资本资产定价模型。

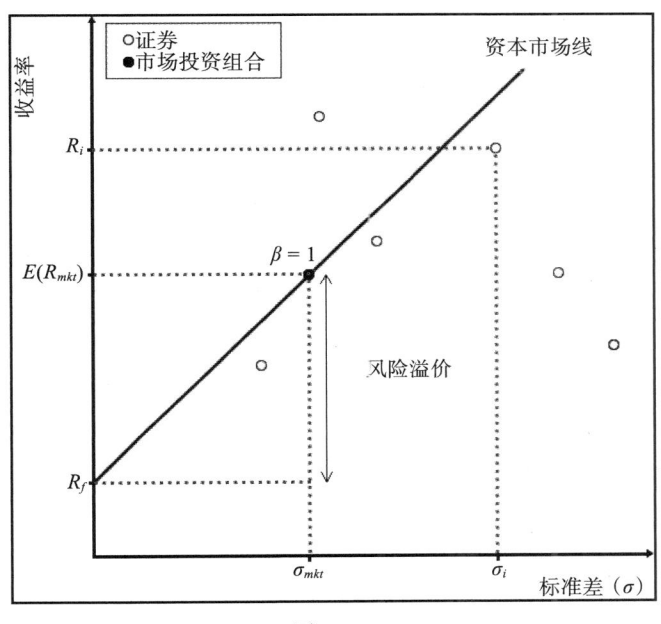

图 2-1

β 代表一只股票无法分散的系统风险，描述了股票收益率对于市场变动的敏感程度。例如，一只 β 为零的股票，无论市场向哪个方向波动，都不会产生超额收益，它只能以无风险收益率增长。若 β 为 1，则该股票涨跌与市场完全一致。

β 系数是由股票收益率与市场收益率的协方差除以市场收益率的方差计算得到的。

资本资产定价模型可以衡量投资组合中每只股票收益与风险的关系。将这些关系加总，我们就可以得到具有最低投资风险的证券投资组合权重。期望得到特定收益率的投资者，可以通过资本资产定价模型得到风险最低的最优投资组合。最优投资组合的集合称为有效边界（efficient frontier）。

有效边界上存在一个切点，该点表示可获得最高收益率或最低风险的最优投资组合，称为市场投资组合（market portfolio）。市场投资组合与无风险利率点的连线称为资本市场线（Capital Market Line，CML）。换言之，资本市场线可认为是所有最优投资组合的夏普比率最高的那个。夏普比率（Sharpe ratio）是风险调整后的收益率，通过投资组合的超额收益除以其标准差计算。通常投资者都乐意持有位于资本市场线上的资产组合，让我们看图 2-2。

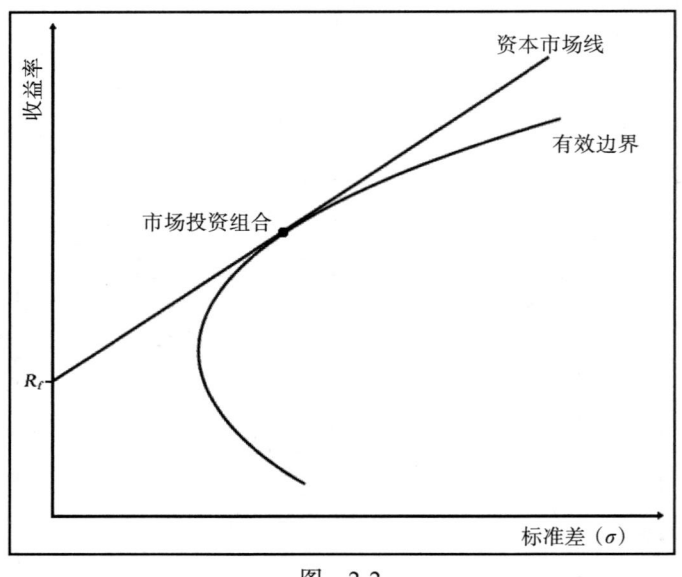

图 2-2

资本资产定价模型另一个研究焦点是证券市场线（Security Market Line，SML）。证券市场线表示资产对于 β 系数的期望收益。对于 β 值为 1 的证券，其收益率与市场收益率完全相等。风险相同时，投资者总是期望更高的收益，证券定价高于证券市场线时出现证券价值低估；相反即高估，如图 2-3 所示。

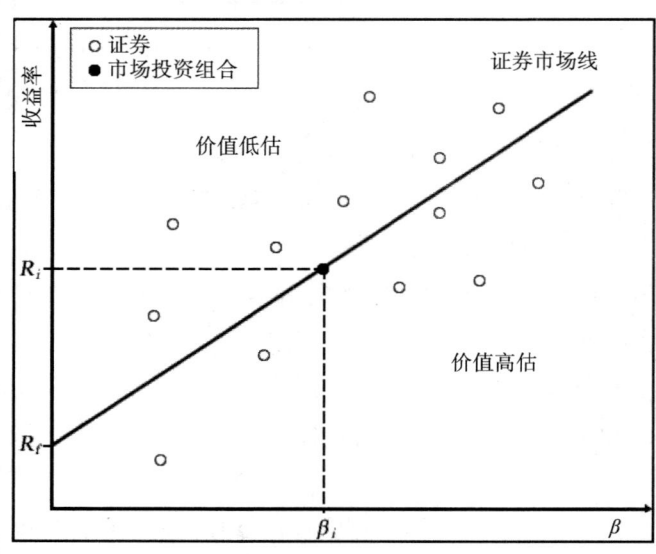

图 2-3

计算一种证券的 β 系数 β_i，由公式 $R_i = \alpha + \beta R_M$ 可知，需要将单只股票资产的收益率 R_i 对同期市场收益率 R_M 和截距 α 进行回归分析。

表 2-1 是 5 个周期内的股票收益率和市场收益率。

表 2-1

时间周期	股票收益率	市场收益率
1	0.065 0	0.055
2	0.026 5	−0.090
3	−0.059 3	−0.041
4	−0.001 0	0.045
5	0.034 6	0.022

利用 SciPy 库 stats 模块，对资本资产定价模型进行最小二乘回归分析，求出 β_i 和 α 的值：

```
In [ ]:
    """
    Linear regression with SciPy
    """
    from scipy import stats
    stock_returns = [0.065, 0.0265, -0.0593, -0.001, 0.0346]
    mkt_returns = [0.055, -0.09, -0.041, 0.045, 0.022]
    beta, alpha, r_value, p_value, std_err = \
        stats.linregress(stock_returns, mkt_returns)
```

scipty.stats.linregress 函数可以输出回归线的斜率、截距、相关系数、假设检验（其原假设是斜率为 0）的 p 值和估计值的标准误差。我们感兴趣的是回归线的斜率和截距，通过输出 beta 和 alpha 来得到。

```
In [ ]:
    print(beta, alpha)
Out[ ]:
    0.5077431878770808 -0.008481900352462384
```

该股票 β 值为 0.5077，α 值接近于 0。

证券市场线表达式为：

$$E[R_i] = R_f + \beta_i(E[R_M] - R_f)$$

$E[R_M] - R_f$ 代表市场风险溢价，$E(R_M)$ 是市场投资组合的期望收益，R_f 为无风险收益率，$E(R_i)$ 为资产 i 的期望收益，β_i 是资产的 β 系数。

假设无风险利率为 5%，市场风险溢价为 8.5%，该股票的期望收益率是多少？基于资本资产定价模型，β 值为 0.507 7 时风险溢价为 0.507 7 × 8.5%，即 4.3%。无风险利率为 5%，所以股票的期望收益率为 9.3%。

当该证券同期实际收益率高于期望收益率时，投资者在风险不变情况下能获得更高的收益，即此证券价值被低估。

相反，当该证券同期实际收益率低于由证券市场线得出的期望收益率时，投资者在风险不变情况下获得更少的收益，即此证券价值被高估。

2.2 套利定价理论模型

资本资产定价模型有许多局限性，如均值－方差理论框架的应用以及收益率仅受市场风险一项风险因素的影响。在一个多元化投资组合中，股票的非系统性风险基本可以消除。

套利定价理论（Arbitrage Pricing Theory，APT）模型的提出弥补了上述不足，并提供一种不同于均值－方差理论的资产定价方法。

该模型假定证券收益是基于包括多个系统性风险因素的线性组合模型得到的，这些因素可能是通货膨胀率、GDP 增长率、实际利率或股息。

套利定价理论模型的资产定价方程如下所示：

$$E[R_i] = \alpha_i + \beta_{i,1}F_1 + \beta_{i,2}F_2 + \cdots + \beta_{i,j}F_j$$

这里 $E(R_i)$ 为证券 i 的期望收益率，α_i 为其他因素都忽略不计时的期望收益，$\beta_{i,j}$ 代表证券 i 对因素 j 的敏感性，F_j 为影响证券 i 期望收益率的因素 j 的值。

要得到资产价格，必须计算出所有 α_i 和 β 的值，因此我们将在套利定价理论模型上进行多元线性回归（multivariate linear regression）。

2.3 因子模型的多元线性回归

许多 Python 包（如 SciPy）都含有回归函数及多个回归函数的变体，`statsmodels` 包可以提供统计模型的描述性统计与估计。你可以在 Statsmodels 官网 https://www.statsmodels.org 获得更多相关信息。

如果你的 Python 环境还没有安装 Statsmodels，可以在命令行窗口运行以下命令进行安装：

```
$ pip install -U statsmodels
```

如果你安装的包已经存在于环境中，-U 指令会告诉 `pip` 模块将你选择的包升级到最新的可用版本。

本例使用 `statsmodels` 模块的 `ols` 函数进行最小二乘回归分析。

假设我们已经构建一个含有 7 个因子的 APT 模型，该模型可以返回 *Y* 的值，下列数据集从 t_1 至 t_9 的 9 个周期内获得。X_1 至 X_7 为每个周期内观察到的独立变量，因此该回归问题可表示为：

$$Y = X_{i,1}F_1 + X_{i,2}F_2 + \cdots + X_{i,7}F_7 + c$$

输入如下代码，对 **X** 值和 **Y** 值进行最小二乘回归：

```
In [ ]:
    """
    Least squares regression with statsmodels
    """
    import numpy as np
    import statsmodels.api as sm

    # Generate some sample data
    num_periods = 9
    all_values = np.array([np.random.random(8) \
                          for i in range(num_periods)])

    # Filter the data
    y_values = all_values[:, 0] # First column values as Y
    x_values = all_values[:, 1:] # All other values as X
    x_values = sm.add_constant(x_values) # Include the intercept
    results = sm.OLS(y_values, x_values).fit() # Regress and fit the model
```

输入以下代码来查看详细的回归数据：

```
In [ ]:
    print(results.summary())
```

OLS 回归结果是一个很长的统计信息表，我们最关注的是 APT 模型的系数（如表 2-2 所示）。

表 2-2

	coef	std err	t	P>|t|	[0.025
const	0.7229	0.330	2.191	0.273	-3.469
x1	0.4195	0.238	1.766	0.328	-2.599
x2	0.4930	0.176	2.807	0.218	-1.739
x3	0.1495	0.102	1.473	0.380	-1.140
x4	-0.1622	0.191	-0.847	0.552	-2.594
x5	-0.6123	0.172	-3.561	0.174	-2.797
x6	-0.2414	0.161	-1.499	0.375	-2.288
x7	-0.5079	0.200	-2.534	0.239	-3.054

coef 这一列给出了常数 c 的回归系数值（从 X_1 到 X_7）。同样，我们可以使用 params 函数计算所求系数：

```
In [ ]:
    print(results.params)
Out[ ]:
    [ 0.72286627  0.41950411  0.49300959  0.14951292 -0.16218313
    -0.61228465 -0.24143028 -0.50786377]
```

从上面的例子中可以看出，两种方法求得的系数值是相同的。

2.4 线性最优化

假设套利定价理论模型和资本资产定价模型都是线性的，利用 Python 的回归分析求得资产期望价值。

随着投资组合资产数量增加，限制条件也会增加，投资经理会在此限制下达到投资者的目标。

线性最优化通过求解目标函数最小值或最大值解决投资组合分配问题。这些投资目标通常有一定限制条件，例如，不许卖空、限制投资证券数量等。

但 Python 没有支持此方法的单一官方软件包，可以借助开源线性规划库——Pulp 来解决这个线性规划问题。

2.4.1 安装 Pulp

你可以访问 https://github.com/coin-or/pulp 安装 Pulp，这个网站的综合文档列表中有最优化问题的相关介绍。

你也可以使用 pip 命令来安装这个包[⊖]：

```
$ pip install pulp
```

2.4.2 一个用线性规划求最大值的实例

假设我们考虑投资两种证券 X 和 Y。若投资 X 证券的数量为 x，投资 Y 证券的数量为 y，试求 $3x + 2y$ 的最大值。限制条件如下：

1）投资 2 倍的 X 证券数量与投资 Y 证券数量之和不超过 100。
2）投资 X 证券数量与投资 Y 证券数量之和不超过 80。
3）投资 X 证券的数量不超过 40。
4）不许卖空（short selling）。

该最大化问题的数学表示如下：

$$最大化：f(x, y) = 3x + 2y$$

限制条件：

$$2x + y \leq 100$$
$$x + y \leq 80$$
$$x \leq 40$$
$$x \geq 0, y \geq 0$$

[⊖] 建议使用此方法，大多数 Python 库用 pip 命令安装是最方便的。——译者注

绘制函数图，如图 2-4 所示，阴影区域代表该问题可行域。

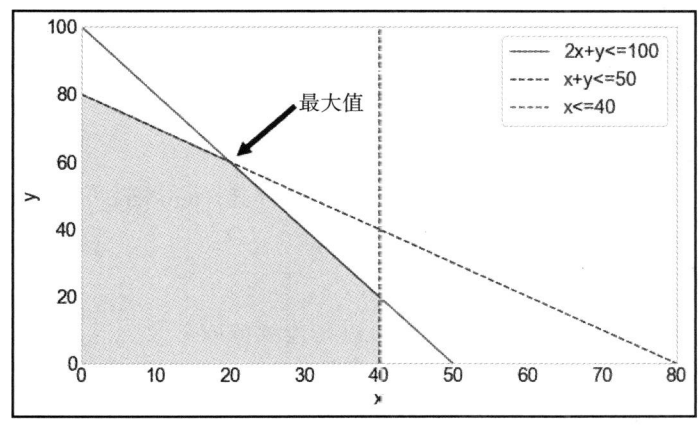

图 2-4

该问题可在 Python 的 `pulp` 包中通过如下代码表示：

```
In [ ]:
    """
    A simple linear optimization problem with 2 variables
    """
    import pulp

    x = pulp.LpVariable('x', lowBound=0)
    y = pulp.LpVariable('y', lowBound=0)
    problem = pulp.LpProblem(
        'A simple maximization objective',
        pulp.LpMaximize)
    problem += 3*x + 2*y, 'The objective function'
    problem += 2*x + y <= 100, '1st constraint'
    problem += x + y <= 80, '2nd constraint'
    problem += x <= 40, '3rd constraint'
    problem.solve()
```

`LpVariable` 函数声明一个要求解的变量。`LpProblem` 函数通过问题的一段文本描述和最优化的类型来初始化问题，本例使用求最大值的最优化方法。代码中"+="允许加入任意数量的限制条件及其描述文本。最后，调用 `.solve()` 函数执行线性优化，通过 `.variables()` 函数输出每个变量的最优解。

运行代码输出结果如下：

```
In [ ]:
    print("Maximization Results:")
    for variable in problem.variables():
        print(variable.name, '=', variable.varValue)
Out[ ]:
    Maximization Results:
    x = 20.0
    y = 60.0
```

满足限制条件下，当 x 等于 20，y 等于 60 时，$3x + 2y$ 取得最大值 180。

2.4.3 线性规划的结果

线性优化通常有如下三个结果：

1）线性规划问题的局部最优解是最接近目标函数的最优解，虽然不是全局最优解（global optimal solution），但优于其他所有可行解。

2）若找不到最优解，则线性规划无可行解（infeasible）。

3）若最优解无界或有无限个，则线性规划无有界解（unbounded）。

2.4.4 整数规划

前述求最大值的线性规划问题，变量可以是连续值或分数。但在无法使用分数时该如何处理？这类变量被限制为整数的问题称作整数线性规划（linear integer programming）问题。整数规划的一种特殊情况是二进制的 0 或 1 变量。二进制变量对处理多项选择的决策模型非常有帮助。

整数规划模型经常用于实际问题建模。采用线性或二元方法解决非线性问题时，往往需要"艺术处理"而非"科学方法"。

1. 使用整数规划求解最小值的例子

假设我们可以从三位经纪人手中购买 150 份特定外国证券的场外合同。经纪人 X 的报价为每份合同 500 美元，外加 4 000 美元手续费。经纪人 Y 的报价为每份合同 450 美元，外加 2 000 美元手续费。经纪人 Z 的报价为每份合同 450 美元，外加 6 000 美元手续费。另外经纪人 X 最多出售 100 份合同，经纪人 Y 最多出售 90 份合同，经纪人 Z 最多出售 70 份合同，且每位经纪人都是 30 份合同起售。请计算购买这 150 份合同所需最低成本为多少。

利用 `pulp` 包设置下列变量：

```
In [ ]:
    """
    An example of implementing an integer
    programming model with binary conditions
    """
    import pulp

    dealers = ['X', 'Y', 'Z']
    variable_costs = {'X': 500, 'Y': 350, 'Z': 450}
    fixed_costs = {'X': 4000, 'Y': 2000, 'Z': 6000}

    # Define PuLP variables to solve
    quantities = pulp.LpVariable.dicts('quantity',
                                        dealers,
                                        lowBound=0,
                                        cat=pulp.LpInteger)
    is_orders = pulp.LpVariable.dicts('orders',
                                       dealers,
                                       cat=pulp.LpBinary)
```

`dealers` 变量包含字典的标识符，字典的标识符稍后用于进行列表与字典的引用。

variable_costs 和 fixed_costs 变量为字典类型，包含各自经纪人所需的合约成本和手续费。Pulp 求解器可求解 LpVariable 函数定义的 quantities 和 is_orders 变量的值。dicts 函数使 Pulp 将赋值变量作为字典对象，将 dealers 变量作为字典对象的引用。注意 quantities 变量的下界为 0，表示不允许卖空。is_orders 值为二进制对象，表示我们是否与某位经纪人交易。

这个整数规划问题的模型可由以下方程式直观地表述：

$$Minimize \sum_{i=x}^{z} IsOrder_i (variable\ cost_i \times quantity_i + fixed\ cost_i)$$

其中

$$IsOrder_i = \begin{cases} 1, & \text{若购买合同 } i \\ 0, & \text{若不购买合同 } i \end{cases}$$

$$30 \leq quantity_x \leq 100$$

$$30 \leq quantity_y \leq 90$$

$$30 \leq quantity_z \leq 70$$

$$\sum_{i=x}^{z} quantity_i = 150$$

其中，$variable\ cost_i$ 为每份合同的变动成本，$quantity_i$ 为合同的数量，$fixed\ cost_i$ 为固定成本。如果购买合同 i，则 $IsOrder_i = 1$；如果不购买合同 i，则 $IsOrder_i = 0$。

上述方程用二进制变量 $IsOrder_i$ 表示最小化总成本，从而决定与哪个经销商合作。

让我们用 Python 实现这个模型：

```
In [ ]:
    """
    This is an example of implementing an integer programming model
    with binary variables the wrong way.
    """
    # Initialize the model with constraints
    model = pulp.LpProblem('A cost mininization problem',
                    pulp.LpMinimize)
    model += sum([(variable_costs[i] * \
                quantities[i] + \
                fixed_costs[i])*is_orders[i] \
            for i in dealers]), 'Minimize portfolio cost'
    model += sum([quantities[i] for i in dealers]) == 150\
        , 'Total contracts required'
    model += 30 <= quantities['X'] <= 100\
        , 'Boundary of total volume of X'
    model += 30 <= quantities['Y'] <= 90\
        , 'Boundary of total volume of Y'
    model += 30 <= quantities['Z'] <= 70\
        , 'Boundary of total volume of Z'
    model.solve() # You will get an error running this code!
```

运行求解器会发生什么？检查出来：

```
Out [ ]:
    TypeError: Non-constant expressions cannot be multiplied
```

结果，当我们对 quantities 和 is_order 这两个未知变量进行乘法计算时，会执行非线性规划。这就是执行整数规划时遇到的陷阱。那么我们该如何解决这个问题呢？如下一节所示，我们将使用二进制变量。

2. 二进制条件下的整数规划

制定最小化规划的另一种方法是将所有未知变量以线性方式递增：

$$Minimize \sum_{i=x}^{z} variable\ cost_i \times quantity_i + fixed\ cost_i \times isOrder_i$$

与前述方程相比，我们得到的固定费用相同，但变量 $quantity_i$ 位于等式第一项，所以它将作为 $IsOrder_i$ 的函数求解。本例限制条件如下：

$$isOrder_i \times 30 \leqslant quantity_x \leqslant isOrder_i \times 100$$
$$isOrder_i \times 30 \leqslant quantity_y \leqslant isOrder_i \times 90$$
$$isOrder_i \times 30 \leqslant quantity_z \leqslant isOrder_i \times 70$$

用 Python 运行此模型：

```
In [ ]:
    """
    This is an example of implementing an
    IP model with binary variables the correct way.
    """
    # Initialize the model with constraints
    model = pulp.LpProblem('A cost minimization problem',
                           pulp.LpMinimize)
    model += sum(
        [variable_costs[i]*quantities[i] + \
            fixed_costs[i]*is_orders[i] for i in dealers])\
        , 'Minimize portfolio cost'
    model += sum([quantities[i] for i in dealers]) == 150\
        , 'Total contracts required'
    model += is_orders['X']*30 <= quantities['X'] <= \
        is_orders['X']*100, 'Boundary of total volume of X'
    model += is_orders['Y']*30 <= quantities['Y'] <= \
        is_orders['Y']*90, 'Boundary of total volume of Y'
    model += is_orders['Z']*30 <= quantities['Z'] <= \
        is_orders['Z']*70, 'Boundary of total volume of Z'
    model.solve()
```

运行求解器会发生什么呢？让我们来看一下结果：

```
In [ ]:
    print('Minimization Results:')
    for variable in model.variables():
        print(variable, '=', variable.varValue)

    print('Total cost:', pulp.value(model.objective))
Out[ ]:
    Minimization Results:
    orders_X = 0.0
```

```
orders_Y = 1.0
orders_Z = 1.0
quantity_X = 0.0
quantity_Y = 90.0
quantity_Z = 60.0
Total cost: 66500.0
```

结果显示，满足所有限制条件时，我们从经纪人 Y 处购买 90 份合同并从经纪人 Z 处购买 60 份合同，花费的成本最低为 66 500 美元。

综上所述，整数规划模型在决策中发挥作用需要精心设计模型，以获得准确结果。

2.5 使用矩阵解线性方程组

上一节，我们学习了不等式约束条件下线性方程组的求解。如果一个系统的线性方程组约束条件是确定的，可以将其视为矩阵问题，应用矩阵代数求解。矩阵法应用现有的矩阵库函数将多元线性方程以简洁的方式表示。

假设我们要建立一个包含三种证券的投资组合，分别为证券 a、证券 b 和证券 c。该投资组合有如下限制：投资 1 倍的证券 a 的数量等于 6 个单位多头头寸；投资 2 倍的证券 a 的数量、1 倍证券 b 的数量与 1 倍证券 c 的数量之和等于 4 个单位多头头寸；投资 1 倍证券 a 的数量、3 倍的证券 b 的数量与 2 倍的证券 c 的数量之和等于 5 个单位多头头寸。

我们将本题用如下数学表达式描述：

$$2a + b + c = 4$$
$$a + 3b + 2c = 5$$
$$a = 6$$

写出所有系数，将上述表达式改写为：

$$2a + 1b + 1c = 4$$
$$1a + 3b + 2c = 5$$
$$1a + 0b + 0c = 6$$

将方程式系数用矩阵形式表示如下：

$$A = \begin{bmatrix} 2 & 1 & 1 \\ 1 & 3 & 2 \\ 1 & 0 & 0 \end{bmatrix}, \quad x = \begin{bmatrix} a \\ b \\ c \end{bmatrix}, \quad B = \begin{bmatrix} 4 \\ 5 \\ 6 \end{bmatrix}$$

我们可以将线性方程表示为：

$$Ax = B$$

向量 x 包含每种证券的投资数量，为求出 x，我们写出矩阵 A 的逆矩阵：

使用 NumPy 数组建立 A、B 两个矩阵：

$$x = A^{-1}B$$

```
In [ ]:
    """
    Linear algebra with NumPy matrices
    """
    import numpy as np
    A = np.array([[2, 1, 1],[1, 3, 2],[1, 0, 0]])
    B = np.array([4, 5, 6])
```

利用 NumPy 中的 `linalg.solve` 函数求解线性标量方程组：

```
In [ ]:
    print(np.linalg.solve(A, B))
Out[ ]:
    [  6.  15. -23.]
```

结果显示，该投资组合需要 6 倍证券 a 的多头头寸，15 倍证券 b 的多头头寸和 23 倍证券 c 的空头头寸。

在投资组合管理中，我们可以利用矩阵方程组求解约束条件下有价证券的最优权重分配问题。随着投资组合证券数量的增加，逆矩阵的计算愈发复杂。我们可以使用 Cholesky 分解、LU 分解、QR 分解、Jacobi 迭代和 Gauss-Seidel 迭代等方法将矩阵 A 分解为更简单的矩阵进行分析。

2.6 LU 分解

LU 分解，也称为上下因子分解（lower upper factorization），是一种线性方程组的求解方法。LU 分解将矩阵 A 分解为两个矩阵的乘积：一个下三角矩阵 L 和一个上三角矩阵 U。分解过程如下所示：

$$A = LU$$

$$\begin{bmatrix} a & b & c \\ d & e & f \\ g & h & i \end{bmatrix} = \begin{bmatrix} l_{11} & 0 & 0 \\ l_{21} & l_{22} & 0 \\ l_{31} & l_{32} & l_{33} \end{bmatrix} \times \begin{bmatrix} u_{11} & u_{12} & u_{13} \\ 0 & u_{22} & u_{23} \\ 0 & 0 & u_{33} \end{bmatrix}$$

矩阵 A 中，$a = l_{11}u_{11}$，$b = l_{11}u_{12}$，以此类推。下三角矩阵对角线右上方系数全部为零，相反即为上三角矩阵。

相对于 Cholesky 分解，LU 分解可应用于任意方阵，而 Cholesky 分解只能用于正定矩阵。

不同于之前的例子，这次我们通过 SciPy 模块的 `linalg` 包实现 LU 分解，从而进行矩阵方程的求解。

```
In [ ]:
    """
    LU decomposition with SciPy
    """
    import numpy as np
    import scipy.linalg as linalg

    # Define A and B
    A = np.array([
        [2., 1., 1.],
        [1., 3., 2.],
        [1., 0., 0.]])
    B = np.array([4., 5., 6.])

    # Perform LU decomposition
    LU = linalg.lu_factor(A)
    x = linalg.lu_solve(LU, B)
```

输入下列代码，显示 x 的值：

```
In [ ]:
    print(x)
Out[ ]:
    [  6.  15. -23.]
```

运算得到 a、b、c 的值分别为 6、15 和 -23。

此处我们应用 scipy.linalg 的 lu_factor() 函数，将 LU 变量定义为矩阵 A 的 LU 分解形式，利用 lu_solve() 函数求解该方程组。

如果我们利用 lu() 函数对矩阵 A 进行 LU 分解，会得到三个变量：置换矩阵 P、下三角函数 L 和上三角函数 U：

```
In [ ]:
    import scipy

    P, L, U = scipy.linalg.lu(A)

    print('P=\n', P)
    print('L=\n', L)
    print('U=\n', U)
```

得到上述变量后，可以将矩阵 A 和 LU 分解形式的关系表示如下：

$$A = \begin{bmatrix} 2 & 1 & 1 \\ 1 & 3 & 2 \\ 1 & 0 & 0 \end{bmatrix} = \begin{bmatrix} 1 & 0 & 0 \\ 0.5 & 1 & 0 \\ 0.5 & -0.2 & 1 \end{bmatrix} \times \begin{bmatrix} 2 & 1 & 1 \\ 0 & 2.5 & 1.5 \\ 0 & 0 & -0.2 \end{bmatrix}$$

LU 分解可以理解为高斯消元法的矩阵形式，将复杂矩阵分解为两个简单的三角矩阵。

2.7 Cholesky 分解

Cholesky 分解是利用对称矩阵性质求解线性方程组的方法。与 LU 分解相比，它可以显著提高计算速度并降低对内存的要求。但使用 Cholesky 分解时需要矩阵为埃尔米特矩阵（实值对称矩阵）且正定，即 Cholesky 分解将矩阵分解为 $A = LL^T$，其中 L 是对角线为正实数的下三角矩阵，L^T 为 L 的共轭转置矩阵。

假设矩阵 A 为正定埃尔米特矩阵，方程 $Ax = B$ 中，A 和 B 取值如下：

$$A = \begin{bmatrix} 10 & -1 & 2 & 0 \\ -1 & 11 & -1 & 3 \\ 2 & -1 & 10 & -1 \\ 0 & 3 & -1 & 8 \end{bmatrix}, \quad x = \begin{bmatrix} a \\ b \\ c \\ d \end{bmatrix}, \quad B = \begin{bmatrix} 6 \\ 25 \\ -11 \\ 15 \end{bmatrix}$$

在 NumPy 数组中呈现矩阵：

```
In [ ]:
    """
    Cholesky decomposition with NumPy
    """
    import numpy as np

    A = np.array([
        [10., -1., 2., 0.],
        [-1., 11., -1., 3.],
        [2., -1., 10., -1.],
        [0., 3., -1., 8.]])
    B = np.array([6., 25., -11., 15.])

    L = np.linalg.cholesky(A)
```

利用 `numpy.linalg` 中 `cholesky()` 函数计算矩阵 A 的下三角矩阵如下所示：

```
In [ ]:
    print(L)
Out[ ]:
    [[ 3.16227766  0.          0.          0.        ]
     [-0.31622777  3.3015148   0.          0.        ]
     [ 0.63245553 -0.24231301  3.08889696  0.        ]
     [ 0.          0.9086738  -0.25245792  2.6665665 ]]
```

检验 Cholesky 分解计算结果，根据 Cholesky 分解的定义将矩阵 L 与其共轭转置矩阵相乘进行验证：

```
In [ ]:
    print(np.dot(L, L.T.conj())) # A=L.L*
Out[ ]:
    [[10. -1.  2.  0.]
     [-1. 11. -1.  3.]
     [ 2. -1. 10. -1.]
     [ 0.  3. -1.  8.]]
```

解出 x 前,将 $L^T x$ 设为 y,调用 numpy.linalg 的 solve() 函数:

```
In [ ]:
    y = np.linalg.solve(L, B)   # L.L*.x=B; When L*.x=y, then L.y=B
```

利用矩阵 L 的共轭转置矩阵和 y 求解 x:

```
In [ ]:
    x = np.linalg.solve(L.T.conj(), y)   # x=L*'.y
```

输出结果:

```
In [ ]:
    print(x)
Out[ ]:
    [ 1.  2. -1.  1.]
```

输出结果显示了 x 中 a、b、c、d 的值。

将矩阵 A 与 x 的转置相乘进行验证:

```
In [ ] :
    print(np.mat(A) * np.mat(x).T)   # B=Ax
Out[ ]:
    [[  6.]
     [ 25.]
     [-11.]
     [ 15.]]
```

结果显示 Cholesky 分解得到的 x 是正确的。

2.8 QR 分解

QR 分解,又称为 QR 因式分解,和 LU 分解一样是利用矩阵求解线性方程组的方法。QR 分解用于处理 $Ax = B$ 形式的方程,且矩阵 $A = QR$,Q 为正交矩阵,R 为上三角矩阵。QR 算法是线性最小二乘问题的常见解法。

一个正交矩阵具有下列特征:

▲ 它是一个方阵。

▲ 正交矩阵乘以其转置矩阵等于单位矩阵:

$$QQ^T = Q^TQ = 1$$

▲ 正交矩阵的逆矩阵等于其转置矩阵:

$$Q^T = Q^{-1}$$

单位矩阵是一个方阵,其主对角线上元素均为 1,其余全为 0。

现在将 $Ax = B$ 的问题转化成:

$$QRx = B$$
$$Rx = Q^{-1}B \text{ 或 } Rx = Q^{T}B$$

利用 `scipy.linalg` 的 `qr()` 函数计算 Q 和 R 的值，设变量 y 等于 BQ^T：

```
In [ ]:
    """
    QR decomposition with scipy
    """
    import numpy as np
    import scipy.linalg as linalg

    A = np.array([
        [2., 1., 1.],
        [1., 3., 2.],
        [1., 0., 0]])
    B = np.array([4., 5., 6.])

    Q, R = scipy.linalg.qr(A)  # QR decomposition
    y = np.dot(Q.T, B)  # Let y=Q'.B
    x = scipy.linalg.solve(R, y)  # Solve Rx=y
```

注意 `Q.T` 即矩阵 Q 的转置矩阵和逆矩阵：

```
In [ ]:
    print(x)
Out[ ]:
    [  6.  15. -23.]
```

我们得到了一个与 LU 分解相同的答案。

2.9 使用其他矩阵代数方法求解

前述已经介绍了逆矩阵的求解方法，以及利用 LU 分解、Cholesky 分解和 QR 分解求解线性方程组。量化投资分析师应充分了解上述内容，以解决矩阵中包含大量金融数据所带来的问题。

某些情况下，我们求的解不收敛，可以使用迭代法解决此类问题，如 Jacobi 迭代、Gauss-Seidel 迭代和 SOR 迭代法。

2.9.1 Jacobi 迭代法

Jacobi 迭代法通过对矩阵的对角元迭代求解线性方程组，计算结果收敛时终止迭代。方程 $Ax = B$ 中，矩阵 $A = D + R$，矩阵 D 为对角矩阵。以一个 4×4 的矩阵 A 为例：

$$A = \begin{bmatrix} a & b & c & d \\ e & f & g & h \\ i & j & k & l \\ m & n & o & p \end{bmatrix} = \begin{bmatrix} a & 0 & 0 & 0 \\ 0 & f & 0 & 0 \\ 0 & 0 & k & 0 \\ 0 & 0 & 0 & p \end{bmatrix} + \begin{bmatrix} 0 & b & c & d \\ e & 0 & g & h \\ i & j & 0 & l \\ m & n & o & 0 \end{bmatrix}$$

通过迭代得出答案:

$$Ax = B$$
$$(D + R)x = B$$
$$Dx = B - Rx$$
$$x_{n+1} = D^{-1}(B - Rx_n)$$

与 Gauss-Seidel 迭代法不同,Jacobi 方法欲求 x_{n+1} 必须先求出 x_n,这将占用两倍的内存。然而,矩阵中每个元素的计算都以并行方式完成会显著提高运算速度。

如果矩阵 A 是一个不可约严格对角占优(strictly irreducibly diagonally dominant)矩阵,通过 Jacobi 迭代法得到的解一定是收敛的。不可约严格对角占优矩阵是每个对角元的绝对值都大于所在行非对角元绝对值之和的矩阵。

某些情况下,即使矩阵不满足上述条件也能通过 Jacobi 迭代得到收敛解:

```
In [ ]:
    """
    Solve Ax=B with the Jacobi method
    """
    import numpy as np

    def jacobi(A, B, n, tol=1e-10):
        # Initializes x with zeroes with same shape and type as B
        x = np.zeros_like(B)

        for iter_count in range(n):
            x_new = np.zeros_like(x)
            for i in range(A.shape[0]):
                s1 = np.dot(A[i, :i], x[:i])
                s2 = np.dot(A[i, i + 1:], x[i + 1:])
                x_new[i] = (B[i] - s1 - s2) / A[i, i]

            if np.allclose(x, x_new, tol):
                break

            x = x_new

        return x
```

本题矩阵 A 使用与 Cholesky 分解中相同的值,利用 `jacobi` 函数进行 25 次迭代:

```
In [ ]:
    A = np.array([
        [10., -1., 2., 0.],
        [-1., 11., -1., 3.],
        [2., -1., 10., -1.],
        [0.0, 3., -1., 8.]])
    B = np.array([6., 25., -11., 15.])
    n = 25
```

调用 `jacobi` 函数求解 x:

```
In [ ]:
    x = jacobi(A, B, n)
    print('x', '=', x)
Out[ ]:
    x = [ 1.  2. -1.  1.]
```

最终 x 的值与通过 Cholesky 分解所求相同。

2.9.2 Gauss-Seidel 迭代法

Gauss-Seidel 迭代法与 Jacobi 迭代法很相似。方程 $Ax = B$ 中，矩阵 $A = L + U$，矩阵 L 为下三角矩阵，矩阵 U 为上三角矩阵。以一个 4×4 的矩阵 A 为例：

$$A = \begin{bmatrix} a & b & c & d \\ e & f & g & h \\ i & j & k & l \\ m & n & o & p \end{bmatrix} = \begin{bmatrix} a & 0 & 0 & 0 \\ e & f & 0 & 0 \\ i & j & k & 0 \\ m & n & o & p \end{bmatrix} + \begin{bmatrix} 0 & b & c & d \\ 0 & 0 & g & h \\ 0 & 0 & 0 & l \\ 0 & 0 & 0 & 0 \end{bmatrix}$$

迭代得：

$$Ax = B$$
$$(L + U)x = B$$
$$Lx = B - Ux$$
$$x_{n+1} = L^{-1}(B - Ux_n)$$

利用下三角矩阵 L 计算 x_{n+1}，不必先求出 x_n，这相比 Jacobi 迭代法将节省一半的存储空间。

利用 Gauss-Seidel 迭代法求解的收敛速度很大程度取决于矩阵性质，需要严格对角占优或正定矩阵。即使这些条件没有满足，Gauss-Seidel 迭代的结果仍可能收敛。

用 Python 实现 Gauss-Seidel 迭代法：

```
In [ ]:
    """
    Solve Ax=B with the Gauss-Seidel method
    """
    import numpy as np
    
    def gauss(A, B, n, tol=1e-10):
        L = np.tril(A)    # returns the lower triangular matrix of A
        U = A-L    # decompose A = L + U
        L_inv = np.linalg.inv(L)
        x = np.zeros_like(B)
        
        for i in range(n):
            Ux = np.dot(U, x)
            x_new = np.dot(L_inv, B - Ux)
            
            if np.allclose(x, x_new, tol):
                break
            
            x = x_new
        
        return x
```

利用 NumPy 模块的 `tril()` 函数通过下三角矩阵 U 返回下三角矩阵 A，利用 tol 定

义的公差迭代求得 x。

使用与 Jacobi 迭代和 Cholesky 分解中相同的矩阵，我们将 gauss() 函数 n 的最大值设为 100 来计算 x：

```
In [ ]:
    A = np.array([
        [10., -1., 2., 0.],
        [-1., 11., -1., 3.],
        [2., -1., 10., -1.],
        [0.0, 3., -1., 8.]])
    B = np.array([6., 25., -11., 15.])
    n = 100
    x = gauss(A, B, n)
```

验证求得 x 值是否与前述相等：

```
In [ ]:
    print('x', '=', x)
Out[ ]:
    x = [ 1.  2. -1.  1.]
```

结果显示求得的 x 与通过 Jacobi 迭代和 Cholesky 分解的结果相同。

2.10 总结

本章我们简要学习了资本资产定价模型和套利定价模型在金融中的应用。在资本资产定价模型中，我们探讨了利用有效边界和资本市场线确定市场投资组合和最优投资组合，通过回归确定证券市场线解决定价问题。借助套利定价模型，我们得以抛开均值方差模型框架探讨不同因素是如何影响证券收益率的，通过多元线性回归确定相关系数以估计证券资产价值。

本章使用线性规划模拟投资组合分配问题，定义一个最大化或最小化函数，添加不等式约束条件，借助 Python 的 Pulp 库求解未知变量。线性规划的三种结果可能是无界解、唯一解或无解。

线性规划的另一种形式是整数规划，即所有变量都限制为整数。整数规划的一个特殊情况是二进制的 0 或 1 变量，处理多项选择的决策模型时非常有帮助。为了避免执行二进制条件下简单整数规划的陷阱，我们需要精心设计模型。

投资组合分配的另一种解决方案是利用矩阵表示线性方程组。本类问题中方程组以 $Ax = B$ 的形式表示，为求解 x，将等式变形为 $x = A^{-1}B$ 并通过多种分解方法分解矩阵 A，如：以 LU 分解、Cholesky 分解和 QR 分解为代表的直接分解法，以 Jacobi 迭代和 Gauss-Seidel 迭代为代表的间接分解法。

下一章研究非线性模型及其求解方法。

第 3 章
金融中的非线性问题

近年来经济与金融理论研究对非线性现象的关注度越来越高。随着非线性序列在金融时间序列中的重要性逐渐提升,针对金融产品非线性建模的研究也大幅增加。

金融行业从业者使用非线性模型预测波动性、衍生价格和计算风险价值(Value at Risk,VAR)。与线性模型求解不同,非线性模型不一定推断出全局最优解。数值求根方法通常收敛到最近的局部最优解,即方程只有一个根。

本章讨论以下主题:
- ▲ 非线性建模方法
- ▲ 非线性模型实例
- ▲ 求根算法
- ▲ 使用 SciPy 模块进行求根运算

3.1 非线性建模

线性关系旨在用最简单的方式解释已知现象,但许多复杂物理现象无法用线性模型解释。例如下面的非线性关系:

$$f(a+b) \neq f(a) + f(b)$$

尽管非线性关系可能很复杂,但是为了完全理解和建模非线性关系,我们需要看一些应用于金融场景和时间序列模型中的实例。

非线性模型实例

到目前为止,有许多非线性模型被提出来用于学术和应用研究,分析线性模型无法解释的某些经济和金融数据。由于非线性研究太过宽泛和深入,本书无法充分阐释。本节将简要介绍实际中常用的一些非线性模型:隐含波动率模型、马尔可夫转换模型(Markov switching model)、门限模型(threshold model)和平滑转换模型(smooth transition model)。

1. 隐含波动率模型

最常见的期权定价模型应该是布莱克 – 斯克尔斯 – 默顿期权定价模型(Black-Scholes-Merton model),简称为布莱克 – 斯克尔斯模型。看涨期权是一种在特定时间以特定价格卖出特定证券的权利而非义务。布莱克 – 斯克尔斯模型假设证券收益服从正态分布,或证券价格服从对数正态分布,从而计算期权平价。

该模型采用以下假设变量:行权价格(K)、到期日(T)、无风险利率(r)、潜在收益波动率(σ)、标的资产当前价格(S)、收益(q)。看涨期权的数学公式 $C(S, t)$ 表示为:

$$C(S, t) = Se^{qT}N(d_1) - Ke^{-rT}N(d_2)$$

上式中:

$$d_1 = \frac{\ln(S/K) + (r - q + \sigma^2/2)T}{\sigma\sqrt{T}}$$

由于市场调节作用,期权价格可能与布莱克 – 斯克尔斯模型计算结果有偏差。特别地,实际波动率(即通过历史市场价格得到的标的收益波动性)可能与该模型采用的波动率 σ 不一致。

通过第 2 章讨论的资本资产定价模型,我们已经了解到证券的高风险对应高收益,证券的风险由收益的波动率或标准差度量。

随着波动率在证券定价中的重要性日渐提高,诸多波动率模型被提出,隐含波动率模型即其中之一。

由布莱克 – 斯克尔斯模型得到的隐含波动率函数图像如图 3-1 所示,一般称为隐含波动率微笑(volatility smile)。

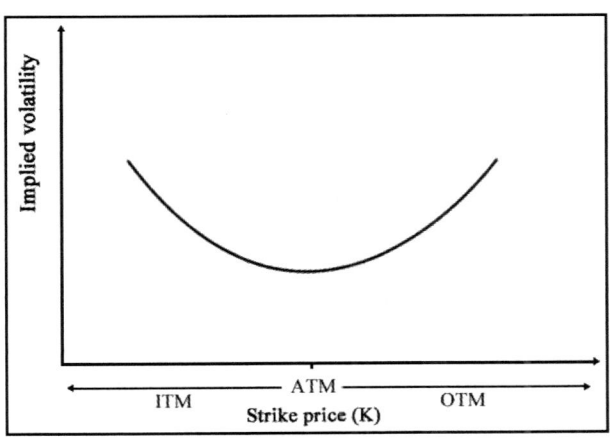

图 3-1

对于由投机产生的深度实值期权（in-the-money，ITM）或虚值期权（out-of-the-money，OTM），隐含波动率最高；对于平值期权（at-the-money，ATM），隐含波动率最低。

期权有下列三种类型：
- ▲ 实值期权（ITM）：看涨期权行权价格低于标的资产市场价格时，该看涨期权是实值期权。看跌期权行权价格高于标的资产市场价格时，该看跌期权。实值期权行权时具有内涵价值。
- ▲ 虚值期权（OTM）：行权价格高于标的资产市场价格的看涨期权或行权价格低于标的资产市场价格的看跌期权都是虚值期权。虚值期权不具有内涵价值，但可能具有时间价值。
- ▲ 平值期权（ATM）：平值期权的行权价格等于标的资产的市场价格。平值期权不具有内涵价值，但可能具有时间价值。

隐含波动率模型的目标之一是从上述波动率曲线中找出隐含波动率的最小值，即找到"根"，此时即可根据该值计算出平值期权的理论价格，与看跌或看涨期权市场价格进行比较。由于该曲线是非线性的，线性代数不能充分求解，本章下一节将介绍一些求根方法。

2. 马尔可夫机制转换模型

马尔可夫机制转换模型（Markov regime-switching model）又称为马尔可夫转换模型，用于金融时间序列的非线性模型构造，可在不同机制状态下描述时间序列。这类状态可能是一种波动状态，例如2008年全球经济低迷时的动荡状态或经济稳步复苏时的增长状态。不同机制间的转换能力使马尔可夫机制转换模型可以捕获复杂的动态模式。

股票价格的马尔可夫特性表明股票未来价格只与当前价格有关，股票历史价格与当前走势并无关系。

以一个 $m=2$ 的马尔可夫机制转换模型为例：

$$y_t = \begin{cases} x_1 + \varepsilon_t, & \text{当 } s_t = 1 \text{ 时} \\ x_2 + \varepsilon_t, & \text{当 } s_t = 2 \text{ 时} \end{cases}$$

上式中，ε_t 为独立同分布的白噪声。白噪声是均值为零的正态随机过程。下列虚拟变量也能描述该模型：

$$y_t = x_1 D_t + x_2(1 - D_t) + \varepsilon_t$$
$$\text{其中当 } s_t = 1 \text{ 时, } D_t = 1$$
$$\text{或者当 } s_t = 2 \text{ 时, } D_t = 0$$

马尔可夫机制转换模型可用于估计实际GDP增长率和动态通货膨胀率，从而对利率衍生品定价模型产生影响。马尔可夫机制转换模型从前一状态 i 转换到当前状态 j 的概率为：

$$P[s_t = j | s_{t-1} = i]$$

3. 门限自回归模型

与马尔可夫机制转换模型十分相似的门限自回归模型（Threshold Autoregressive Model，TAR）是用于解释非线性时间序列问题最常见的自回归模型。使用回归方法，简单的 AR 模型可以说是解释非线性行为的最流行模型。该门限模型的机制由时间序列过去的 d 值确定，与阈值 c 有关。

下面是自激励门限自回归（SelfExciting TAR，SETAR）模型的示例。自激励门限自回归模型可根据以往时间序列取值在不同机制间转换。

$$y_t = \begin{cases} a_1 + b_1 y_{t-d} + \varepsilon_t, & \text{若 } y_{t-d} \leq c \\ a_2 + b_2 y_{t-d} + \varepsilon_t, & \text{若 } y_{t-d} > c \end{cases}$$

自激励门限自回归模型可用虚拟变量表示为：

$$y_t = (a_1 + b_1 y_{t-d})D_t + (a_2 + b_2 y_{t-d})(1 - D_t) + \varepsilon_t$$

其中当 $y_{t-d} \leq c$ 时，$D_t = 1$

或者当 $y_{t-d} > c$ 时，$D_t = 0$

 门限自回归模型可能会因阈值 c 导致机制状态发生急剧转变。

4. 平滑转换模型

机制状态的快速转换在现实世界中不可能发生，因此我们要引入一个平滑连续函数。通过逻辑函数 $G(y_{t-1}; \gamma, c)$，自激励门限自回归模型就变为逻辑平滑转换门限自回归（Logistic Smooth Transition Threshold Autoregressive，LSTAR）模型：

$$G(y_{t-1}; \gamma, c) = \frac{1}{1 + e^{-\gamma(y_{t-d} - c)}}$$

自激励门限自回归模型变为逻辑平滑转换门限自回归，后者可表示为：

$$y_t = (a_1 + b_1 y_{t-d})(1 - G(y_{t-1}; \gamma, c)) + (a_2 + b_2 y_{t-d})G(y_{t-1}; \gamma, c) + \varepsilon_t$$

上式中，参数 γ 控制机制状态的转变。γ 越大，转换越快，且 y_{t-d} 越靠近阈值 c。$\gamma = 0$ 时逻辑平滑转换门限自回归模型相当于一个简单的单机制自回归模型。

3.2 非线性模型求根算法

上一节介绍了用于金融时间序列的非线性模型。从连续时间给定的模型数据来看，其目的是寻找可能推断出有价值信息的极值。利用包括求根算法在内的数值方法，可以求连续函数 f 的根，例如 $f(x) = 0$，该函数的根可能是函数的最大值或最小值。一般来说，一个方程可能存在很多根或无解。

对非线性模型使用求根法的一个例子是前面讨论的布莱克－斯克尔斯隐含波动率模型。期权交易员可能有兴趣利用该模型计算出隐含价格并将其与市场价格进行对比。在第 4 章，我们将结合求根法与数值期权定价过程，建立基于特定期权市场价格的隐含波动率模型。

求根法是一个迭代过程，需要一个起始点或估计的根。估计的根可能会收敛得到一个函数解，也可能收敛到非所求根，或者可能根本找不到一个解。因此，找到一个理想的近似根至关重要。

并非每个非线性函数都可以用求根法求解，图 3-2 展示了一个求根法无法求解的例子：$\dfrac{1}{x^2 - 2x}$，如图 3-2 所示，对于 –20 到 20 范围内的 y 值，在 $x = 0$ 和 $x = 2$ 处是不连续的。

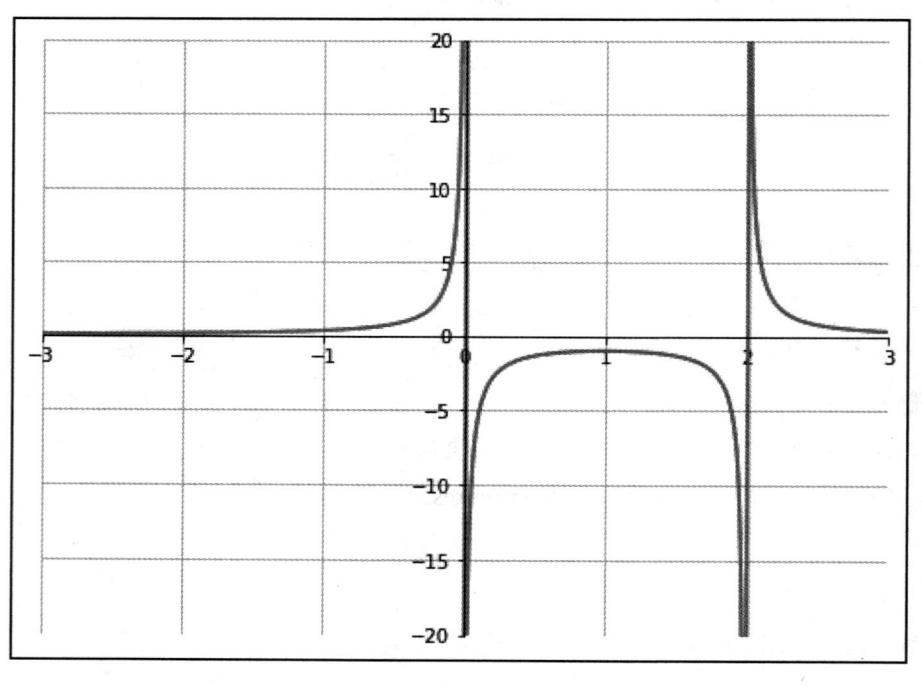

图 3-2

如何定义理想的近似并没有固定的规则，建议在求根迭代前，用括号表示求解区域，以免在错误的方向反复求解。

3.2.1 增量法

增量法（incremental search）是求解非线性函数的简略方法。对于任意起点 a，可以针对每个增量 dx 得到 $f(a)$ 的值。假定对于增量 dx，$f(a + dx)$、$f(a + 2dx)$、$f(a + 3dx)$…的符号相同。函数值符号改变时得到解，迭代结束；如果超过边界点 b 没有得到合适解，迭代也结束。

图 3-3 形象地展示了迭代求根法。

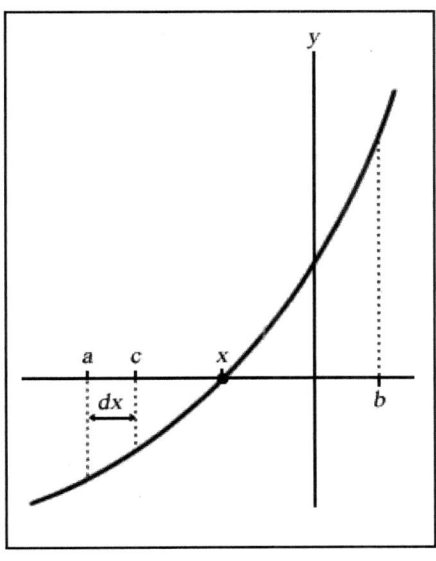

图 3-3

用 Python 代码实现上例如下：

```
In [ ]:
    """
    An incremental search algorithm
    """
    import numpy as np

    def incremental_search(func, a, b, dx):
        """
        :param func: The function to solve
        :param a: The left boundary x-axis value
        :param b: The right boundary x-axis value
        :param dx: The incremental value in searching
        :return:
            The x-axis value of the root,
            number of iterations used
        """
        fa = func(a)
        c = a + dx
        fc = func(c)
        n = 1
        while np.sign(fa) == np.sign(fc):
            if a >= b:
                return a - dx, n

            a = c
            fa = fc
            c = a + dx
```

```
            fc = func(c)
            n += 1

        if fa == 0:
            return a, n
        elif fc == 0:
            return c, n
        else:
            return (a + c)/2., n
```

每次迭代以 a+dx 即 c 替代 a。若根存在，则根存在于 a 到 c 的闭区间。本例将 a 和 c 的算术平均值作为近似根，变量 n 记录迭代次数。

我们再利用 Python 求解存在一个解析解的方程 $y = x^3 - 2x^2 - 5$，其中 x 的取值范围为 $(-5, 5)$。设增量 $dx = 0.001$，较小的 dx 值可以产生更好的精度，迭代次数也更多：

```
In [ ]:
    # The keyword 'lambda' creates an anonymous function
    # with input argument x
    y = lambda x: x**3 + 2.*x**2 - 5.
    root, iterations = incremental_search (y, -5., 5., 0.001)
    print("Root is:", root)
    print("Iterations:", iterations)
Out[ ]:
    Root is: 1.2414999999999783
    Iterations: 6242
```

增量求根法是求根算法的一个简单演示，设定好增量 dx，经过一段时间的迭代就可以得到相应精度的解。精度越高，求解所需收敛时间越长。实际操作中，增量法是所有求根算法中最不实用的。接下来我们将学习其他效率更高、精度更好的求根方法。

3.2.2 二分法

二分法（bisection method）是最简单的一维求根算法，目的在于求出连续函数 $f(x)=0$ 的 x 值。

假设已知一个区间的两点 a 和 b，其中 $a < b$ 且 $f(a) < 0$，$f(b) > 0$，令 $c = \dfrac{a+b}{2}$，利用二分法求 $f(c)$ 的值。

图 3-4 展示了非线性函数中具体点的位置：

因为图 3-4 中，$f(a)$ 为负值，$f(b)$ 为正值，所以二分法假设根 x 位于 a 和 b 之间且 $f(x) = 0$。

若 $f(c) = 0$ 或在预设的误差容忍范围内接近零点，可视为根已求出。若 $f(c) < 0$，则根位于区间 (c, b) 内；反之，则根位于区间 (a, c) 内。

在下一次计算中，c 相应地替换为 a 或 b，这样新区间范围就会逐渐变小。二分法将逐步缩小区间重复计算 c 值，直至求出根。

二分法最大的优势为在给定的迭代次数和允许误差内，一定可以收敛得到根的近似解。

某些连续函数求导尤为复杂,而二分法不要求对未知函数求导,处理非平滑函数时非常有效。

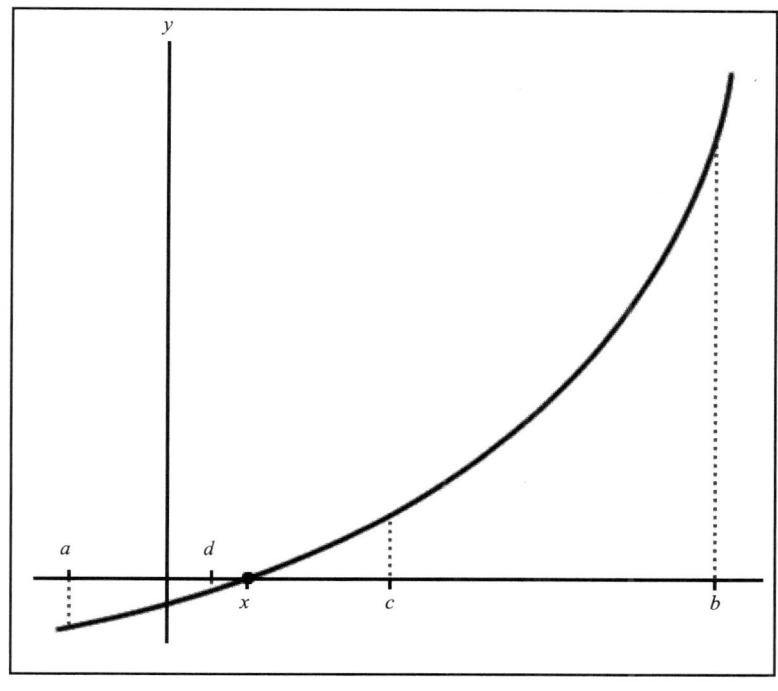

图 3-4

与其他求根方法相比,二分法主要的缺陷为迭代时间更长。由于二分法的求根范围在 a 与 b 之间,因此需要准确估测根的位置,否则可能会得到错误的解甚至无解。采用更大范围的区间,所需迭代时间更长。

二分法可以稳定收敛且初始无须估计近似根,通常将其结合其他方法使用,例如牛顿迭代法,更快速地获得精确结果。

进行二分法计算的 Python 代码如下:

```
In [ ]:
    """
    The bisection method
    """
    def bisection(func, a, b, tol=0.1, maxiter=10):
        """
        :param func: The function to solve
        :param a: The x-axis value where f(a)<0
        :param b: The x-axis value where f(b)>0
        :param tol: The precision of the solution
        :param maxiter: Maximum number of iterations
        :return:
            The x-axis value of the root,
            number of iterations used
        """
```

```
            c = (a+b)*0.5  # Declare c as the midpoint ab
            n = 1   # Start with 1 iteration
            while n <= maxiter:
                c = (a+b)*0.5
                if func(c) == 0 or abs(a-b)*0.5 < tol:
                    # Root is found or is very close
                    return c, n

                n += 1
                if func(c) < 0:
                    a = c
                else:
                    b = c

            return c, n
In [ ]:
    y = lambda x: x**3 + 2.*x**2 - 5
    root, iterations = bisection(y, -5, 5, 0.00001, 100)
    print("Root is:", root)
    print("Iterations:", iterations)
Out[ ]:
    Root is: 1.241903305053711
    Iterations: 20
```

再次，将匿名 lambda 函数绑定到 y 变量，参数为 x。使用二分法求解前例方程 $y = x^3 - 2x^2 - 5$，其中 x 取值范围为 (-5, 5)，增量 dx 为 0.00001，迭代次数上限为 100 次。

可以看出，由二分法得到的结果比增量法更精确，且迭代次数更少。

3.2.3　牛顿迭代法

牛顿迭代法，又称为牛顿–拉夫逊（Newton-Raphson）法，它利用函数求导求解方程，求导之后转化为线性问题，函数 f 的一阶导数 f' 表示该函数的切线。设 x_1 为 x 的下一阶近似值，则 x_1 表达式为：

$$x_1 = x - \frac{f(x)}{f'(x)}$$

上式表示切线与 x 轴相交于点 x_1，即 $y = 0$，也表示 f 在点 x_1 的一阶泰勒展开式，其中 $x_1 = x + \Delta x$。由此我们可以得到：

$$f(x_1 + \Delta x) = 0$$

按照上述方式迭代，计算过程将在达到迭代次数上限时终止，或在 x_1 与 x 的绝对差处于可接受的精度水平时终止。

牛顿迭代法需要输入初始估计值以计算 $f(x)$ 和 $f'(x)$，其收敛速度是二阶的，可快速准确地得到结果。其缺陷在于不能保证整体收敛性。当函数有不止一个根或计算到达局部极值时，该算法无法进行下一步计算。牛顿迭代法需要对目标函数求导，因此必须确保函数可导，而某些函数的导数几乎不可求。

图 3-5 形象地展示了牛顿迭代法的原理。x_0 是初始 x 值，$f(x_0)$ 的导数与 x 轴相交于 x_1。

通过反复迭代，计算 x_1，x_2，x_3，……

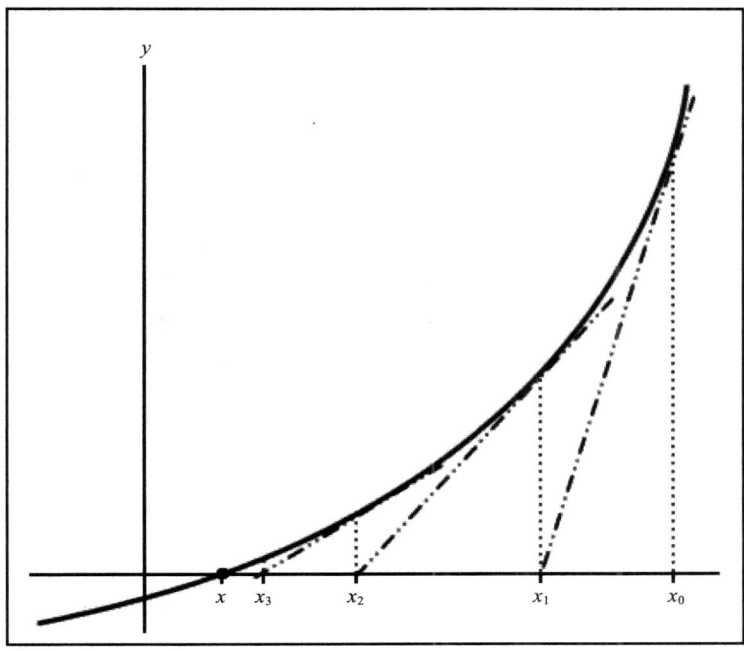

图 3-5

Python 实现牛顿迭代法的代码如下：

```
In [ ]:
    """
    The Newton-Raphson method
    """
    def newton(func, df, x, tol=0.001, maxiter=100):
        """
        :param func: The function to solve
        :param df: The derivative function of f
        :param x: Initial guess value of x
        :param tol: The precision of the solution
        :param maxiter: Maximum number of iterations
        :return:
            The x-axis value of the root,
            number of iterations used
        """
        n = 1
        while n <= maxiter:
            x1 = x - func(x)/df(x)
            if abs(x1 - x) < tol:  # Root is very close
                return x1, n
            
            x = x1
            n += 1
        
        return None, n
```

与 3.2.2 节中使用二分法运算的结果对比，牛顿迭代法的结果如下：

```
In [ ]:
    y = lambda x: x**3 + 2*x**2 - 5
    dy = lambda x: 3*x**2 + 4*x
    root, iterations = newton(y, dy, 5.0, 0.00001, 100)
    print("Root is:", root)
    print("Iterations:", iterations)
Out [ ]:
    Root is: 1.241896563034502
    Iterations: 7
```

注意"0"的使用,在 Python2 中第三行代码要使用 5.0 而不是 5,这样可以让 Python 将该变量识别为浮点变量而不是整数变量,从而使我们的结果具有更好的精确度。

相比于二分法,牛顿迭代法可通过更少的迭代得到更加精确的答案。

3.2.4 割线法

割线法利用割线求根。割线是与曲线相交两点的直线,并与 x 轴相交。该法可视为一种拟牛顿迭代法。通过连续绘制割线,可以求近似根。

割线法的原理如图 3-6 所示。首先需要两个点 a 与 b 的横坐标,计算 $f(a)$ 和 $f(b)$。割线 y 是 $f(b)$ 和 $f(a)$ 两点的连线,与 x 轴交于点 c,满足

$$y = \frac{f(b) - f(a)}{b - a}(c - b) + f(b)$$

因此,c 的表达式为:

$$c = b - f(b)\frac{b - a}{f(b) - f(a)}$$

下一次迭代中,a 与 b 分别取 b 和 c 的值,依此类推,连续绘制割线。当迭代次数到达上限或 b 和 c 差值达到可接受水平时,迭代终止,如图 3-6 所示。

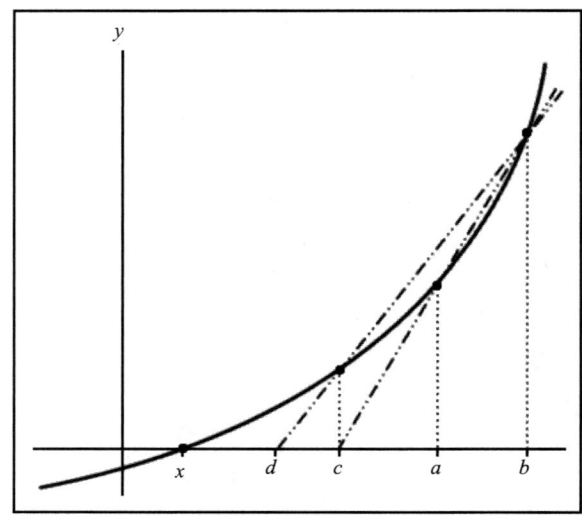

图 3-6

割线法收敛速度可视为超线性收敛，快于二分法但慢于牛顿迭代法。由于牛顿法每次迭代的浮点运算量是割线法的 2 倍，因此可以认为无须求导的割线法在绝对时间上更有优势。

割线法要求输入初始预估值，否则无法保证精确收敛。

割线法的 Python 代码如下：

```
In [ ]:
    """
    The secant root-finding method
    """
    def secant(func, a, b, tol=0.001, maxiter=100):
        """
        :param func: The function to solve
        :param a: Initial x-axis guess value
        :param b: Initial x-axis guess value, where b>a
        :param tol: The precision of the solution
        :param maxiter: Maximum number of iterations
        :return:
            The x-axis value of the root,
            number of iterations used
        """
        n = 1
        while n <= maxiter:
            c = b - func(b)*((b-a)/(func(b)-func(a)))
            if abs(c-b) < tol:
                return c, n

            a = b
            b = c
            n += 1

        return None, n
```

同样，使用前述的非线性函数检验结果：

```
In [ ]:
    y = lambda x: x**3 + 2.*x**2 - 5.
    root, iterations = secant(y, -5.0, 5.0, 0.00001, 100)
    print("Root is:", root)
    print("Iterations:", iterations)
Out[ ]:
    Root is: 1.2418965622558549
    Iterations: 14
```

上面几种求根方法都给出了非常精确的近似解，相比二分法，割线法迭代次数更少，但多于牛顿迭代法的迭代次数。

3.2.5 求根法的结合使用

综合前述求根法，可以通过以下步骤进行根的求解：

1）利用速度较快的割线法将问题收敛至预设的误差容忍值，或到达最大迭代次数。

2)一旦达到预设误差容忍值,就切换至二分法求解。

Brent 法(或 Wijngaarden-Dekker-Brent 法)结合了二分法、割线法和逆二次插值法(inverse quadratic interpolation)。该算法优先考虑使用割线法或逆二次插值法,在必要时使用二分法。Brent 法可调用 SciPy 的 `scipy.optimize.brentq` 函数实现。

3.3 利用 SciPy 求根

在开始编写求根算法之前,你可以先看一下关于 `scipy.optimize` 的文档⊖,SciPy 包含了基于 Python 的一系列科学计算功能。这些开源的第三方库可能更适用于计算。

3.3.1 求根标量函数

`scipy.optimize` 模块包含 `bisect`、`newton`、`brentq`、`ridder` 等求根函数,下面用 SciPy 实现前述示例:

```
In [ ]:
    """
    Documentation at
    http://docs.scipy.org/doc/scipy/reference/optimize.html
    """
    import scipy.optimize as optimize

    y = lambda x: x**3 + 2.*x**2 - 5.
    dy = lambda x: 3.*x**2 + 4.*x

    # Call method: bisect(f, a, b[, args, xtol, rtol, maxiter, ...])
    print("Bisection method:", optimize.bisect(y, -5., 5., xtol=0.00001))

    # Call method: newton(func, x0[, fprime, args, tol, ...])
    print("Newton's method:", optimize.newton(y, 5., fprime=dy))
    # When fprime=None, then the secant method is used.
    print("Secant method:", optimize.newton(y, 5.))

    # Call method: brentq(f, a, b[, args, xtol, rtol, maxiter, ...])
    print("Brent's method:", optimize.brentq(y, -5., 5.))
```

运行上述代码,输出如下结果:

```
Out[ ]:
    Bisection method: 1.241903305053711
    Newton's method: 1.2418965630344798
    Secant method: 1.2418965630344803
    Brent's method: 1.241896563034559
```

可以看出 SciPy 得出的结果与之前非常相近。

SciPy 为每种函数的实现设定了明确的条件。例如,二分法的常规函数调用如下:

⊖ 这是一个常用的 Python 第三方库,在前面的章节中我们已经下载。——译者注

```
scipy.optimize.bisect(f, a, b, args=(), xtol=1e-12,
rtol=4.4408920985006262e-16, maxiter=100, full_output=False, disp=True)
```

该函数会返回 f 的零点。f(a) 和 f(b) 不能是相同的符号。某些情况下，这些约束难以全部满足。例如，求解非线性隐含波动率模型时，波动率值不能为负。现实情况中，不修改函数条件很难求出波动率函数的根，我们需要根据实际情况自己编写合适的求根算法。

3.3.2 通用非线性求解器

scipy.optimize 模块还包含多维通用求解器，其中 root 和 fsolve 函数具有如下特征：

- ▲ root(fun, x0[, args, method, jac, tol, ...])：求一个向量函数的根。
- ▲ fsolve(func, x0 [, args, fprime, ...])：求一个函数的根。

返回的输出作为字典对象。再次使用前述非线性函数作为输入函数，得到以下输出：

```
In [ ]:
    import scipy.optimize as optimize

    y = lambda x: x**3 + 2.*x**2 - 5.
    dy = lambda x: 3.*x**2 + 4.*x

    print(optimize.fsolve(y, 5., fprime=dy))
Out[ ]:
    [1.24189656]
In [ ]:
    print(optimize.root(y, 5.))
Out[ ]:
    fjac: array([[-1.]])
     fun: array([3.55271368e-15])
 message: 'The solution converged.'
    nfev: 12
     qtf: array([-3.73605502e-09])
       r: array([-9.59451815])
  status: 1
 success: True
       x: array([1.24189656])
```

初始预估值为 5，最终的根收敛到 1.241 896 56，这与我们之前得到的答案非常接近。接下来输入 -5 作为初始预估值：

```
In [ ]:
    print(optimize.fsolve(y, -5., fprime=dy))
Out[ ]:
    [-1.33306553]
    c:\python37\lib\site-packages\scipy\optimize\minpack.py:163:
RuntimeWarning: The iteration is not making good progress, as measured by the
  improvement from the last ten iterations.
  warnings.warn(msg, RuntimeWarning)
In [ ]:
    print(optimize.root(y, -5.))
Out[ ]:
```

```
     fjac: array([[-1.]])
      fun: array([-3.81481496])
  message: 'The iteration is not making good progress, as measured by the \n
 improvement from the last ten iterations.'
     nfev: 28
      qtf: array([3.81481521])
        r: array([-0.00461503])
   status: 5
  success: False
        x: array([-1.33306551])
```

输出结果显示，该算法不收敛，返回与之前结果有偏差的根。如果我们看一下图，会发现曲线周围有许多点非常接近根。求解器会在保持理想精度的情况下，用最短时间求得最接近的答案。

3.4 总结

本章简要讨论了经济与金融中的非线性问题，介绍了一些非线性模型，如布莱克－斯克尔斯隐含波动率模型、马尔可夫机制转换模型、门限模型和平滑转换模型。

在布莱克－斯克尔斯模型中，介绍了看涨或看跌期权的隐含波动率曲线，称为隐含波动率微笑，可根据隐含波动率曲线最小值计算平值期权的理论价格，与看跌或看涨期权的市场价格进行比较。由于该曲线是非线性的，因此线性代数方法无法求得最优解，故引入求根算法。

我们讨论了几种常见的求根法：二分法、牛顿迭代法和割线法。组合使用不同求根算法能够更快速地求出复杂函数的根，例如 Brent 法。

接下来探索了 Python 中 scipy.optimize 模块的功能。scipy.optimize 模块的实现通常带有约束条件，比如，函数要成功收敛需输入符号相反的边界值。但在隐含波动率模型中，波动率值并不会出现负值，我们需要根据实际情况编写合适的求根算法。

通用求解器是求解非线性关系的另一种途径。它同样可以快速收敛得到解，但该解的精确性受初始给定值的影响。

本章介绍了非线性模型的基础知识。非线性建模与优化是一项非常复杂的任务，且没有通用的解决方案。

下一章将介绍常用的期权定价方法，通过结合数值程序和求根算法，建立股票期权市场价格的隐含波动率模型。

第 4 章
期权定价的数值方法

衍生工具是一种合约，其收益取决于某些相关资产的价值。在闭式衍生品定价很复杂的情况下，数值程序显得尤为重要。数值方法通过迭代计算收敛到解，一个典型例子是二叉树模型。二叉树节点表示与价格相关联的某个时间点资产的状态，每个节点在下一时间步骤通向其他两个节点。类似地，三叉树每个节点在下一时间步骤通向其他三个节点。然而，随着树的节点数或时间步骤增加，消耗的计算资源也增加。Lattice 方法在每个步骤仅存储新信息，并重用已存储值解决问题。

有限差分定价中，树的节点可以表示为网格。网格的终端值由终端条件组成，网格边缘表示资产定价边界条件。本章将讨论如何用有限差分法的显式方法、隐式方法和 Crank-Nicolson 法确定资产价格。

虽然普通期权和某些奇异期权（如欧式障碍期权和回望期权）存在解析解，但其他奇异期权（如亚洲期权）不存在闭式解。因此我们需要在期权定价中采用数值方法。

本章讨论以下主题：

▲ 二叉树模型定价欧式期权和美式期权
▲ Cox-Ross-Rubinstein(CRR) 模型
▲ Leisen-Reimer(LR) 模型
▲ 三叉树模型
▲ 使用二叉树网格和三叉树网格定价
▲ 希腊值
▲ 有限差分的显式、隐式和 Crank-Nicolson 方法
▲ 使用 LR 树和二分法进行隐含波动率建模

4.1 什么是期权

期权（option）是一种衍生金融工具，指买方（或卖方）拥有在未来某一特定日期（到

期日期）以事先规定好的价格（行权价格）向卖方购买（或向买方出售）一定数量特定标的物的权利而非义务。

看涨期权（call option）指买方拥有在特定日期按事先约定的价格向期权卖方买入一定数量期权合约规定的商品的权利。看涨期权卖方有义务在期权规定日期，应期权买方要求，以期权合约事先规定的价格卖出期权合约规定的商品。

看跌期权（put option）指买方拥有在特定日期按事先约定的价格向期权卖方卖出一定数量期权合约规定的商品的权利。看跌期权卖方有义务在期权规定日期，应期权买方要求，以期权合约事先规定的价格买入期权合约规定的商品。

最常见的期权是欧式期权和美式期权，其余还包括百慕大期权和亚洲期权等。欧式期权只能在到期日行权，美式期权可以在到期日或之前任一交易日行权。本章将主要讨论这两种期权。

4.2 二叉树期权定价模型

二叉树期权定价模型中，标的资产价格在每一时间节点都有上升和下降两种可能性。由于期权是标的资产的衍生工具，因此二叉树期权定价模型基于离散时间跟踪标的资产，它可以为欧式期权、美式期权，以及百慕大期权定价。

设标的资产现价为 S_0，资产价格上涨幅度为 q，下跌幅度为 $1-q$。每个时点标的资产价格都有上涨和下跌两种，终端节点代表标的资产不同涨跌情况的最终期望价值。根据风险中性理论，我们可以计算二叉树每个节点标的资产的价值，将无风险利率作为贴现率计算出看涨或看跌期权现值。

4.3 欧式期权定价

在两期二叉树定价模型中，假设一只零股利股票当前价格为 50 美元，该股票上涨或下跌幅度都为 20%，无风险年利率为 5%，到期时间 T 为 2 年。试求行权价格 K 为 52 美元的欧式看跌期权的价格。二叉树方法如图 4-1 所示。

每个节点股票价格计算过程如下：

$$现价\ S_0 = 50$$
$$上涨幅度\ u = 1.2\ 时价格的概率$$
$$下跌幅度\ d = 0.8\ 时价格的概率$$
$$S_u = 50(1.2) = 60$$
$$S_d = 50(0.8) = 40$$
$$S_{uu} = 50(1.2)^2 = 72$$

$$S_{ud} = S_{du} = 50(1.2)(0.8) = 48$$

$$S_{dd} = 50(0.8)^2 = 32$$

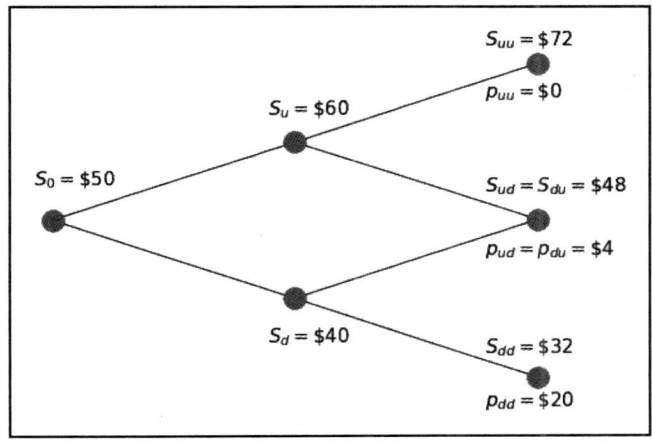

图 4-1

终端节点包含期权的到期价值，此时行使一份欧式看涨期权合约的收益为：

$$c_t = \max(0, S_t - K)$$

行使一份欧式看跌期权合约的收益为：

$$p_t = \max(0, K - S_t)$$

> 欧式看涨期权、看跌期权通常用小写字母 c 和 p 表示，而美式看涨期权、看跌期权通常用大写字母 C 和 P 表示。

我们利用该期权收益值，然后向后遍历二叉树，用无风险利率作为贴现率后，我们将求得期权的现值。向后遍历二叉树要考虑期权上涨和下跌状态的风险中性概率。

我们可以假设投资者不关心风险，而期望每种资产收益相同。风险中性原理假设投资者对待风险的态度是中性的，所有证券的期望收益都应当是无风险收益率：

$$e^{rt} = qu + (1-q)d$$

因此风险中性概率 q 可以表示为：

$$q = \frac{e^{rt} - d}{u - d}$$

> 思考这些公式是否与股票和期货有关：
> 与投资股票不同，期货合约无须事先获得头寸。根据风险中性方法，持有期

货合约的期望增长率为 0，投资期货的风险中性概率 q 可以表示为：

$$q = \frac{1-d}{u-d}$$

让我们用 Python 来计算上例中股票的风险中性概率 q：

```
In [ ]:
    import math
    
    r = 0.05
    T = 2
    t = T/2
    u = 1.2
    d = 0.8
    
    q = (math.exp(r*t)-d)/(u-d)
In [ ]:
    print('q is', q)
Out[ ]:
    q is 0.6281777409400603
```

在终端节点上行使欧洲看跌期权合约的收益分别为 0 美元、4 美元和 20 美元，看跌期权的现值可以用以下公式计算：

$$p_t = e^{-rT}[0(q)^2 + 2(48)(q)(1-q) + 20(1-q)^2]$$

我们可以得到该看跌期权现值为 4.19 美元，这个两期二叉树期权定价模型每个节点的收益如图 4-2 所示。

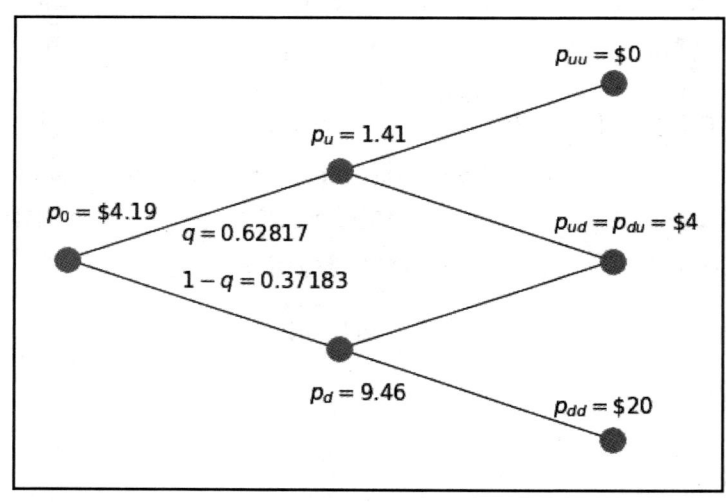

图 4-2

4.4 编写 StockOption 基类

利用 Python 实现各种期权定价模型前，先编写一个 `StockOption` 类，存储并计算本章反复用到的股票期权通用属性：

```
In [ ]:
    import math

    """
    Stores common attributes of a stock option
    """
    class StockOption(object):
        def __init__(
            self, S0, K, r=0.05, T=1, N=2, pu=0, pd=0,
            div=0, sigma=0, is_put=False, is_am=False):
            """
            Initialize the stock option base class.
            Defaults to European call unless specified.
            :param S0: initial stock price
            :param K: strike price
            :param r: risk-free interest rate
            :param T: time to maturity
            :param N: number of time steps
            :param pu: probability at up state
            :param pd: probability at down state
            :param div: Dividend yield
            :param is_put: True for a put option,
                    False for a call option
            :param is_am: True for an American option,
                    False for a European option
            """
            self.S0 = S0
            self.K = K
            self.r = r
            self.T = T
            self.N = max(1, N)
            self.STs = [] # Declare the stock prices tree

            """ Optional parameters used by derived classes """
            self.pu, self.pd = pu, pd
            self.div = div
            self.sigma = sigma
            self.is_call = not is_put
            self.is_european = not is_am

        @property
        def dt(self):
            """ Single time step, in years """
            return self.T/float(self.N)

        @property
        def df(self):
            """ The discount factor """
            return math.exp(-(self.r-self.div)*self.dt)
```

资产的当前标的价格、行权价格、无风险利率、到期时间和时间步长取值是期权定价所需的通用属性。时间步长 `dt` 和贴现因子 `df` 的 **delta** 是由这个类的属性计算的，在需要的时候，可以通过实现类而被重写。

4.4.1 利用二叉树模型给欧式期权定价

欧式期权二叉树期权定价模型的 Python 实现是 `BinomialEuropeanOption` 类，这个类和前文中的 `StockOption` 类使用相同的通用属性。实现函数如下所示：

1）在所有实例中，`BinomialEuropeanOption` 类的入口都是 `price()` 函数。

2）该方法调用 `setup_parameters()` 建立所需模型的参数，再调用 `init_stock_price_tree()` 预测 T 期的股票价格。

3）最后调用 `begin_tree_traversal()`，初始化收益值数组并存储贴现收益值，该函数将遍历二叉树至当前时间。

4）收益树节点作为 **NumPy** 数组对象返回，其中欧式期权的现值出现在初始节点。

`BinomialEuropeanOption` 类的实现代码如下所示：

```
In [ ]:
    import math
    import numpy as np
    from decimal import Decimal

    """
    Price a European option by the binomial tree model
    """
    class BinomialEuropeanOption(StockOption):

        def setup_parameters(self):
            # Required calculations for the model
            self.M = self.N+1  # Number of terminal nodes of tree
            self.u = 1+self.pu  # Expected value in the up state
            self.d = 1-self.pd  # Expected value in the down state
            self.qu = (math.exp(
                (self.r-self.div)*self.dt)-self.d)/(self.u-self.d)
            self.qd = 1-self.qu

        def init_stock_price_tree(self):
            # Initialize terminal price nodes to zeros
            self.STs = np.zeros(self.M)
            # Calculate expected stock prices for each node
            for i in range(self.M):
                self.STs[i] = self.S0 * \
                    (self.u**(self.N-i)) * (self.d**i)

        def init_payoffs_tree(self):
            """
            Returns the payoffs when the option
            expires at terminal nodes
            """
            if self.is_call:
                return np.maximum(0, self.STs-self.K)
            else:
                return np.maximum(0, self.K-self.STs)
```

```
        def traverse_tree(self, payoffs):
            """
            Starting from the time the option expires, traverse
            backwards and calculate discounted payoffs at each node
            """
            for i in range(self.N):
                payoffs = (payoffs[:-1]*self.qu +
                           payoffs[1:]*self.qd)*self.df

            return payoffs
        def begin_tree_traversal(self):
            payoffs = self.init_payoffs_tree()
            return self.traverse_tree(payoffs)
        def price(self):
            """ Entry point of the pricing implementation """
            self.setup_parameters()
            self.init_stock_price_tree()
            payoffs = self.begin_tree_traversal()
            # Option value converges to first node
            return payoffs[0]
```

再次利用两期二叉树模型中的数据，计算欧式看跌期权价值：

```
In [ ]:
    eu_option = BinomialEuropeanOption(
        50, 52, r=0.05, T=2, N=2, pu=0.2, pd=0.2, is_put=True)
In [ ]:
    print('European put option price is:', eu_option.price())
Out[ ]:
    European put option price is: 4.1926542806038585
```

使用二叉树期权定价模型，得出欧式看跌期权现值为 4.19 美元。

4.4.2 利用二叉树模型给美式期权定价

与欧式期权不同，美式期权可以在到期日前任何时间行权。用 Python 实现美式期权定价，与编写 `BinomialEuropeanOption` 类相似，创建一个名为 `BinomialTreeOption` 的类，继承 `Stockoption` 类。除了移除未使用的 `M` 参数，`setup_parameters()` 方法使用的参数保持不变。

美式期权中使用的方法如下：

▲ `init_stock_price_tree`：此函数使用二维 NumPy 数组存储所有时间步长股票价格的预期收益。该信息用于计算每个期间行权的收益值，代码如下：

```
def init_stock_price_tree(self):
    # Initialize a 2D tree at T=0
    self.STs = [np.array([self.S0])]

    # Simulate the possible stock prices path
    for i in range(self.N):
        prev_branches = self.STs[-1]
```

```
        st = np.concatenate(
            (prev_branches*self.u,
             [prev_branches[-1]*self.d]))
        self.STs.append(st) # Add nodes at each time step
```

▲ init_payoffs_tree：该函数将收益树创建为二维 NumPy 数组，以期权到期时的内在价值为起始点，代码如下：

```
def init_payoffs_tree(self):
    if self.is_call:
        return np.maximum(0, self.STs[self.N]-self.K)
    else:
        return np.maximum(0, self.K-self.STs[self.N])
```

▲ check_early_exercise：在提前行权与不行权间返回最大收益值，代码如下：

```
def check_early_exercise(self, payoffs, node):
    if self.is_call:
        return np.maximum(payoffs, self.STs[node] - self.K)
    else:
        return np.maximum(payoffs, self.K - self.STs[node])
```

▲ traverse_tree：调用 check_early_exercise() 以检查在任意时间步长中提前行权可获得的最佳收益，代码如下：

```
def traverse_tree(self, payoffs):
    for i in reversed(range(self.N)):
        # The payoffs from NOT exercising the option
        payoffs = (payoffs[:-1]*self.qu +
                   payoffs[1:]*self.qd)*self.df

        # Payoffs from exercising, for American options
        if not self.is_european:
            payoffs = self.check_early_exercise(payoffs,i)

    return payoffs
```

begin_tree_traversal() 和 price() 的实现保持不变。

在类初始化期间，当把 is_put 关键字参数设置为"Flase"或"True"时，BinomialTreeOption 类可以给欧式期权和美式期权定价。

下面是给美式期权定价的代码：

```
In [ ]:
    am_option = BinomialTreeOption(50, 52,
        r=0.05, T=2, N=2, pu=0.2, pd=0.2, is_put=True, is_am=True)
In [ ]:
    print('American put option price is:', am_option.price())
Out[ ]:
    American put option price is: 5.089632474198373
```

美式看跌期权的价格为 5.0896 美元。因为美式期权可以在到期日前任一时点行权，而欧式期权只能在到期时行权，所以美式期权的灵活性使其价值不低于对等的欧式期权价值。

若美式看涨期权的标的资产为不支付股息的股票，其对欧式看涨期权可能没有额外的价值。根据货币的时间价值理论，期权到期前行权比以相同行权价格在未来某个时间行权收益更小。对于不分配股息的实值美式看涨期权，期权持有人没有提前行权的动机。

4.4.3 Cox-Ross-Rubinstein 模型

在前面的例子中，假设了股票上涨或下跌的幅度都是 20%，Cox-Ross-Rubinstein（CRR）模型提出，短期风险中性的环境下，二叉树模型与标的股票的均值和方差相匹配。标的股票波动率或股票收益的标准差的表达式如下：

$$u = e^{\sigma\sqrt{\Delta t}}$$
$$d = \frac{1}{u} = e^{-\sigma\sqrt{\Delta t}}$$

CRR 二叉树期权定价模型

除模型参数 u 和 d 外，CRR 二叉树模型与前面讨论的二叉树期权定价模型相同。用 Python 创建一个名为 `BinomialCRROption` 的类，继承 `BinomialTreeOption` 类的内容。然后用 CRR 模型的值重写 `setup_parameters()`。

`BinomialCRROption` 对象的实例也会调用 `price()`，除重写 `setup_parameters()` 外，该函数调用 `BinomialTreeOption` 类中的其他函数：

```
In [ ]:
    import math

    """
    Price an option by the binomial CRR model
    """
    class BinomialCRROption(BinomialTreeOption):
        def setup_parameters(self):
            self.u = math.exp(self.sigma * math.sqrt(self.dt))
            self.d = 1./self.u
            self.qu = (math.exp((self.r-self.div)*self.dt) -
                       self.d)/(self.u-self.d)
            self.qd = 1-self.qu
```

继续使用前文中的两期二叉树模型。假设一只无股息股票的当前价格为 50 美元，波动率为 30%。假设无风险利率为 5%，到期期限 T 为 2 年。通过 CRR 模型计算行权价格 K 为 52 美元的欧式看跌期权价值的代码如下：

```
In [ ]:
    eu_option = BinomialCRROption(
        50, 52, r=0.05, T=2, N=2, sigma=0.3, is_put=True)
In [ ]:
    print('European put:', eu_option.price())
Out[ ]:
    European put: 6.245708445206436
```

```
In [ ]:
    am_option = BinomialCRROption(50, 52,
        r=0.05, T=2, N=2, sigma=0.3, is_put=True, is_am=True)
In [ ]:
    print('American put option price is:', am_option.price())
Out[ ]:
    American put option price is: 7.428401902704834
```

通过 CRR 两期二叉树模型的计算，欧式看跌期权价值和美式看跌期权价值分别为 6.2457 美元和 7.4284 美元。

4.4.4 Leisen-Reimer 模型

在前面讨论的二叉树模型中，对股价上涨和下跌状态的概率以及风险中性概率做了一些假设。除具有 CRR 参数的二叉树模型外，Jarrow-Rudd 参数化、Tian 参数化和 Leisen-Reimer 参数化也在数理金融领域有广泛应用。下面详细介绍 Leisen-Reimer 模型。

Leisen-Reimer 模型又称为 Leisen-Reimer（LR）树，是由 Dietmar Leisen 博士和 Matthias Reimer 博士提出的二叉树模型，通过步数的增加得出接近 Black-Scholes 模型的解。它在遍历树时使用反演公式得到更准确的解。

公式的详细解释在 1995 年 3 月的 *Binomial Models For Option Valuation Examining And Improving Convergence* 一文中给出，详见：

https://papers.ssrn.com/sol3/papers.cfm?abstract_id=5976

我们将使用 Peizer 和 Pratt 反演函数 f，其参数特征如下：

$$f(z, j(n)) = 0.5 \mp \left[0.25 - 0.25 \exp \left\{ - \left(\frac{z}{n + \frac{1}{3} + \frac{0.1}{n+1}} \right)^2 \left(n + \frac{1}{6} \right) \right\} \right]^{1/2}$$

$$j(n) = \begin{cases} n, & \text{若 } n \text{ 为偶数} \\ n+1, & \text{若 } n \text{ 为奇数} \end{cases}$$

$$p' = f(d_1, j(n))$$
$$p = f(d_2, j(n))$$

$$d_1 = \frac{\log\left(\frac{S_0}{K}\right) + \left((r-y) + \frac{\sigma^2}{2}\right)T}{\sigma\sqrt{T}}$$

$$d_2 = \frac{\log\left(\frac{S_0}{K}\right) + \left((r-y) + \frac{\sigma^2}{2}\right)T}{\sigma\sqrt{T}}$$

$$u = e^{(r-y)\Delta t \frac{p'}{p}}$$

$$d = \frac{e^{(r-y)\Delta y} - pu}{1-p}$$

其中参数 S_0 是股票当前价格，K 是期权行权价格，σ 是标的股票年波动率，T 是期权到期时间，r 是年化无风险利率，y 是股息收益，Δt 是每个步骤时间间隔。

LR 二叉树期权定价模型

Leisen-Reimer 模型的 Python 实现是下面给出的 BinomialLROption 类。与 Binomial-CRROption 类相似，可以简单地继承 BinomialTreeOption 类，使用 LR 树模型的变量覆盖 setup_parameters 中的变量：

```
In [ ]:
    import math

    """
    Price an option by the Leisen-Reimer tree
    """
    class BinomialLROption(BinomialTreeOption):

        def setup_parameters(self):
            odd_N = self.N if (self.N%2 == 0) else (self.N+1)
            d1 = (math.log(self.S0/self.K) +
                ((self.r-self.div) +
                (self.sigma**2)/2.)*self.T)/\
                (self.sigma*math.sqrt(self.T))
            d2 = (math.log(self.S0/self.K) +
                ((self.r-self.div) -
                (self.sigma**2)/2.)*self.T)/\
                (self.sigma * math.sqrt(self.T))

            pbar = self.pp_2_inversion(d1, odd_N)
            self.p = self.pp_2_inversion(d2, odd_N)
            self.u = 1/self.df * pbar/self.p
            self.d = (1/self.df-self.p*self.u)/(1-self.p)
            self.qu = self.p
            self.qd = 1-self.p

        def pp_2_inversion(self, z, n):
            return .5 + math.copysign(1, z)*\
                math.sqrt(.25 - .25*
                    math.exp(
                        -((z/(n+1./3.+.1/(n+1)))**2.)*(n+1./6.)
                    )
                )
```

对于前述示例，可以使用 LR 模型为期权定价：

```
In [ ]:
    eu_option = BinomialLROption(
        50, 52, r=0.05, T=2, N=4, sigma=0.3, is_put=True)
In [ ]:
    print('European put:', eu_option.price())
Out[ ]:
    European put: 5.878650106601964
```

```
In [ ]:
    am_option = BinomialLROption(50, 52,
        r=0.05, T=2, N=4, sigma=0.3, is_put=True, is_am=True)
In [ ]:
    print('American put:', am_option.price())
Out[ ]:
    American put: 6.763641952939979
```

使用具有 4 个步长的 LR 二叉树模型，得到欧式看跌期权价值和美式看跌期权价格分别为 5.87865 美元和 6.7636 美元。

4.5 希腊值

通过二叉树模型，可以确定每个节点标的资产的价格，利用这些信息可以计算希腊值。

希腊值用于衡量期权等衍生品的价格敏感性，即相对于标的资产参数的变化，通常用希腊字母表示。在数理金融中，与希腊值相关的常用名称包括 alpha、beta、delta、gamma、vega、theta 和 rho。

与期权有关的两个特别重要的希腊值是 delta 和 gamma。delta 衡量期权价格相对于标的资产价格的敏感性，gamma 测量 delta 相对于标的价格的变化率。

如图 4-3 所示，在原始两期树模型初始位置添加两个节点，使其在时间上向后延伸两步成为一棵四期树。即使有额外的终端收益节点，所有节点仍包含与原始两期树相同的信息，期权价值位于 $t = 0$ 处：

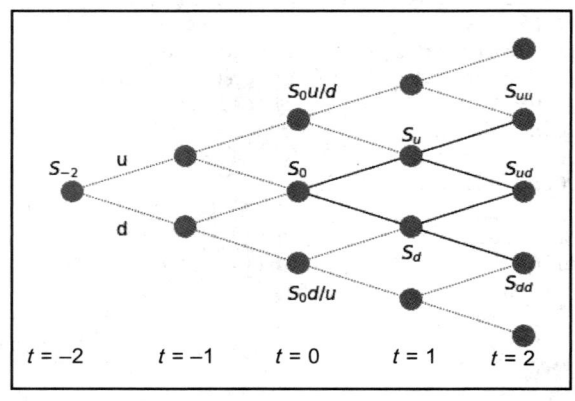

图 4-3

注意，在 $t = 0$ 时，存在两个额外的节点，可以利用该信息计算 delta，如下所示：

$$\text{delta} = \frac{v_{\text{up}} - v_{\text{down}}}{S_0 u/d - S_0 d/u}$$

delta 公式表示标的资产价格上涨和下跌时期权价格之差，即 $t = 0$ 时股票价格间的差额。

相反，gamma 公式如下所示：

$$\text{gamma} = \frac{\dfrac{v_{up} - v_0}{S_{0,up} - S_0} - \dfrac{v_0 - v_{down}}{S_0 - S_{0,down}}}{\dfrac{S_0 + S_{0,up}}{2} - \dfrac{S_0 + S_{0,down}}{2}}$$

由 gamma 公式可以看出，上行节点和下行节点期权价格与初始节点价格的增量差异，以各状态下股票价格的单位差异计算。

用 LR 二叉树模型计算希腊值

下面借助 Leisen-Reimer 模型实现希腊值的计算。创建一个名为 BinomialLR-WithGreeks 的类，该类是从 BinomialLROption 类继承而来的，只是重新编写了 price 函数。

在 price 函数中，通过调用父类 setup_parameters() 初始化所有 LR 树所需变量，然后调用 new_stock_price_tree()，这是一种专用于在原始树周围创建额外节点的新函数。

调用 begin_tree_traversal() 函数在父类中实现一般 Leisen-Reimer 模型的执行过程，返回的 NumPy 数组对象包含 t=0 时的三个节点信息，其中中间节点即期权价格。t=0 时上涨和下跌状态的收益分别在数组的第一个和最后一个索引中。

利用该信息，price() 函数将计算并返回期权价格、delta 值和 gamma 值：

```
In [ ]:
    import numpy as np

    """
    Compute option price, delta and gamma by the LR tree
    """
    class BinomialLRWithGreeks(BinomialLROption):

        def new_stock_price_tree(self):
            """
            Creates an additional layer of nodes to our
            original stock price tree
            """
            self.STs = [np.array([self.S0*self.u/self.d,
                                  self.S0,
                                  self.S0*self.d/self.u])]

            for i in range(self.N):
                prev_branches = self.STs[-1]
                st = np.concatenate((prev_branches*self.u,
                                    [prev_branches[-1]*self.d]))
                self.STs.append(st)

        def price(self):
            self.setup_parameters()
            self.new_stock_price_tree()
```

```python
        payoffs = self.begin_tree_traversal()

        # Option value is now in the middle node at t=0
        option_value = payoffs[len(payoffs)//2]

        payoff_up = payoffs[0]
        payoff_down = payoffs[-1]
        S_up = self.STs[0][0]
        S_down = self.STs[0][-1]
        dS_up = S_up - self.S0
        dS_down = self.S0 - S_down

        # Calculate delta value
        dS = S_up - S_down
        dV = payoff_up - payoff_down
        delta = dV/dS

        # calculate gamma value
        gamma = ((payoff_up-option_value)/dS_up -
                 (option_value-payoff_down)/dS_down) / \
                ((self.S0+S_up)/2. - (self.S0+S_down)/2.)

        return option_value, delta, gamma
```

使用与 Leisen-Reimer 模型中相同的示例，可以计算具有 300 个时间步长的欧式看涨期权和看跌期权价值、希腊值：

```
In [ ]:
    eu_call = BinomialLRWithGreeks(50, 52, r=0.05, T=2, N=300, sigma=0.3)
    results = eu_call.price()
In [ ]:
    print('European call values')
    print('Price: %s\nDelta: %s\nGamma: %s' % results)
Out[ ]:
    European call values
    Price: 9.69546807138366
    Delta: 0.6392477816643529
    Gamma: 0.01764795890533088

In [ ]:
    eu_put = BinomialLRWithGreeks(
        50, 52, r=0.05, T=2, N=300, sigma=0.3, is_put=True)
    results = eu_put.price()
In [ ]:
    print('European put values')
    print('Price: %s\nDelta: %s\nGamma: %s' % results)
Out[ ]:
    European put values
    Price: 6.747013809252746
    Delta: -0.3607522183356649
    Gamma: 0.0176479589053312
```

结果显示，在不增加计算复杂性的前提下，通过改进二叉树模型获得了希腊值的更多信息。

4.6 三叉树期权定价模型

与二叉树模型类似,三叉树模型每个节点在下一时间步长通向三个节点。除上涨和下跌状态外,三叉树模型还拥有中间节点代表无变化状态。模型延展超过两个时间步长时,中间节点的值总与上一步中间节点值相同。

波义耳三叉树(Boyle trinomial tree)模型中,假设上涨、下跌和保持不变的概率分别为 u、d 和 m,风险中性概率分别为 q_u、q_d 和 q_m。

$$u = e^{\sigma\sqrt{2\Delta t}}$$

$$d = \frac{1}{u} = e^{-\sigma\sqrt{2\Delta t}}$$

$$m = ud = 1$$

$$q_u = \left(\frac{e^{(r-v)\frac{\Delta t}{2}} - e^{-\sigma\sqrt{\frac{\Delta t}{2}}}}{e^{\sigma\sqrt{\frac{\Delta t}{2}}} - e^{-\sigma\sqrt{\frac{\Delta t}{2}}}}\right)^2$$

$$q_d = \left(\frac{e^{\sigma\sqrt{\frac{\Delta t}{2}}} - e^{(r-v)\frac{\Delta t}{2}}}{e^{\sigma\sqrt{\frac{\Delta t}{2}}} - e^{-\sigma\sqrt{\frac{\Delta t}{2}}}}\right)^2$$

$$q_m = 1 - q_u - q_d$$

可以看到,$ud = e^{\sigma\sqrt{2\Delta t}}e^{-\sigma\sqrt{2\Delta t}}$ 与 $m=1$ 重组,经过校准,m 以固定比率 1 而非无风险利率增长。变量 v 是股息收益率,σ 是标的股票波动率。一般来说,随着待处理节点数量增加,三叉树模型比二叉树所需时间更短,加快了计算速度。参见图 4-4。

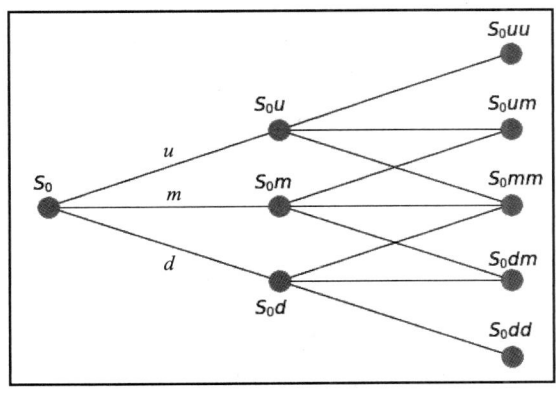

图 4-4

三叉树期权定价模型

下面我们编写一个继承 `BinomialTreeOption` 类的 `TrinomialTreeOption` 类,

以下是这个类所包含的函数：

▲ `setup_parameters()` 函数实现三叉树模型的参数，代码如下：

```python
def setup_parameters(self):
    """ Required calculations for the model """
    self.u = math.exp(self.sigma*math.sqrt(2.*self.dt))
    self.d = 1/self.u
    self.m = 1
    self.qu = ((math.exp((self.r-self.div) *
                         self.dt/2.) -
                math.exp(-self.sigma *
                         math.sqrt(self.dt/2.))) /
               (math.exp(self.sigma *
                         math.sqrt(self.dt/2.)) -
                math.exp(-self.sigma *
                         math.sqrt(self.dt/2.))))**2
    self.qd = ((math.exp(self.sigma *
                         math.sqrt(self.dt/2.)) -
                math.exp((self.r-self.div) *
                         self.dt/2.)) /
               (math.exp(self.sigma *
                         math.sqrt(self.dt/2.)) -
                math.exp(-self.sigma *
                         math.sqrt(self.dt/2.))))**2.

    self.qm = 1 - self.qu - self.qd
```

▲ `init_stock_price_tree()` 函数建立三叉树模型，代码如下：

```python
def init_stock_price_tree(self):
    # Initialize a 2D tree at t=0
    self.STs = [np.array([self.S0])]

    for i in range(self.N):
        prev_nodes = self.STs[-1]
        self.ST = np.concatenate(
            (prev_nodes*self.u, [prev_nodes[-1]*self.m,
                                 prev_nodes[-1]*self.d]))
        self.STs.append(self.ST)
```

▲ `traverse_tree()` 函数在结果贴现后将中间节点纳入考虑范围：

```python
def traverse_tree(self, payoffs):
    # Traverse the tree backwards
    for i in reversed(range(self.N)):
        payoffs = (payoffs[:-2] * self.qu +
                   payoffs[1:-1] * self.qm +
                   payoffs[2:] * self.qd) * self.df

        if not self.is_european:
            payoffs = self.check_early_exercise(payoffs,i)

    return payoffs
```

▲ 使用与二叉树模型相同的示例，得到以下结果：

```
In [ ]:
    eu_put = TrinomialTreeOption(
        50, 52, r=0.05, T=2, N=2, sigma=0.3, is_put=True)
In [ ]:
    print('European put:', eu_put.price())
Out[ ]:
    European put: 6.573565269142496
In [ ]:
    am_option = TrinomialTreeOption(50, 52,
        r=0.05, T=2, N=2, sigma=0.3, is_put=True, is_am=True)
In [ ]:
    print('American put:', am_option.price())
Out[ ]:
    American put: 7.161349217272585
```

通过二叉树模型，欧式和美式看跌期权价格分别为 6.57 美元和 7.16 美元。

4.7 期权定价中的 Lattice 方法

二叉树和三叉树模型中的每个节点都与其他节点重新组合。重组树的属性也可以表示为网格（Lattice），无须重新计算和存储重组节点，节省内存。

4.7.1 二叉树网格

根据 CRR 二叉树创建二叉树网格，每个上下节点，价格以相同概率 $ud = 1$ 重组。图 4-5 中，S_u 和 S_d 与 $S_{du} = S_{ud} = S_0$ 重组。现在可以将树表示为一个单列列表。

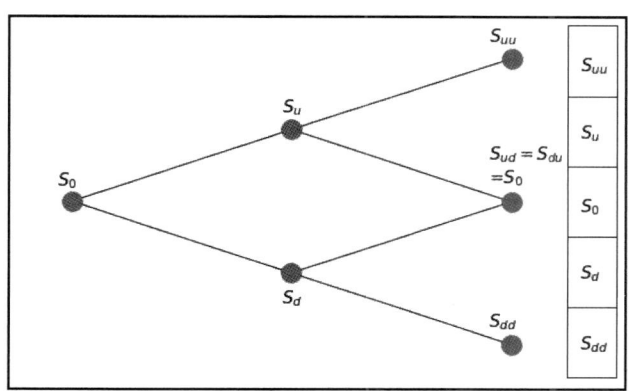

图 4-5

N 阶二项式需要 $2N+1$ 行的列表记录标的股票价格信息。对于欧式期权，列表中的奇数节点表示期权到期时的价值；对于美式期权，由于可以提前行权，列表中奇数节点代表其对应的时间节点的期权价值。

4.7.2　CRR 二叉树 Lattice 方法期权定价模型

下面借助 Cox-Ross-Rubinstein 模型通过 Lattice 方法实现二叉树模型。可以继承 `BinomialCRROption` 类（这个类继承自 `BinomialTreeOption` 类），并创建一个名为 `BinomialCRRLattice` 的新类：

```
In [ ]:
    import numpy as np

    class BinomialCRRLattice(BinomialCRROption):
        def setup_parameters(self):
            super(BinomialCRRLattice, self).setup_parameters()
            self.M = 2*self.N + 1

        def init_stock_price_tree(self):
            self.STs = np.zeros(self.M)
            self.STs[0] = self.S0 * self.u**self.N

            for i in range(self.M)[1:]:
                self.STs[i] = self.STs[i-1]*self.d

        def init_payoffs_tree(self):
            odd_nodes = self.STs[::2]   # Take odd nodes only
            if self.is_call:
                return np.maximum(0, odd_nodes-self.K)
            else:
                return np.maximum(0, self.K-odd_nodes)

        def check_early_exercise(self, payoffs, node):
            self.STs = self.STs[1:-1]   # Shorten ends of the list
            odd_STs = self.STs[::2]   # Take odd nodes only
            if self.is_call:
                return np.maximum(payoffs, odd_STs-self.K)
            else:
                return np.maximum(payoffs, self.K-odd_STs)
```

下面几个函数会被覆盖从而引入 Lattice 方法：

▲ `setup_parameters`：重新编写该函数，初始化父类的 CRR 参数并设置新变量 M 作为列表大小。

▲ `init_stock_price_tree`：重新编写该函数，将一维 NumPy 数组设置成大小为 M 的网格。

▲ `init_payoffs_tree` 和 `check_early_exercise`：重新编写该函数，将结果限定在奇数节点。

使用 CRR 模型示例的股票信息，用 Lattice 方法对欧式和美式看跌期权定价：

```
In [ ]:
    eu_option = BinomialCRRLattice(
        50, 52, r=0.05, T=2, N=2, sigma=0.3, is_put=True)
In [ ]:
    print('European put:', eu_option.price())
```

```
Out[ ]:
    European put: 6.245708445206432
In [ ]:
    am_option = BinomialCRRLattice(50, 52,
        r=0.05, T=2, N=2, sigma=0.3, is_put=True, is_am=True)
In [ ]:
    print("American put:", am_option.price())
Out[ ]:
    American put: 7.428401902704828
```

通过这个模型进行计算，欧式和美式看跌期权价格分别为 6.245 7 美元和 7.428 美元。

4.7.3 三叉树网格

三叉树网格与二叉树网格的原理类似。每个节点都要与其他节点重新组合，因此三叉树网格无须从列表中提取奇数节点。列表大小与二叉树网格列表大小相同，因此三叉树网格模型没有额外的存储需求，如图 4-6 所示。

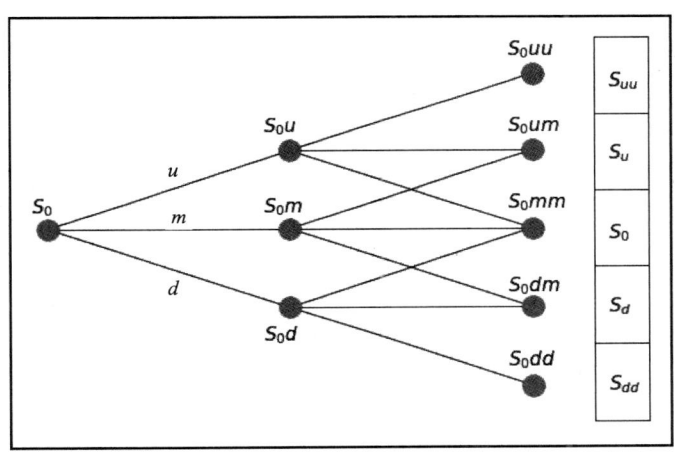

图 4-6

三叉树 Lattice 方法期权定价模型

创建一个名为 `TrinomialLattice` 的类，该类继承自 `TrinomialTreeOption` 类，以实现三叉树网格。

与编写 `BinomialCRRLattice` 类相同，重新编写 `setup_parameters`、`init_stock_price_tree`、`init_payoffs_tree` 和 `check_early_exercise` 函数，无须考虑奇数节点的收益：

```
In [ ]:
    import numpy as np

    """
    Price an option by the trinomial lattice
    """
    class TrinomialLattice(TrinomialTreeOption):
```

```python
    def setup_parameters(self):
        super(TrinomialLattice, self).setup_parameters()
        self.M = 2*self.N + 1

    def init_stock_price_tree(self):
        self.STs = np.zeros(self.M)
        self.STs[0] = self.S0 * self.u**self.N

        for i in range(self.M)[1:]:
            self.STs[i] = self.STs[i-1]*self.d

    def init_payoffs_tree(self):
        if self.is_call:
            return np.maximum(0, self.STs-self.K)
        else:
            return np.maximum(0, self.K-self.STs)

    def check_early_exercise(self, payoffs, node):
        self.STs = self.STs[1:-1]  # Shorten ends of the list
        if self.is_call:
            return np.maximum(payoffs, self.STs-self.K)
        else:
            return np.maximum(payoffs, self.K-self.STs)
```

根据前述例题，使用三叉树网格模型对欧式和美式期权定价：

```
In [ ]:
    eu_option = TrinomialLattice(
        50, 52, r=0.05, T=2, N=2, sigma=0.3, is_put=True)
    print('European put:', eu_option.price())
Out[ ]:
    European put: 6.573565269142496
In [ ]:
    am_option = TrinomialLattice(50, 52,
        r=0.05, T=2, N=2, sigma=0.3, is_put=True, is_am=True)
    print('American put:', am_option.price())
Out[ ]:
    American put: 7.161349217272585
```

该结果与三叉树期权定价模型结果一致。

4.8 期权定价中的有限差分法

有限差分法与三叉树期权定价类似，每个节点都有三个分支节点。有限差分是对 Black-Scholes 偏微分方程（Partial Differential Equation，PDE）框架的应用（涉及函数及其偏导数），其中价格函数 $S(t)$ 是 $f(S, t)$ 的函数，r 是无风险利率，t 为到期时间，σ 是标的资产波动率：

$$rf = \frac{df}{dt} + rS\frac{df}{dS} + \frac{1}{2}\sigma^2 S^2 \frac{d^2 f}{dt^2}$$

相较于 Lattice 方法，有限差分法收敛速度更快，且对奇异期权的计算精度更高。

为实现有限差分法求解 PDE，需要建立大小为 M 乘 N 的离散时间网格以反映资产价格随时间的变动，使 S 和 t 在每个点取值如下所示：

$$S = 0, dS, 2dS, 3dS, \cdots, (M-1)dS, S_{max}$$
$$t = 0, dt, 2dt, 3dt, \cdots, (N-1)dt, T$$

上述公式遵循网格符号 $f_{i,j} = f(idS, jdt)$，S_{max} 是股票到期不能达到的资产价格。dS 和 dt 是网格中每个节点间的间隔，分别随价格和时间增加。对于每个 S，到期时间 T 的终止条件为 $\max(S - K, 0)$（看涨期权）、$\max(K - S, 0)$（看跌期权），行权价格为 K。通过对早期行权的收益等边界条件的限定，利用 PDE 迭代，网格从终端条件向后递推计算其他网格的值。

边界条件是节点最末端定义的值，其中对每个时间点 t，有 $i = 0$ 和 $i = N$。边界的值用于计算其他所有使用 PDE 迭代的网格节点

网格如图 4-7 所示。当 i 和 j 从网格左上角增加时，价格 S 趋向于网格右下角的 S_{max}（价格最大值）。

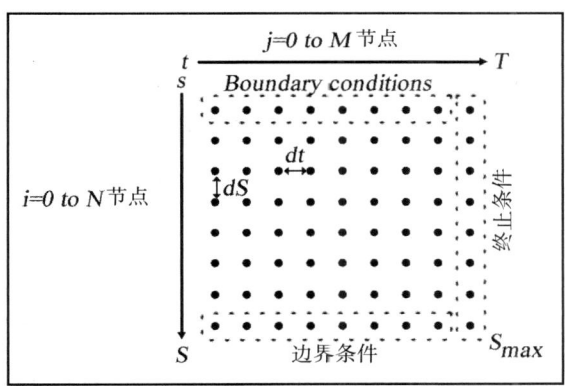

图 4-7

PDE 的多种实现方法如下：

▲ 前向差分：

$$\frac{df}{dS} = \frac{f_{i+1,j} - f_{i,j}}{dS}, \quad \frac{df}{dt} = \frac{f_{i,j+1} - f_{i,j}}{dt}$$

▲ 后向差分：

$$\frac{df}{dS} = \frac{f_{i,j} - f_{i-1,j}}{dS}, \quad \frac{df}{dt} = \frac{f_{i,j} - f_{i,j-1}}{dt}$$

▲ 中心或对称差分：

$$\frac{df}{dS} = \frac{f_{i+1,j} - f_{i-1,j}}{2dS}, \quad \frac{df}{dt} = \frac{f_{i,j+1} - f_{i,j-1}}{2dt}$$

- 二阶导数：

$$\frac{d^2 f}{dS^2} = \frac{f_{i+1,j} - 2f_{i,j} + f_{i-1,j}}{dS^2}$$

通过设置边界条件，就可以使用显式、隐式或 Crank-Nicolson 方法进行迭代。

4.8.1 显式方法

求近似 $f_{i,j}$ 的显式方法如下所示：

$$rf_{i,j} = \frac{f_{i,j} - f_{i,j-1}}{dt} + ridS\frac{f_{i+1,j} - f_{i-1,j}}{2ds} + \frac{1}{2}\sigma^2 j^2 \frac{f_{i+1,j} + f_{i-1,j}}{dS^2}$$

可以看出，第一项是相对于 t 的后向差分，第二项是相对于 S 的中心差分，第三项是相对于 S 的二阶差分。重新排列上式，得到如下等式：

$$f_{i,j} = a_i^* f_{i-1,j+1} + b_i^* f_{i,j+1} + c_i^* f_{i+1,j+1}$$

这里

$$j = N-1, N-2, N=3, \cdots, 2, 1, 0$$
$$i = 1, 2, 3, \cdots, M-2, M-1$$

则

$$a_i^* = \frac{1}{2}dt(\sigma^2 i^2 - ri)$$
$$b_i^* = 1 - dt(\sigma^2 i^2 - ri)$$
$$c_i^* = \frac{1}{2}dt(\sigma^2 i^2 + ri)$$

显式迭代方法可以由图 4-8 表示。

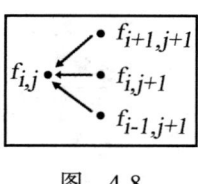

图 4-8

4.8.2 编写 FiniteDifferences 类

用 Python 实现有限差分的显式、隐式和 Crank-Nicolson 方法，首先需编写一个可以继承三种方法通用属性和函数的基类。

创建一个名为 `FiniteDifferences` 的类，该类接受并分配 `__init__` 构造方法中所有必需的参数。price() 函数是调用特定有限差分方案实现的入口点，它将按以下顺序调用：setup_boundary_conditions()、setup_coefficients()、traverse_grid()、interpolate()。这些函数解释如下：

- ▲ setup_boundary_conditions：将网格结构的边界条件设置为 NumPy 二维数组。
- ▲ setup_coefficients：设置遍历网格结构的必要系数。
- ▲ traverse_grid：在时间上向后迭代网格结构，将计算的值存储到网格第一列。
- ▲ interpolate：使用网格第一列的计算值，通过内插法找到接近初始股票价格 S0 的期权价格。

这些函数都是能被派生类实现的抽象函数。如果没有对这些函数进行实现，系统将会报错：NotImplementedError。

建立这些函数的代码如下：

```
In [ ]:
    from abc import ABC, abstractmethod
    import numpy as np

    """
    Base class for sharing
    attributes and functions of FD
    """
    class FiniteDifferences(object):

        def __init__(
            self, S0, K, r=0.05, T=1,
            sigma=0, Smax=1, M=1, N=1, is_put=False
        ):
            self.S0 = S0
            self.K = K
            self.r = r
            self.T = T
            self.sigma = sigma
            self.Smax = Smax
            self.M, self.N = M, N
            self.is_call = not is_put
            self.i_values = np.arange(self.M)
            self.j_values = np.arange(self.N)
            self.grid = np.zeros(shape=(self.M+1, self.N+1))
            self.boundary_conds = np.linspace(0, Smax, self.M+1)

        @abstractmethod
        def setup_boundary_conditions(self):
            raise NotImplementedError('Implementation required!')

        @abstractmethod
        def setup_coefficients(self):
            raise NotImplementedError('Implementation required!')

        @abstractmethod
        def traverse_grid(self):
            """ Iterate the grid backwards in time"""
            raise NotImplementedError('Implementation required!')
```

```
    @abstractmethod
    def interpolate(self):
        """ Use piecewise linear interpolation on the initial
        grid column to get the closest price at S0.
        """
        return np.interp(
            self.S0, self.boundary_conds, self.grid[:,0])
```

 ABC（Abstract Base Class）提供了一种为类定义接口的方法。@abstract-method()声明了子类应该实现的抽象方法。与Java的抽象方法不同，这些方法可能有一个实现，并且可以通过super()从覆盖它的类中调用它。

除了上面这些方法，还需要定义dS和dt，即每单位时间S的变化和每一次迭代的T变化。代码如下：

```
@property
def dS(self):
    return self.Smax/float(self.M)

@property
def dt(self):
    return self.T/float(self.N)
```

最后，添加price()方法作为抽象方法的入口：

```
def price(self):
    self.setup_boundary_conditions()
    self.setup_coefficients()
    self.traverse_grid()
    return self.interpolate()
```

显式有限差分法对欧式期权进行定价

编写FDExplicitEu类来实现显式有限差分法，它继承自FiniteDifferences类，把需要的函数覆盖为新的函数：

```
In [ ]:
    import numpy as np
    """
    Explicit method of Finite Differences
    """
    class FDExplicitEu(FiniteDifferences):
    
        def setup_boundary_conditions(self):
            if self.is_call:
                self.grid[:,-1] = np.maximum(
                    0, self.boundary_conds - self.K)
                self.grid[-1,:-1] = (self.Smax-self.K) * \
                    np.exp(-self.r*self.dt*(self.N-self.j_values))
            else:
                self.grid[:,-1] = np.maximum(
                    0, self.K-self.boundary_conds)
```

```
            self.grid[0,:-1] = (self.K-self.Smax) * \
                np.exp(-self.r*self.dt*(self.N-self.j_values))

    def setup_coefficients(self):
        self.a = 0.5*self.dt*((self.sigma**2) *
                              (self.i_values**2) -
                              self.r*self.i_values)
        self.b = 1 - self.dt*((self.sigma**2) *
                              (self.i_values**2) +
                              self.r)
        self.c = 0.5*self.dt*((self.sigma**2) *
                              (self.i_values**2) +
                              self.r*self.i_values)

    def traverse_grid(self):
        for j in reversed(self.j_values):
            for i in range(self.M)[2:]:
                self.grid[i,j] = \
                    self.a[i]*self.grid[i-1,j+1] +\
                    self.b[i]*self.grid[i,j+1] + \
                    self.c[i]*self.grid[i+1,j+1]
```

遍历网格结构，第一列包含 $t = 0$ 时资产价格初始值。NumPy 的 `interp` 函数用插值法得出期权近似价值。

除最常见的线性插值法外，样条插值或三次样条插值等方法也可用于计算期权近似值。

假设一个欧式看跌期权标的股票价格为 50 美元，波动率为 40%，到期时间为 5 个月，行权价格为 50 美元，无风险利率为 10%。

使用显式方法对该期权定价，Smax 值为 100，M 值为 100，N 值为 1000:

```
In [ ]:
    option = FDExplicitEu(50, 50, r=0.1, T=5./12.,
        sigma=0.4, Smax=100, M=100, N=1000, is_put=True)
    print(option.price())
Out[ ]:
    4.072882278148043
```

若 M 和 N 选择不正确会发生什么？

```
In [ ]:
    option = FDExplicitEu(50, 50, r=0.1, T=5./12.,
        sigma=0.4, Smax=100, M=80, N=100, is_put=True)
    print(option.price())
Out[ ]:
    -8.109445694129245e+35
```

由此可见，有限差分的显式方法不稳定。

4.8.3 隐式方法

显式方法的不稳定性可以通过对时间的前向差分克服。求近似 $f_{i,j}$ 的隐式方法如下所示：

$$rf_{i,j} = \frac{f_{i,j+1} - f_{i,j}}{\mathrm{d}t} + ridS\frac{f_{i+1,j} - f_{i-1,j}}{2\mathrm{d}S} + \frac{1}{2}\sigma^2 j^2 \frac{f_{i+1,j} - 2f_{i,j} + f_{i-1,j}}{\mathrm{d}S^2}$$

可以看出，隐式和显式近似方案唯一差别是第一项。重新排列上式，得出以下等式：

$$f_{i,j+1} = a_j f_{i-1,j} + b_i f_{i,j} + c_i f_{i+1,j}$$

其中

$$j = N-1, N-2, \cdots, 2, 1, 0$$
$$i = 1, 2, 3, \cdots, M-1$$

且

$$a_i = \frac{1}{2}(ri\mathrm{d}t - \sigma^2 i^2 \mathrm{d}t)$$

$$b_i = 1 + \sigma^2 i^2 \mathrm{d}t + r\mathrm{d}t$$

$$c_i = -\frac{1}{2} + (ri\mathrm{d}t + \sigma^2 i^2 \mathrm{d}t)$$

隐式方案的迭代方法如图 4-9 所示。

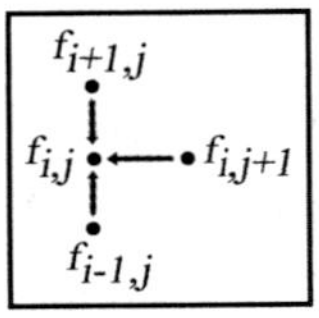

图 4-9

可以看到，网格向后遍历时，下步迭代前需要计算 $j+1$ 的值。隐式方案中，每次迭代时网格可视作线性方程组，如下所示：

$$\begin{bmatrix} b_1 & c_1 & 0 & 0 & 0 & 0 \\ a_2 & b_2 & c_2 & 0 & 0 & 0 \\ 0 & 0 & b_3 & \cdots & 0 & 0 \\ \vdots & \vdots & \vdots & \ddots & \vdots & \vdots \\ 0 & 0 & 0 & a_{M-2} & b_{M-2} & c_{M-2} \\ 0 & 0 & 0 & 0 & a_{M-1} & b_{M-1} \end{bmatrix} \begin{bmatrix} f_{1,j} \\ f_{2,j} \\ f_{3,j} \\ \vdots \\ f_{M-2,j} \\ f_{M-1,j} \end{bmatrix} + \begin{bmatrix} a_1 f_{0,j} \\ 0 \\ 0 \\ \vdots \\ 0 \\ C_{M-1} f_{M,j} \end{bmatrix} = \begin{bmatrix} f_{1,j+1} \\ f_{2,j+1} \\ f_{3,j+1} \\ \vdots \\ f_{M-2,j+1} \\ f_{M-1,j+1} \end{bmatrix}$$

重新排列上式，得出以下等式：

$$\begin{bmatrix} b_1 & c_1 & 0 & 0 & 0 & 0 \\ a_2 & b_2 & c_2 & 0 & 0 & 0 \\ 0 & 0 & b_3 & \cdots & 0 & 0 \\ \vdots & \vdots & \vdots & \ddots & \vdots & \vdots \\ 0 & 0 & 0 & a_{M-2} & b_{M-2} & c_{M-2} \\ 0 & 0 & 0 & 0 & a_{M-1} & b_{M-1} \end{bmatrix} \begin{bmatrix} f_{1,j} \\ f_{2,j} \\ f_{3,j} \\ \vdots \\ f_{M-2,j} \\ f_{M-1,j} \end{bmatrix} = \begin{bmatrix} f_{1,j+1} \\ f_{2,j+1} \\ f_{3,j+1} \\ \vdots \\ f_{M-2,j+1} \\ f_{M-1,j+1} \end{bmatrix} - \begin{bmatrix} a_1 f_{0,j} \\ 0 \\ 0 \\ \vdots \\ 0 \\ C_{M-1} f_{M,j} \end{bmatrix}$$

线性方程组以 **Ax = B** 的形式表示，每次迭代时需求解 **x** 的值。由于矩阵 **A** 是对角矩阵，可以使用 LU 分解求解线性方程组，其中 **A = LU**。

隐式有限差分法对欧式期权进行定价

编写以下 `FDImplicitEu` 类来用 Python 实现隐形有限差分法，继承 `FDExplicitEu` 类中的显式函数，并覆盖其中的 `setup_coefficients` 和 `traverse_grid` 函数：

```
In [ ]:
    import numpy as np
    import scipy.linalg as linalg

    """
    Explicit method of Finite Differences
    """
    class FDImplicitEu(FDExplicitEu):

        def setup_coefficients(self):
            self.a = 0.5*(self.r*self.dt*self.i_values - 
                        (self.sigma**2)*self.dt*\
                        (self.i_values**2))
            self.b = 1 + \
                     (self.sigma**2)*self.dt*\
                     (self.i_values**2) + \
                     self.r*self.dt
            self.c = -0.5*(self.r*self.dt*self.i_values +
                        (self.sigma**2)*self.dt*\
                        (self.i_values**2))
            self.coeffs = np.diag(self.a[2:self.M],-1) + \
                          np.diag(self.b[1:self.M]) + \
                          np.diag(self.c[1:self.M-1],1)

        def traverse_grid(self):
            """ Solve using linear systems of equations """
            P, L, U = linalg.lu(self.coeffs)
            aux = np.zeros(self.M-1)

            for j in reversed(range(self.N)):
                aux[0] = np.dot(-self.a[1], self.grid[0, j])
                x1 = linalg.solve(L, self.grid[1:self.M, j+1]+aux)
                x2 = linalg.solve(U, x1)
                self.grid[1:self.M, j] = x2
```

借助显式方法的示例，使用隐式方法对欧式看跌期权定价：

```
In [ ]:
    option = FDImplicitEu(50, 50, r=0.1, T=5./12.,
        sigma=0.4, Smax=100, M=100, N=1000, is_put=True)
    print(option.price())
Out[ ]:
    4.071594188049893
In [ ]:
    option = FDImplicitEu(50, 50, r=0.1, T=5./12.,
        sigma=0.4, Smax=100, M=80, N=100, is_put=True)
    print(option.price())
Out[ ]:
    4.063684691731647
```

输入给定的参数，可以看出隐式方案不存在稳定性问题。

4.8.4 Crank-Nicolson 方法

Crank-Nicolson 方法也可避免显式方法的不稳定性，它结合显式和隐式方法，得到收敛速度更快的平均方法。其等式如下：

$$\frac{1}{2}rf_{i,j-1} + \frac{1}{2}rf_{i,j}$$
$$= \frac{f_{i,j} - f_{i,j-1}}{\mathrm{d}t} \frac{1}{2} ri\mathrm{d}S \left(\frac{f_{i+1,j-1} - f_{i-1,j-1}}{2\mathrm{d}S} \right) + \frac{1}{2} ri\mathrm{d}S \left(\frac{f_{i+1,j} - f_{i-1,j}}{2\mathrm{d}S} \right)$$
$$+ \frac{1}{4} \sigma^2 i^2 \mathrm{d}S^2 \left(\frac{f_{i+1,j-1} - 2f_{i,j-1} + f_{i-1,j-1}}{\mathrm{d}S^2} \right)$$
$$+ \frac{1}{4} \sigma^2 i^2 \mathrm{d}S^2 \left(\frac{f_{i+1,j} - 2f_{i,j} + f_{i-1,j}}{\mathrm{d}S^2} \right)$$

该方程式也可以改写成如下形式：

$$-\alpha_i f_{i-1,j-1} + (1-\beta_i) f_{i,j-1} - \gamma_i f_{i+1,j-1} = \alpha_i f_{i-1,j} + (1-\beta_i) f_{i,j-1} - \gamma_i f_{i+1,j}$$

这里：

$$\alpha_i = \frac{\mathrm{d}t}{4}(\sigma^2 i^2 - ri)$$
$$\beta_i = \frac{\mathrm{d}t}{2}(\sigma^2 i^2 + ri)$$
$$\gamma_i = \frac{\mathrm{d}t}{4}(\sigma^2 i^2 + ri)$$

隐式方案的迭代方法可以由图 4-10 表示。

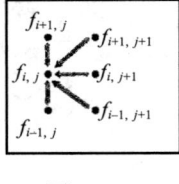

图 4-10

将方程视为矩阵形式的线性方程组：

$$M_1 f_{j-1} = M_2 f_j$$

其中：

$$M_1 = \begin{bmatrix} 1-\beta_1 & -\gamma_1 & 0 & 0 & 0 & 0 \\ -\alpha_2 & 1-\beta_2 & -\gamma_2 & 0 & 0 & 0 \\ 0 & -\alpha_3 & 1-\beta_3 & -\gamma_3 & 0 & 0 \\ 0 & 0 & \ddots & \ddots & \ddots & 0 \\ 0 & 0 & 0 & -\alpha_{M-2} & 1-\beta_{M-2} & \gamma_{M-2} \\ 0 & 0 & 0 & 0 & -\alpha_{M-1} & 1-\beta_{M-1} \end{bmatrix}$$

$$M_2 = \begin{bmatrix} 1+\beta_1 & \gamma_1 & 0 & 0 & 0 & 0 \\ \alpha_2 & 1+\beta_2 & \gamma_2 & 0 & 0 & 0 \\ 0 & \alpha_3 & 1+\beta_3 & -\gamma_3 & 0 & 0 \\ 0 & 0 & \ddots & \ddots & \ddots & 0 \\ 0 & 0 & 0 & \alpha_{M-2} & 1+\beta_{M-2} & \gamma_{M-2} \\ 0 & 0 & 0 & 0 & \alpha_{M-1} & 1+\beta_{M-1} \end{bmatrix}$$

$$f_i = [f_{1,j}, f_{2,j}, \cdots, f_{M-1,j}]^T$$

我们可以在每次迭代中求解矩阵 **M**。

Crank-Nicolson 有限差分法对欧式期权进行定价

下面用 Python 编写一个 `FDCnEu` 类，该类继承了 `FDExplicitEu` 类，且只覆盖 `setup_coefficients` 和 `traverse_grid` 函数：

```
In [ ]:
    import numpy as np
    import scipy.linalg as linalg

    """
    Crank-Nicolson method of Finite Differences
    """
    class FDCnEu(FDExplicitEu):

        def setup_coefficients(self):
            self.alpha = 0.25*self.dt*(
                (self.sigma**2)*(self.i_values**2) - \
                self.r*self.i_values)
            self.beta = -self.dt*0.5*(
                (self.sigma**2)*(self.i_values**2) + self.r)
            self.gamma = 0.25*self.dt*(
                (self.sigma**2)*(self.i_values**2) +
                self.r*self.i_values)
            self.M1 = -np.diag(self.alpha[2:self.M], -1) + \
                np.diag(1-self.beta[1:self.M]) - \
                np.diag(self.gamma[1:self.M-1], 1)
            self.M2 = np.diag(self.alpha[2:self.M], -1) + \
                np.diag(1+self.beta[1:self.M]) + \
                np.diag(self.gamma[1:self.M-1], 1)

        def traverse_grid(self):
            """ Solve using linear systems of equations """
            P, L, U = linalg.lu(self.M1)
```

```
for j in reversed(range(self.N)):
    x1 = linalg.solve(
        L, np.dot(self.M2, self.grid[1:self.M, j+1]))
    x2 = linalg.solve(U, x1)
    self.grid[1:self.M, j] = x2
```

借助显式和隐式方法的示例，使用Crank-Nicolson方法为不同时间间隔的欧式看跌期权定价：

```
In [ ]:
    option = FDCnEu(50, 50, r=0.1, T=5./12.,
        sigma=0.4, Smax=100, M=100, N=1000, is_put=True)
    print(option.price())
Out[ ]:
    4.072238354486825
In [ ]:
    option = FDCnEu(50, 50, r=0.1, T=5./12.,
        sigma=0.4, Smax=100, M=80, N=100, is_put=True)
    print(option.price())
Out[ ]:
    4.070145703042843
```

可以看出，Crank-Nicolson方法不仅避免了显式方案的不稳定性问题，收敛速度也比显式和隐式方法更快。相比于Crank-Nicolson方法，隐式方法得出近似结果需要更多的迭代次数或更大的N值。

4.8.5 奇异障碍期权定价

有限差分法非常适用于奇异期权定价，边界条件由期权的性质得出。

本节我们利用Crank-Nicolson有限差分法为一个下降出局障碍期权（down-and-outbarrier option）定价，同时引入其他分析方法（如蒙特卡罗方法）进行辅助计算。

1. 下降出局期权

在期权到期时间内，如果标的资产价格低于障碍期权价格S_{barrier}，该期权视为无价值。在网格中有限差分方案代表所有可能的价格点，所以只需考虑以下价格范围的节点：

$$S_{\text{barrier}} \leqslant S_t \leqslant S_{\text{max}}$$

将边界条件设置如下：

$$f(S_{\text{max}}, t) = 0$$
$$f(S_{\text{barrier}}, t) = 0$$

2. Crank-Nicolson有限差分法为下降出局期权定价

创建一个名为`FDCnDo`的类，该类继承自`FDCnEu`类。我们可以用构造法确定障碍价格，`FDCnEu`类中Crank-Nicolson的其余部分保持不变：

```
In [ ]:
    import numpy as np
```

```
"""
Price a down-and-out option by the Crank-Nicolson
method of finite differences.
"""
class FDCnDo(FDCnEu):
    def __init__(
        self, S0, K, r=0.05, T=1, sigma=0,
        Sbarrier=0, Smax=1, M=1, N=1, is_put=False
    ):
        super(FDCnDo, self).__init__(
            S0, K, r=r, T=T, sigma=sigma,
            Smax=Smax, M=M, N=N, is_put=is_put
        )
        self.barrier = Sbarrier
        self.boundary_conds = np.linspace(Sbarrier, Smax, M+1)
        self.i_values = self.boundary_conds/self.dS

    @property
    def dS(self):
        return (self.Smax-self.barrier)/float(self.M)
```

假设一个下降出局期权，标的股票价格为 50 美元，波动率为 40%，行权价格为 50 美元，期满时间为 5 个月，无风险利率为 10%，障碍价格是 40 美元。

设 Smax 为 100, M 为 120, N 为 500，通过以下代码实现看涨和看跌下降出局期权定价：

```
In [ ]:
    option = FDCnDo(50, 50, r=0.1, T=5./12.,
        sigma=0.4, Sbarrier=40, Smax=100, M=120, N=500)
    print(option.price())
Out[ ]:
    5.491560552934787
In [ ]:
    option = FDCnDo(50, 50, r=0.1, T=5./12., sigma=0.4,
        Sbarrier=40, Smax=100, M=120, N=500, is_put=True)
    print(option.price())
Out[ ]:
    0.5413635028954452
```

看涨和看跌下降出局期权价格分别为 5.491 6 美元和 0.541 4 美元。

4.8.6 美式期权定价的有限差分方法

目前本书介绍了欧式期权和奇异期权。由于美式期权可以提前行权，其定价方法更为复杂。隐式 Crank-Nicolson 方法计算当期提权行叹的收益时会将前期提前行权的收益考虑在内，可以用 Gauss-Siedel 迭代法对美式期权定价。

第 2 章探讨了以 $Ax = B$ 矩阵形式求解线性方程组的 Gauss-Seidel 方法，矩阵 A 分解为 $A = L + U$，其中 L 是下三角矩阵，U 是上三角矩阵。以 4×4 的矩阵 A 为例：

$$A = \begin{bmatrix} a & b & c & d \\ e & f & g & h \\ i & j & k & l \\ m & n & o & p \end{bmatrix} = \begin{bmatrix} a & 0 & 0 & 0 \\ e & f & 0 & 0 \\ i & j & k & 0 \\ m & n & o & p \end{bmatrix} + \begin{bmatrix} 0 & b & c & d \\ 0 & 0 & g & h \\ 0 & 0 & 0 & l \\ 0 & 0 & 0 & 0 \end{bmatrix}$$

如下迭代求解：

$$Ax = B$$

$$(L + U)x = B$$

$$Lx = B - Ux$$

$$x_{n+1} = L^{-1}(B - U_x)$$

将 Gauss-Siedel 迭代法用于 Crank-Nicolson 方法：

$$r_j = M_1 f_{j-1} = M_2 f_j + \alpha_1 \begin{bmatrix} f_{0,j-1} + f_{0,j} \\ 0 \\ \vdots \\ 0 \end{bmatrix}$$

该方程满足提前行权方程：

$$f_{i,j-1} = \max(f_{i,j-1}, K - idS)$$

Crank-Nicolson 有限差分法为美式期权定价

创建一个名为 `FDCnAm` 的类，继承自 Crank-Nicolson 方法中为欧式期权定价的 `FDCnEu` 类。`setup_coefficients` 方法可以重复使用，同时对其他方法进行覆盖，包括任何可能的提权行权收益。

`__init__()` 结构和 `setup_boundary_conditions()` 函数的代码如下：

```
In [ ]:
    import numpy as np
    import sys

    """
    Price an American option by the Crank-Nicolson method
    """
    class FDCnAm(FDCnEu):
        def __init__(self, S0, K, r=0.05, T=1,
            Smax=1, M=1, N=1, omega=1, tol=0, is_put=False):
            super(FDCnAm, self).__init__(S0, K, r=r, T=T,
                sigma=sigma, Smax=Smax, M=M, N=N, is_put=is_put)
            self.omega = omega
            self.tol = tol
            self.i_values = np.arange(self.M+1)
            self.j_values = np.arange(self.N+1)

        def setup_boundary_conditions(self):
            if self.is_call:
                self.payoffs = np.maximum(0,
                    self.boundary_conds[1:self.M]-self.K)
            else:
                self.payoffs = np.maximum(0,
                    self.K-self.boundary_conds[1:self.M])
```

```python
        self.past_values = self.payoffs
        self.boundary_values = self.K * np.exp(
            -self.r*self.dt*(self.N-self.j_values))
```

traverse_grid()方法代码如下：

```python
def traverse_grid(self):
    """ Solve using linear systems of equations """
    aux = np.zeros(self.M-1)
    new_values = np.zeros(self.M-1)

    for j in reversed(range(self.N)):
        aux[0] = self.alpha[1]*(self.boundary_values[j] +
                                self.boundary_values[j+1])
        rhs = np.dot(self.M2, self.past_values) + aux
        old_values = np.copy(self.past_values)
        error = sys.float_info.max

        while self.tol < error:
            new_values[0] = \
                self.calculate_payoff_start_boundary(
                    rhs, old_values)

            for k in range(self.M-2)[1:]:
                new_values[k] = \
                    self.calculate_payoff(
                        k, rhs, old_values, new_values)

            new_values[-1] = \
                self.calculate_payoff_end_boundary(
                    rhs, old_values, new_values)

            error = np.linalg.norm(new_values-old_values)
            old_values = np.copy(new_values)

        self.past_values = np.copy(new_values)

    self.values = np.concatenate(
        ([self.boundary_values[0]], new_values, [0]))
```

在while循环的每个迭代过程中，每次计算收益都会考虑起始和结束边界。除此之外，new_values会不断被基于现有值和旧值的新收益计算值所替代。

在索引为0的起始边界上，计算收益时省略alpha的值。calculate_payoff_start_boundary()方法代码如下所示：

```python
def calculate_payoff_start_boundary(self, rhs, old_values):
    payoff = old_values[0] + \
        self.omega/(1-self.beta[1]) * \
            (rhs[0] - \
            (1-self.beta[1])*old_values[0] + \
            self.gamma[1]*old_values[1])

    return max(self.payoffs[0], payoff)
```

在最后一个索引所在的边界处，计算收益时省略gamma的值：

```python
def calculate_payoff_end_boundary(self, rhs, old_values, new_values):
    payoff = old_values[-1] + \
        self.omega/(1-self.beta[-2]) * \
            (rhs[-1] + \
             self.alpha[-2]*new_values[-2] - \
             (1-self.beta[-2])*old_values[-1])

    return max(self.payoffs[-1], payoff)
```

对于不在边界的收益，计算收益时需要同时考虑 alpha 值和 gamma 值，实现 `calculate_payoff()` 函数的代码如下：

```python
def calculate_payoff(self, k, rhs, old_values, new_values):
    payoff = old_values[k] + \
        self.omega/(1-self.beta[k+1]) * \
            (rhs[k] + \
             self.alpha[k+1]*new_values[k-1] - \
             (1-self.beta[k+1])*old_values[k] + \
             self.gamma[k+1]*old_values[k+1])

    return max(self.payoffs[k], payoff)
```

由于新变量 `values` 包含作为一维数组的末期收益值，因此请使用以下代码覆盖父类中的 `interpolate` 方法，从而引入这个变化：

```python
def interpolate(self):
    # Use linear interpolation on final values as 1D array
    return np.interp(self.S0, self.boundary_conds, self.values)
```

Gauss-Seidel 方法使用容忍参数作为收敛准则。omega 是超松弛参数，omega 值越高，算法收敛得越快，但不收敛的概率也越大。

设标的资产价格为 50 美元，波动率为 40%，行权价格为 50 美元，无风险利率为 10%，到期期限为 5 个月。选择 Smax 为 100，M 为 100，N 为 42，omega 参数值为 1.2，容忍值为 0.001：

```
In [ ]:
    option = FDCnAm(50, 50, r=0.1, T=5./12.,
        sigma=0.4, Smax=100, M=100, N=42, omega=1.2, tol=0.001)
    print(option.price())
Out[ ]:
    6.108682815392217
In [ ]:
    option = FDCnAm(50, 50, r=0.1, T=5./12., sigma=0.4, Smax=100,
        M=100, N=42, omega=1.2, tol=0.001, is_put=True)
    print(option.price())
Out[ ]:
    4.277764229383736
```

通过 Crank-Nicolson 方法得到美式看涨、看跌期权价格分别为 6.109 美元和 4.2778 美元。

4.9 隐含波动率模型

目前介绍的期权定价方法，下列参数假定不变：收益率、行权价格、股息和波动率。这里，收益的参数是波动率。在定量研究中，波动率可用于预测价格趋势。

可参考第 2 章讨论的非线性函数求根方法得到隐含波动率。接下来用二分法创建隐含波动率曲线。

AAPL 美式看跌期权的隐含波动率

苹果公司股票（AAPL）在 2014 年 10 月 3 日的期权数据如表 4-1 所示。期权在 2014 年 12 月 20 日到期，列出的价格是买入价和卖出价的中点。

表 4-1

行权价格	看涨价格	看跌价格
75	30	0.16
80	24.55	0.32
85	20.1	0.6
90	15.37	1.22
92.5	10.7	1.77
95	8.9	2.54
97.5	6.95	3.55
100	5.4	4.8
105	4.1	7.75
110	2.18	11.8
115	1.05	15.96
120	0.5	20.75
125	0.26	25.8

AAPL 的最后交易价格为 99.62，收益率为 2.48%，股息收益为 1.82%。该美式期权在 78 天后到期。

利用上述信息，创建一个名为 `ImpliedVolatilityModel` 的类，该类接受结构中的股票期权参数。如果需要的话，可以导入前面为 Leisen-Reimer 二叉树期权定价模型创建的 `BinomialLROption` 类，以及第 3 章中编写的 `bisection` 函数。

`option_valuation()` 方法根据行权价格 K 和波动率 sigma 计算期权价值。本例使用 `BinomialLROption` 定价方法。

`get_implied_volatilities()` 方法接受一系列行权和期权价格，通过二分法计算每个可行价格的隐含波动率。因此两个价格列表长度必须相同。

`ImpliedVolatilityModel` 类的 Python 代码如下：

```
In [ ]:
    """
    Get implied volatilities from a Leisen-Reimer binomial
```

```
tree using the bisection method as the numerical procedure.
"""
class ImpliedVolatilityModel(object):

    def __init__(self, S0, r=0.05, T=1, div=0,
                 N=1, is_put=False):
        self.S0 = S0
        self.r = r
        self.T = T
        self.div = div
        self.N = N
        self.is_put = is_put

    def option_valuation(self, K, sigma):
        """ Use the binomial Leisen-Reimer tree """
        lr_option = BinomialLROption(
            self.S0, K, r=self.r, T=self.T, N=self.N,
            sigma=sigma, div=self.div, is_put=self.is_put
        )
        return lr_option.price()

    def get_implied_volatilities(self, Ks, opt_prices):
        impvols = []
        for i in range(len(strikes)):
            # Bind f(sigma) for use by the bisection method
            f = lambda sigma: \
                self.option_valuation(Ks[i], sigma)-\
                opt_prices[i]
            impv = bisection(f, 0.01, 0.99, 0.0001, 100)[0]
            impvols.append(impv)
        return impvols
```

导入在之前的章节中编写的 bisection 函数：

```
In [ ]:
    def bisection(f, a, b, tol=0.1, maxiter=10):
        """
        :param f: The function to solve
        :param a: The x-axis value where f(a)<0
        :param b: The x-axis value where f(b)>0
        :param tol: The precision of the solution
        :param maxiter: Maximum number of iterations
        :return: The x-axis value of the root,
                 number of iterations used
        """
        c = (a+b)*0.5  # Declare c as the midpoint ab
        n = 1  # Start with 1 iteration
        while n <= maxiter:
            c = (a+b)*0.5
            if f(c) == 0 or abs(a-b)*0.5 < tol:
                # Root is found or is very close
                return c, n

            n += 1
            if f(c) < 0:
                a = c
            else:
                b = c

        return c, n
```

借助该模型,使用特定数据集求出美式看跌期权的隐含波动率:

```
In [ ]:
    strikes = [75, 80, 85, 90, 92.5, 95, 97.5,
               100, 105, 110, 115, 120, 125]
    put_prices = [0.16, 0.32, 0.6, 1.22, 1.77, 2.54, 3.55,
                  4.8, 7.75, 11.8, 15.96, 20.75, 25.81]
In [ ]:
    model = ImpliedVolatilityModel(
        99.62, r=0.0248, T=78/365., div=0.0182, N=77, is_put=True)
    impvols_put = model.get_implied_volatilities(strikes, put_prices)
```

隐含波动率值作为列表对象存储在 `impvols_put` 变量中。将这些值与行权价格绘图,得到隐含波动率曲线:

```
In [ ]:
    %matplotlib inline
    import matplotlib.pyplot as plt

    plt.plot(strikes, impvols_put)
    plt.xlabel('Strike Prices')
    plt.ylabel('Implied Volatilities')
    plt.title('AAPL Put Implied Volatilities expiring in 78 days')
    plt.show()
```

在这里,我们创建了 77 步的 Leisen-Reimer 树,每一步代表一天,绘制的隐含波动率曲线如图 4-11 所示。

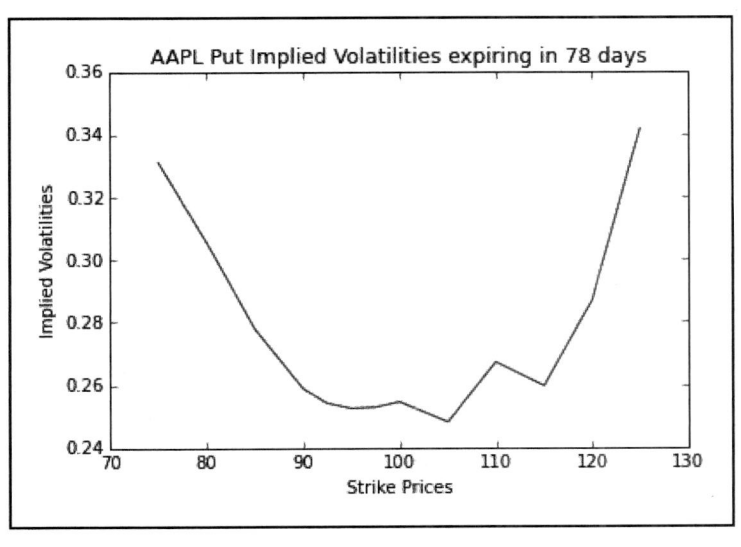

图 4-11

市场以毫秒量级变化,每日为期权定价是不合理的。本例使用二分法求解的二叉树隐含波动率,并非直接从市场价格观察到的实际波动率。

是否应该根据多项式曲线拟合这条曲线,以识别潜在的套利机会?或推算曲线以从实值和虚值期权的隐含波动性中获得进一步的潜在机会？这些问题都是期权从业者们要去探索的内容。

4.10 总结

本章研究了常见的期权定价方法。其中一种数值方法即树模型。二叉树模型是最简单的结构，每一个节点会有两个分支，分别表示标的资产价格上升和下降状态。三叉树模型，每个节点有三个分支，分别表示价格上行、下行和无变化状态。从终端价格开始，向后遍历至初始时点，收敛到当前折现期权价格。除二叉树和三叉树模型，还可采取 Cox-Ross Rubinstein、Jarrow-Rudd、Tian 或 LR 参数的树模型。

通过在树上添加一层额外的节点，可以求出 delta 和 gamma 等希腊值，且不会产生额外计算成本。

与二叉树和三叉树模型相比，Lattice 定价方法能节约存储空间，包含新信息的节点仅保存一次，可在不需要改变信息的节点重复使用。

本章还讨论了期权定价的有限差分方案及其终端和边界条件。根据终端条件可以使用显式、隐式和 Crank-Nicolson 方法遍历网格为期权定价。除为欧式和美式期权定价，有限差分法还可用于奇异期权定价。

借助第 3 章的二分法求根，结合本章 LR 树模型，可以利用美式期权市场价格创建隐含波动率曲线。

下一章将探讨利率工具的使用。

第 5 章
利率及其衍生工具的建模

各国中央银行，包括美国联邦储备系统（简称美联储）都将利率定位为影响经济活动的政策工具。对于有特殊现金流需求的投资者来说，利率衍生工具是一种绝佳的投资对象。

利率衍生品交易员面临的主要挑战是为这些产品制定有效而稳健的定价程序。学者已提出几种利率模型用于金融行业研究，常用的有 Vasicek 模型、CIR 模型和 Hull-White 模型。虽已提出双因素和多因素利率模型、短期利率模型，仍较多依赖单一变量（或不确定性来源）。

本章讨论以下主题：
- ▲ 收益率曲线
- ▲ 无息债券定价
- ▲ 引导收益率曲线
- ▲ 计算远期利率
- ▲ 计算债券价格和到期收益率
- ▲ 计算久期和凸度
- ▲ 短期利率模型
- ▲ 债券期权的类型
- ▲ 为可赎回债券期权定价

5.1 固定收益证券

公司和政府可发行固定收益证券作为筹集资金的手段。债权人将资金借出，期望债务到期时收回本金，债务人需在预先设定的时间支付固定数额的利息。

债权人持有的债券，例如美国国库券、票据和债券，面临发行人违约的风险。一般认为中央和地方政府债券违约风险最低，因为债务人能通过提高税收等方式筹集资金偿还债务。

大多数债券每半年支付固定的利息，有些债券每季度或每年支付一次。这些利息支付也称为息票。它们是按债券面值或票面金额的百分比每年报价的。

例如，一个5年期面值为10 000美元的国库券，票面利率为5%，即每年支付500美元利息，或每6个月支付250美元，直至到期。如果利率下降至3%，新债券的买方每年只会收到300美元利息，而原债券持有人将继续收到每年500美元的利息。债券的特征影响其价格，其价值随着利率上升而减少，反之即增加。

5.2 收益率曲线

正常收益率曲线条件下，长期利率高于短期利率。借款时间越长，投资人承担的违约风险越高，期望得到的收益就越高。正常或正向收益率曲线向上倾斜，如图5-1所示。

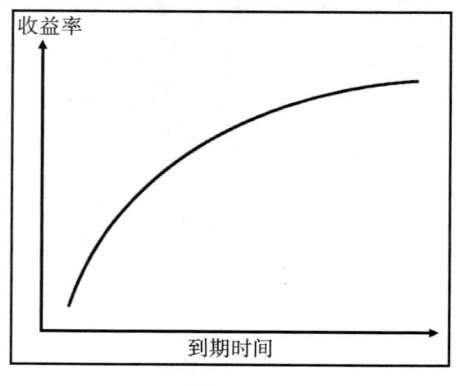

图 5-1

货币供应紧张时，收益率曲线会反转，即长期利率低于短期利率。投资者愿意放弃长期收益，短期内维持自身财富。发生通货膨胀时，通货膨胀率超过息票利率，负利率产生，投资者愿意投资短期资产以确保长期财富。反向收益率曲线向下倾斜，如图5-2所示。

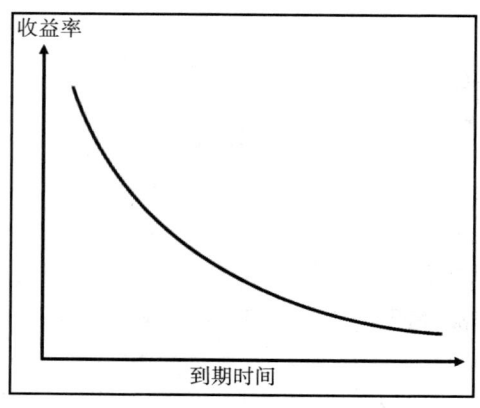

图 5-2

5.3 无息债券

无息债券（zero-coupon bond）也称为纯贴现债券（pure discount bond），是一种到期支付本金、票面利率为零的债券。

无息债券的估值如下：

$$无息债券价格 = \frac{面值}{(1+y)^t}$$

其中，y 是年复合收益率或债券利率，t 是债券到期前的剩余时间。

假设一张 5 年期无息债券的面值为 100 美元，年复合利率为 5%。该债券价格为：

$$\frac{100}{(1+0.05)^5} = 78.35（美元）$$

Python 实现无息债券估值的代码如下：

```
In [ ]:
    def zero_coupon_bond(par, y, t):
        """
        Price a zero coupon bond.
        
        :param par: face value of the bond.
        :param y: annual yield or rate of the bond.
        :param t: time to maturity, in years.
        """
        return par/(1+y)**t
```

代入前例数据，结果如下：

```
In [ ]:
    print(zero_coupon_bond(100, 0.05, 5))
Out[ ]:
    78.35261664684589
```

在前面的例子中，我们假设投资者能够以 78.35 美元的价格投资年复合利率为 5% 的 5 年期无息债券。

借助这个无息债券的计算器，就可以通过用自助法构建收益率曲线来确定零利率，下一节将介绍这部分内容。

即期利率和零利率

随着复利频率增加（例如，从每年复利到每天复利），货币的未来价值将达到指数极限。即以利率 R 连续复利时间 T，当前 100 美元的债券未来价值将达到 $100e^{RT}$ 美元。将到期时间 T 价值 100 美元的证券以连续复合贴现利率 R 进行贴现，得到该证券现值为 $e\frac{100}{RT}$，这个比率称为即期利率（spot rate）。

即期利率表示现在要借入或借出现金的当期利率，零利率代表无息债券的内部收益率。

可以使用不同期限债券的即期利率和零利率构建当前收益率曲线。

5.4 自助法构建收益率曲线

短期即期利率可以直接从各种短期证券获得，例如无息债券、短期国库券、票据和欧洲美元存款。但是，长期利率通常是通过自助法从长期债券的价格中推导得出的（也要考虑与该债券相对应的付款日期即期利率）。获得短期和长期即期利率后，就可以构建收益率曲线。

5.4.1 自助法构建收益率曲线的实例

下例说明用自助法构建收益率曲线的过程。不同到期日和价格的债券列表如表 5-1 所示。

表 5-1

债券面值（美元）	到期时间（年）	年息（美元）	债券现金价格（美元）
100	0.25	0	97.50
100	0.50	0	94.90
100	1.00	0	90.00
100	1.50	8	96.00
100	2.00	12	101.60

投资者投资现值为 97.50 美元，票面金额为 100 美元的 3 个月期无息债券可以赚取 2.50 美元的利息，该债券即期汇率计算如下：

$$97.50 = \frac{100}{e^{0.25y}}$$

$$e^{0.25y} = 1.025\,6$$

$$y = 4 \ln 1.025\,6 = 0.101\,27$$

因此，连续复利 3 个月无息债券的零利率为 10.127%。上述无息债券的即期利率如表 5-2 所示。

表 5-2

到期时间（年）	即期利率（%）
0.25	10.127
0.50	10.469
1.00	10.536

有了即期利率，现在可以为 1.5 年期债券定价如下：

$$4e^{(-0.104\,69)(0.5)} + 4e^{(-0.105\,36)(1.0)} + 104e^{(-y)(1.5)} = 96$$

重新排列方程，可以很容易计算出 y 的值：

$$y = -\ln\left(\frac{96 - 4e^{(-0.104\,69)(0.5)} - 4e^{(-0.105\,36)(1.0)}}{104}\right) \div 1.5 = 0.106\,809$$

如果有一个 1.5 年期债券的即期利率为 10.681%，可以用它对每半年利息为 6 美元的两年期债券进行定价，如下所示：

$$6e^{(-0.104\,69)(0.5)} + 6e^{(-0.105\,36)(1)} + 6e^{(-0.106\,809)(1.5)} + 106e^{(-y)(2)} = 101.60$$

重新排列方程并求解 y，得到了 2 年期债券的即期利率为 10.808。

通过计算每种债券的即期利率并用于下一次迭代，得到了不同期限债券的即期利率表，可以用它来构造收益率曲线。

5.4.2 编写 BootstrapYieldCurve 类

编写 Python 代码实现用自助法构建收益率曲线并显示图像的过程如下所示：

1）创建一个 `BootstrapYieldCurve` 类实现收益率曲线 bootstrapping：

```
import math

class BootstrapYieldCurve(object):

    def __init__(self):
        self.zero_rates = dict()
        self.instruments = dict()
```

2）在这个结构体中，声明两个字典变量，即 `zero_rates` 和 `instruments`，这两个字典变量将用于很多函数：

▲ 添加一个名为 `add_instrument()` 的方法，该方法能将一组债券信息添加到 `instruments` 字典变量中，并按到期时间进行索引：

```
def add_instrument(self, par, T, coup, price,
compounding_freq=2):
    self.instruments[T] = (par, coup, price, compounding_freq)
```

▲ 添加一个名为 `get_maturities()` 的方法，这个方法会返回一个按升序排列的可用到期日列表：

```
def get_maturities(self):
    """
    :return: a list of maturities of added instruments
    """
    return sorted(self.instruments.keys())
```

▲ 添加一个名为 `get_zero_rates()` 的方法，该方法用自助法构建收益率曲线，计算沿该收益率曲线的即期利率，并按到期日的升序返回零利率列表：

```python
def get_zero_rates(self):
    """
    Returns a list of spot rates on the yield curve.
    """
    self.bootstrap_zero_coupons()
    self.get_bond_spot_rates()
    return [self.zero_rates[T] for T in self.get_maturities()]
```

▲ 添加一个名为 bootstrap_zero_coupons() 的方法，该方法用来计算给定的零息票债券的即期利率，并将它们添加到按到期日索引的 zero_rates 字典变量中：

```python
def bootstrap_zero_coupons(self):
    """
    Bootstrap the yield curve with zero coupon instruments first.
    """
    for (T, instrument) in self.instruments.items():
        (par, coup, price, freq) = instrument
        if coup == 0:
            spot_rate = self.zero_coupon_spot_rate(par, price, T)
            self.zero_rates[T] = spot_rate
```

▲ 添加名为 zero_coupon_spot_rate() 的方法，用来计算零息票债券的即期利率。此方法用 bootstrap_zero_coupons() 来调用，代码如下：

```python
def zero_coupon_spot_rate(self, par, price, T):
    """
    :return: the zero coupon spot rate with continuous compounding.
    """
    spot_rate = math.log(par/price)/T
    return spot_rate
```

▲ 添加名为 get_bond_spot_rates() 的方法，该方法计算非零息票债券的即期汇率，并将它们添加到按到期日索引的 zero_rates 字典变量中：

```python
def get_bond_spot_rates(self):
    """
    Get spot rates implied by bonds, using short-term instruments.
    """
    for T in self.get_maturities():
        instrument = self.instruments[T]
        (par, coup, price, freq) = instrument
        if coup != 0:
            spot_rate = self.calculate_bond_spot_rate(T, instrument)
            self.zero_rates[T] = spot_rate
```

▲ 添加一个名为 calculate_bond_spot_rate() 的方法，用 get_bond_spot_rates() 调用该方法来计算特定期限的即期利率：

```
def calculate_bond_spot_rate(self, T, instrument):
    try:
        (par, coup, price, freq) = instrument
        periods = T*freq
        value = price
        per_coupon = coup/freq
        for i in range(int(periods)-1):
            t = (i+1)/float(freq)
            spot_rate = self.zero_rates[t]
            discounted_coupon = per_coupon*math.exp(-spot_rate*t)
            value -= discounted_coupon

        last_period = int(periods)/float(freq)
        spot_rate = -math.log(value/(par+per_coupon))/last_period
        return spot_rate
    except:
        print("Error: spot rate not found for T=", t)
```

3）应用 BootstrapYieldCurve 类，从上表添加每个债券的信息：

```
In [ ]:
    yield_curve = BootstrapYieldCurve()
    yield_curve.add_instrument(100, 0.25, 0., 97.5)
    yield_curve.add_instrument(100, 0.5, 0., 94.9)
    yield_curve.add_instrument(100, 1.0, 0., 90.)
    yield_curve.add_instrument(100, 1.5, 8, 96., 2)
    yield_curve.add_instrument(100, 2., 12, 101.6, 2)
In [ ]:
    y = yield_curve.get_zero_rates()
    x = yield_curve.get_maturities()
```

4）调用类中的 get_zero_rates()，返回与到期日相同顺序的即期利率列表，分别存储在 y 和 x 变量中，绘制 x 和 y 图像：

```
In [ ]:
    %pylab inline

    fig = plt.figure(figsize=(12, 8))
    plot(x, y)
    title("Zero Curve")
    ylabel("Zero Rate (%)")
    xlabel("Maturity in Years");
```

5）得到收益率曲线如图 5-3 所示。

在正常收益率曲线环境中，到期时间越长利率越大，这样就得到了一个向上倾斜的收益率曲线。

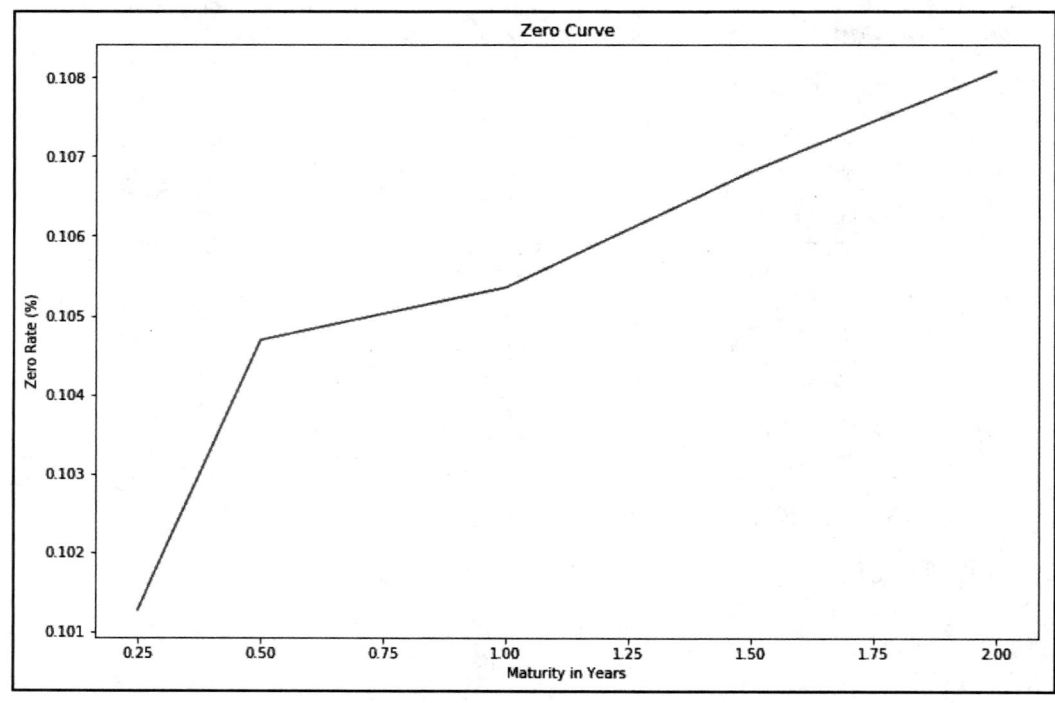

图 5-3

5.5 远期利率

计划在未来投资的投资者希望获知未来的利率情况，其隐含在即期利率期限结构中。例如，一年后一年期债券的即期利率是多少？可以使用以下公式计算 T_1 和 T_2 期间的远期利率：

$$r_{forward} = \frac{r_2 T_2 - r_1 T_1}{T_2 - T_1}$$

这里，r_1 和 r_2 分别是时期 T_1 和 T_2 的连续复合年利率。

下面这个 ForwardRates 类可以让我们借助即期利率列表生成远期利率列表：

```
class ForwardRates(object):

    def __init__(self):
        self.forward_rates = []
        self.spot_rates = dict()

    def add_spot_rate(self, T, spot_rate):
        self.spot_rates[T] = spot_rate

    def get_forward_rates(self):
        """
        Returns a list of forward rates
        starting from the second time period.
        """
```

```
        periods = sorted(self.spot_rates.keys())
        for T2, T1 in zip(periods, periods[1:]):
            forward_rate = self.calculate_forward_rate(T1, T2)
            self.forward_rates.append(forward_rate)

        return self.forward_rates

    def calculate_forward_rate(self, T1, T2):
        R1 = self.spot_rates[T1]
        R2 = self.spot_rates[T2]
        forward_rate = (R2*T2-R1*T1)/(T2-T1)
        return forward_rate
```

使用前面由收益率曲线导出的即期利率，得到以下结果：

```
In [ ]:
    fr = ForwardRates()
    fr.add_spot_rate(0.25, 10.127)
    fr.add_spot_rate(0.50, 10.469)
    fr.add_spot_rate(1.00, 10.536)
    fr.add_spot_rate(1.50, 10.681)
    fr.add_spot_rate(2.00, 10.808)
In [ ]:
    print(fr.get_forward_rates())
Out[ ]:
    [10.810999999999998, 10.603, 10.971, 11.189]
```

调用 `ForwardRates` 类的 `get_forward_rates` 方法，返回从下一期开始的远期利率列表。

5.6 计算到期收益率

到期收益率（Yield to Maturity，YTM）即购买国债获得的未来现金流量现值等于债券当前市价的贴现率。假设债券持有人可以以到期收益率投资直到债券到期收取息票，根据风险中性预期，债券到期收到的价款应与为债券支付的价格相同。

假设一个 1.5 年期债券，利率为 5.75%，面值为 100 美元，该债券现价是 95.042 8 美元，每半年付息一次。定价方程如下：

$$95.042\,8 = \frac{c}{\left(1+\frac{y}{n}\right)^{nT_1}} + \frac{c}{\left(1+\frac{y}{n}\right)^{nT_2}} + \frac{100+c}{\left(1+\frac{y}{n}\right)^{nT_3}}$$

这里，c 是每期支付的利息，T 是剩余付息年数，n 是利息支付频率，y 是待求的到期收益率。

计算 YTM 是一个非常复杂的过程，大多数债券 YTM 计算器都使用牛顿迭代法求解。

下面的 `bond-ytm()` 函数说明了债券 YTM 计算器：

```
import scipy.optimize as optimize

def bond_ytm(price, par, T, coup, freq=2, guess=0.05):
```

```
freq = float(freq)
periods = T*2
coupon = coup/100.*par
dt = [(i+1)/freq for i in range(int(periods))]
ytm_func = lambda y: \
    sum([coupon/freq/(1+y/freq)**(freq*t) for t in dt]) +\
    par/(1+y/freq)**(freq*T) - price

return optimize.newton(ytm_func, guess)
```

第 3 章介绍了牛顿迭代法和其他非线性函数求解器，我们使用 `scipy.optimize` 包求解此 YTM 函数。

使用前文示例的参数，得到以下结果：

```
In [ ]:
    ytm = bond_ytm(95.0428, 100, 1.5, 5.75, 2)
In [ ]:
    print(ytm)
Out[ ]:
    0.09369155345239522
```

债券的 YTM 为 9.369%。这样，我们就有了一个债券的 YTM 计算器，它可以帮助我们将债券的预期收益与其他证券的预期收益进行比较。

5.7 计算债券定价

当 YTM 已知时，就可由前文提到的债券定价公式计算债券的价格。用下面的 `bond_price()` 函数来实现：

```
In [ ]:
    def bond_price(par, T, ytm, coup, freq=2):
        freq = float(freq)
        periods = T*2
        coupon = coup/100.*par
        dt = [(i+1)/freq for i in range(int(periods))]
        price = sum([coupon/freq/(1+ytm/freq)**(freq*t) for t in dt]) + \
            par/(1+ytm/freq)**(freq*T)
        return price
```

输入与前面实例相同的值，得到以下结果：

```
In [ ]:
    price = bond_price(100, 1.5, ytm, 5.75, 2)
    print(price)
Out[ ]:
    95.04279999999997
```

该结果与前例债券价格相同。借助 `bond_ytm()` 和 `bond_price()` 函数，可以进一步计算债券的修正久期和凸度，帮助债券交易者制定交易策略，对冲风险。

5.8 债券久期

久期衡量债券价格对收益率变化的敏感程度。几种重要的久期包括麦考利久期(macaulay duration)、修正久期(modified duration)和有效久期(effective duration)。本节将讨论修正久期，其衡量债券价格相对于收益率变化的变动程度（通常为1%或100个基点(bps)）。

债券久期越长，其价格对收益率变动越敏感。相反，敏感程度越弱。

债券的修正久期可以视作价格和收益率的一阶导数：

$$修正久期 \approx \frac{P^- - P^+}{2(P_0)(dY)}$$

这里 dY 是给定的收益率，P^- 是收益率降低 dy 时的债券价格，P^+ 是收益率提高 dy 时的债券价格，P_0 是债券初始价格。

应当注意，久期仅可衡量收益率小范围变化时债券价格的变动程度。收益率曲线是非线性的，所以 dy 较大时得出的久期不精确。

以下代码可求解修正久期。bond_mod_duration() 函数借助前述 bond_ytm() 函数求解给定初始值的债券收益率，bond_price() 函数根据收益率变化确定债券价格：

```
In [ ]:
    def bond_mod_duration(price, par, T, coup, freq, dy=0.01):
        ytm = bond_ytm(price, par, T, coup, freq)
        ytm_minus = ytm - dy
        price_minus = bond_price(par, T, ytm_minus, coup, freq)
        ytm_plus = ytm + dy
        price_plus = bond_price(par, T, ytm_plus, coup, freq)
        mduration = (price_minus-price_plus)/(2*price*dy)
        return mduration
```

试求利率为 5.75%，面值为 100 美元，现价为 95.042 8 美元的 1.5 年期债券的修正久期：

```
In [ ]:
    mod_duration = bond_mod_duration(95.0428, 100, 1.5, 5.75, 2)
In [ ]:
    print(mod_duration)
Out[ ]:
    1.3921935426561034
```

该债券的修正久期为 1.392 年。

5.9 债券凸度

凸度(convexity)是衡量债券久期对到期收益率变化敏感度的指标。凸度可视作价格和收益率的二阶导数：

$$凸度 \approx \frac{P^- - P^+ - 2P_0}{(P_0)(dY)^2}$$

债券交易者使用凸度作为风险管理工具衡量投资组合的市场风险。债券久期和收益率不变时，凸度较大的投资组合受利率波动性的影响小于凸度较小的组合。其他条件相同时，高凸度债券比低凸度债券价格更高。

计算凸度的代码如下：

```
In [ ]:
    def bond_convexity(price, par, T, coup, freq, dy=0.01):
        ytm = bond_ytm(price, par, T, coup, freq)
        ytm_minus = ytm - dy
        price_minus = bond_price(par, T, ytm_minus, coup, freq)
        ytm_plus = ytm + dy
        price_plus = bond_price(par, T, ytm_plus, coup, freq)
        convexity = (price_minus + price_plus - 2*price)/(price*dy**2)
        return convexity
```

试求利率为 5.75%，面值为 100 美元，现价为 95.0428 美元的 1.5 年期债券的凸度：

```
In [ ]:
    convexity = bond_convexity(95.0428, 100, 1.5, 5.75, 2)
In [ ]:
    print(convexity)
Out[ ]:
    2.633959390331875
```

该债券的凸度为 2.63。相同面值、息票和到期时间的两个债券的凸度是否相同取决于其在收益率曲线的位置。收益率变化程度相同，凸度高的债券价格变化更大。

5.10 短期利率模型

短期利率模型模拟利率随时间的变化，描述特定时点的经济状况。短期利率 $r(t)$ 是特定时间的即期利率，为收益率曲线上一个无穷短时间的连续复利年利率，可表示为含时间参数的随机变量形式。

短期利率模型常用于债券、信用工具、抵押贷款等利率衍生工具的评估，与数值方法一同在衍生品定价中发挥重要作用。但它易受经济状况、政府干预、供需法则等因素影响，往往非常复杂。

本节介绍金融研究中最常用的单因素短期利率模型，如 Vasicek 模型、Cox-Ingersoll-Ross 模型、Rendleman and Bartter 模型，以及 Brennan and Schwartz 模型。使用 Python，我们可以通过单因数模型了解利率模型的基本方法。除此之外，Ho-Lee 模型、Hull-White 模型和 Black-Karasinki 模型也常用于金融领域。

5.10.1 Vasicek 模型

在 Vasicek 模型中，短期利率为单一随机因子。

$$dr(t) = K(\theta - r(t))dt + \sigma dW(t)$$

这里 K、θ 和 σ 是常数，σ 是瞬时标准差，$W(t)$ 是随机维纳过程。Vasicek 模型遵循 Ornstein-Uhlenbeck 过程，均值为 θ，平均回归速度为 K。根据该模型利率可能变为负数，正常经济条件下我们不希望这种情况出现。

下述代码可生成一个利率列表：

```
In [ ]:
    import math
    import numpy as np

    def vasicek(r0, K, theta, sigma, T=1., N=10, seed=777):
        np.random.seed(seed)
        dt = T/float(N)
        rates = [r0]
        for i in range(N):
            dr = K*(theta-rates[-1])*dt + \
                sigma*math.sqrt(dt)*np.random.normal()
            rates.append(rates[-1]+dr)

        return range(N+1), rates
```

Vasicek() 函数可返回时间段和利率列表。其中 r0 是 t=0 时的初始利率；K、theta 和 sigma 是常数；T 是年数；N 是期数；seed 是 NumPy 的标准正态随机数生成器的初始值。

假设当前利率为 0.5%（接近于零），长期平均水平 theta 为 0.15，瞬时波动 sigma 为 5%，使用 T 值为 10 和 N 值为 200 来模拟不同平均回归速度 K 的利率，K 的取值为 0.002、0.02 和 0.2：

```
In [ ]:
    %pylab inline

    fig = plt.figure(figsize=(12, 8))
    for K in [0.002, 0.02, 0.2]:
        x, y = vasicek(0.005, K, 0.15, 0.05, T=10, N=200)
        plot(x,y, label='K=%s'%K)
        pylab.legend(loc='upper left');

    pylab.legend(loc='upper left')
    pylab.xlabel('Vasicek model');
```

运行上述代码输出结果如图 5-4 所示。

如图所示，利率在某一时间段为负值。随着平均回归速度 K 值的增大，这个过程更快地达到 0.15 的长期水平。

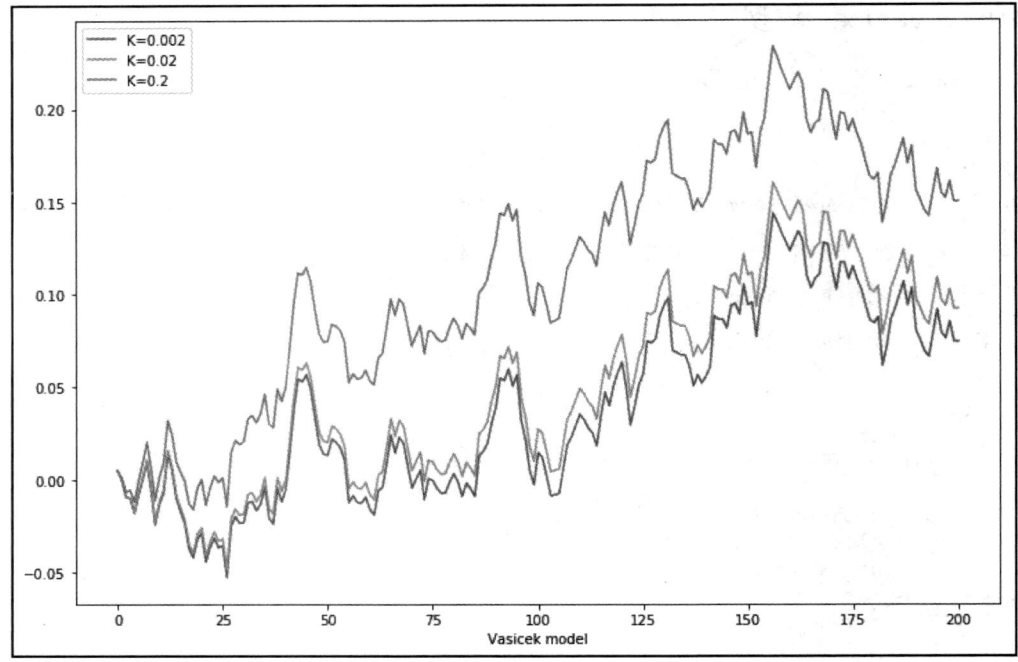

图 5-4

5.10.2 Cox-Ingersoll-Ross 模型

Cox-Ingersoll-Ross（CIR）模型是用于解决 Vasicek 模型负利率问题的单因素模型：

$$dr(t) = K(\theta - r(t))dt + \sigma\sqrt{r(t)}dW(t)$$

$\sqrt{r(t)}$ 随短期利率增加而增加标准差。CIR 模型的代码如下：

```
In [ ]:
    import math
    import numpy as np
    
    def CIR(r0, K, theta, sigma, T=1.,N=10,seed=777):
        np.random.seed(seed)
        dt = T/float(N)
        rates = [r0]
        for i in range(N):
            dr = K*(theta-rates[-1])*dt + \
                sigma*math.sqrt(rates[-1])*\
                math.sqrt(dt)*np.random.normal()
            rates.append(rates[-1] + dr)
        
        return range(N+1), rates
```

继续使用上面的数据，假设当前利率为 0.5%，长期平均水平 theta 为 0.15，瞬时波动 sigma 为 0.05，我们将使用 T 值为 10 和 N 值为 200 来模拟不同平均回归速度 K 的利率，K 的取值分别为 0.002、0.02 和 0.2。

```
In [ ]:
    %pylab inline
    
    fig = plt.figure(figsize=(12, 8))
    
    for K in [0.002, 0.02, 0.2]:
        x, y = CIR(0.005, K, 0.15, 0.05, T=10, N=200)
        plot(x,y, label='K=%s'%K)
    
    pylab.legend(loc='upper left')
    pylab.xlabel('CRR model');
```

运行上述命令输出结果如图 5-5 所示。

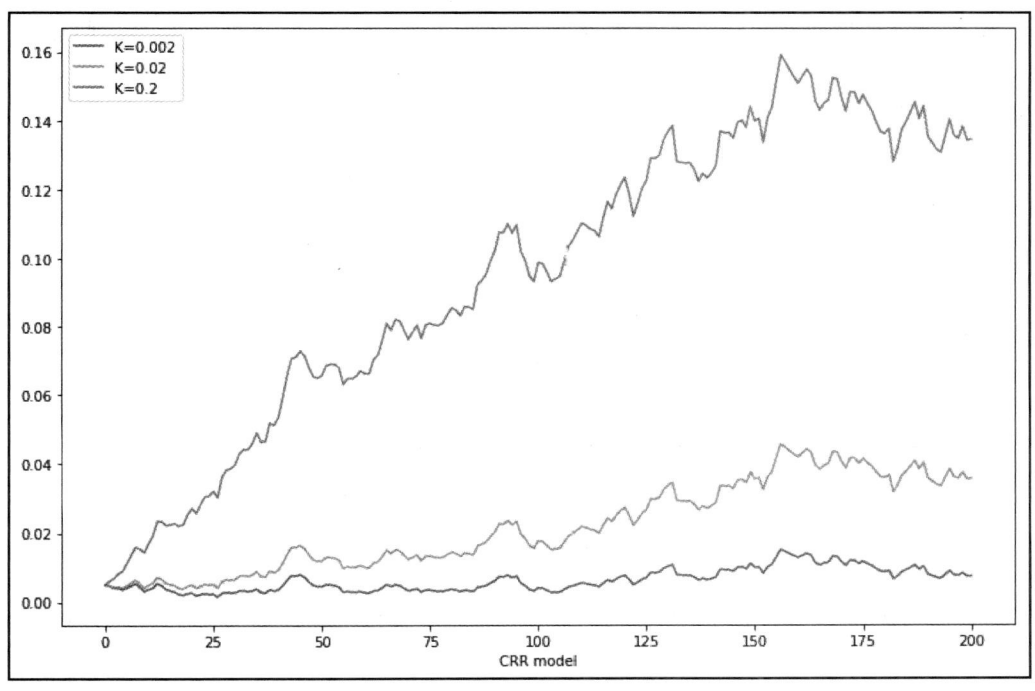

图 5-5

可见 CIR 利率模型不存在负利率。

5.10.3 Rendleman and Bartter 模型

在 Rendleman and Bartter 模型中，短期利率表示为：

$$dr(t) = \theta r(t)dt + \sigma r(t)dW(t)$$

这里 $\theta r(t)$ 是具有瞬时标准差 $\sigma r(t)$ 的瞬时漂移值。Rendleman and Bartter 模型可视为几何布朗运动，类似于对数正态分布的股票价格随机过程，它缺乏均值回归的属性，即利率不能回到长期平均水平。

以下代码可实现 Rendleman and Bartter 模型：

```
In [ ]:
    import math
    import numpy as np

    def rendleman_bartter(r0, theta, sigma, T=1.,N=10,seed=777):
        np.random.seed(seed)
        dt = T/float(N)
        rates = [r0]
        for i in range(N):
            dr = theta*rates[-1]*dt + \
                sigma*rates[-1]*math.sqrt(dt)*np.random.normal()
            rates.append(rates[-1] + dr)

        return range(N+1), rates
```

继续使用上面的数据来比较这几个模型的差异，假设当前利率为 0.5%，瞬时波动 sigma 为 0.05，我们将使用 T 值为 10 和 N 值为 200 来模拟不同平均回归速度 theta 的利率，theta 的取值为 0.01、0.05 和 0.1：

```
In [ ]:
    %pylab inline

    fig = plt.figure(figsize=(12, 8))

    for theta in [0.01, 0.05, 0.1]:
        x, y = rendleman_bartter(0.005, theta, 0.05, T=10, N=200)
        plot(x,y, label='theta=%s'%theta)

    pylab.legend(loc='upper left')
    pylab.xlabel('Rendleman and Bartter model');
```

运行上述命令输出结果如图 5-6 所示。

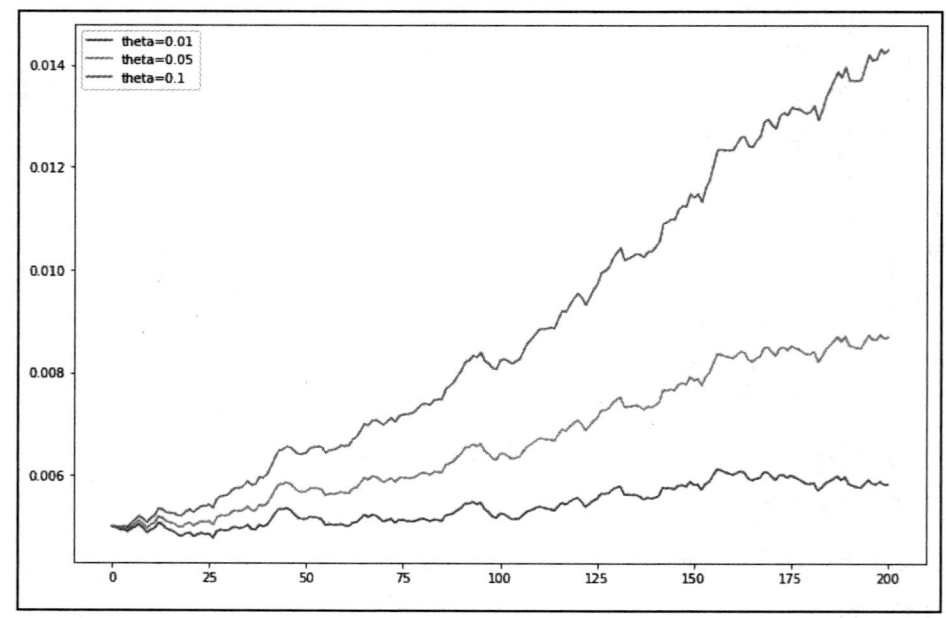

图 5-6

可见 Rendleman and Bartter 模型缺乏均值回归的性质，并朝着长期平均水平增长。

5.10.4 Brennan and Schwartz 模型

Brennan and Schwartz 模型是双因素模型，其中短期利率作为均值回归到长期利率，并遵循随机过程。短期利率表示为：

$$dr(t) = K(\theta - t(t))dt + \sigma r(t)dW(t)$$

可以看出，Brennan and Schwartz 模型是几何布朗运动的另一种形式，可通过如下代码实现：

```
In [ ]:
    import math
    import numpy as np

    def brennan_schwartz(r0, K, theta, sigma, T=1., N=10, seed=777):
        np.random.seed(seed)
        dt = T/float(N)
        rates = [r0]
        for i in range(N):
            dr = K*(theta-rates[-1])*dt + \
                sigma*rates[-1]*math.sqrt(dt)*np.random.normal()
            rates.append(rates[-1] + dr)

        return range(N+1), rates
```

继续假设当前利率为 0.5%，长期平均水平 theta 为 0.006，瞬时波动 sigma 为 0.05，我们将使用 T 值为 10 和 N 值为 200 来模拟不同平均回归速度 K 的利率，K 的取值分别为 0.2、0.02 和 0.002

```
In [ ]:
    %pylab inline

    fig = plt.figure(figsize=(12, 8))

    for K in [0.2, 0.02, 0.002]:
        x, y = brennan_schwartz(0.005, K, 0.006, 0.05, T=10, N=200)
        plot(x,y, label='K=%s'%K)

    pylab.legend(loc='upper left')
    pylab.xlabel('Brennan and Schwartz model');
```

运行上述命令输出图 5-7 所示的结果。

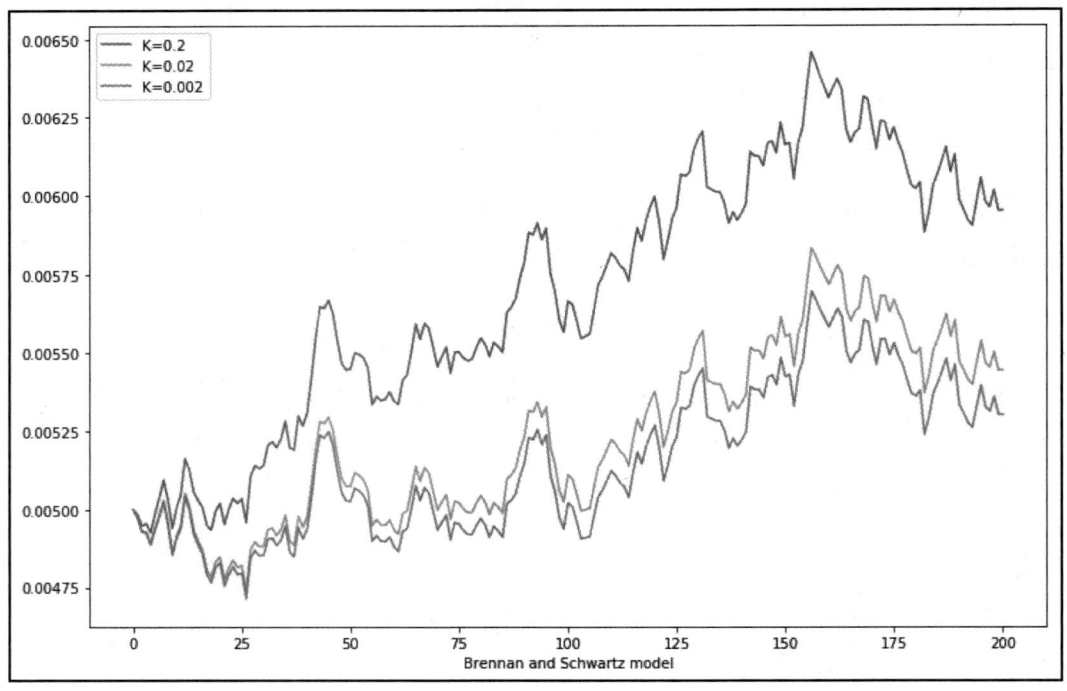

图 5-7

5.11 债券期权

债券发行人面临的风险之一是利率风险。利率下降时债券价格上涨，债券发行人要支付更高的利息。相反，利率上升时，债券发行人处于优势，因为他能继续按票面利率支付利息。

债券发行人可利用利率变化在债券中嵌入期权，赋予债券发行人在到期时间以商定价格购买或出售所发行债券的权利，而不是义务。美式债券期权发行人可在到期前任何时点行权；欧式债券期权发行人只能在到期日行权。行权时点的选择因债券而异，一些发行人选择债券在市场上流通超过一年时行权，而一些发行人选择在几个特定日期之一行权。无论债券行权日期类型如何，都可以使用以下公式为嵌入期权的债券定价：

债券价格 = 不含期权的债券价格 − 嵌入期权的价格

无期权债券的定价即债券利息和本金的现值。目前已有一系列解释息票再投资的假设，其中之一即短期利率模型的利率变动，还有假说假定利率在二叉树或三叉树模型内变动。简单起见，以下债券定价研究使用无息债券，以避免息票再投资问题。

期权定价必须先确定可用的行权日期，再将期权终值与期权行权价格比较，使用数值方法（如二叉树）求得期权现值。无套利原理下，在可行权的时点使用该方法即可得到期权价格。方便起见，本章剩余部分将讨论美式债券期权。

5.11.1 可赎回债券

利率很高时，债券发行人很可能面临利率下降的风险，且必须继续支付比现行利率水平更高的利率，债券发行人可以选择发行可赎回债券规避此风险。可赎回债券包含嵌入协议，发行方可在约定日期赎回该债券，可视作债券持有人向债券发行人出售看涨期权。

如果利率下跌，债券发行人有权以特定价格行权购回债券，之后该公司能以较低利率发行新债券。这也意味着该公司能够以更高的债券价格筹集更多资金。

5.11.2 可回售债券

与可赎回债券不同，可回售债券（puttable bond）的持有人拥有一定期间内特定时间按某个价格将债券回售给发行人的权利，而非义务。可回售债券持有人可视为从债券发行方购买看跌期权。利率上升时，现有债券价值降低，债券持有人回售债券的意愿提升。可回售债券更有利于债券发行人，所以它没有普通债券普遍。贷款和存款工具可视为可回售债券的变形，固定利率存款工具可看作嵌入美式看跌期权的债券。

投资者与银行签订贷款协议，在协议有效期内支付利息，直至债务连本带息偿还完毕，银行可视为购买看跌期权的债券。某些情况下，银行可行使赎回贷款协议全部价值的权利。

因此，可回售债券的定价公式如下：

$$可回售债券价格 = 不含期权的债券价格 + 看跌期权价格$$

5.11.3 可转换债券

可转换债券包含一个嵌入式期权，允许持有人将债券转换为普通股股票，转换比率为可转股金额与债券价值相同时可转换股票的数量。

可转换债券与可赎回债券相似，持有人都可在约定时间以指定兑换比率行权；与不可转换债券相比，可转换债券的票面利率通常更低。

可转换债券持有人行权将债权转为股权后，公司债务减少，流通股数量增加，公司的股权稀释，股价预计下跌。

随着公司股价上涨，可转债债券价格往往会上升。相反，随着公司股价下跌，可转换债券价格趋于下降。

5.11.4 优先股

优先股是具有债券特质的股票。与普通股股东相比，优先股股东优先分配股利，而且享受固定数额（通常为股票票面价值的一定比例）的股息。某些优先股协议中，未按协议支付的股息会累积，直到日后完全支付，称为累积（cumulative）优先股。

优先股价格通常随普通股一起变动，优先股持有者可拥有普通股股东的投票权，在企业破产清算时，优先股有第一次留置权。

5.12 可赎回债券期权定价

本节将探讨可赎回债券定价。假设定价的债券是嵌入欧式看涨期权的无息债券,可赎回债券定价公式为:

$$可赎回债券价格 = 不含期权的债券价格 - 看涨期权价格$$

5.12.1 用 Vasicek 模型定价无息债券

某一时间 t,利率为 r,面值为 1 的无息债券价值为:

$$P(t) = e^{-rdt}$$

由于利率 r 不断变化,可将上述公式改写为:

$$P(t) = e^{-\int_t^T r(s)ds}$$

其中,利率 r 是一个随机过程,解释从时间 t 到 T 的债券价格,T 是无息债券到期日。

我们将使用 Vasicek 模型模拟利率 r。

对数正态分布变量 X 的期望由下式给出:

$$X = e^u$$

$$E[X] = E[e^u] = e^{u+\frac{\sigma^2}{2}}$$

将上式改写为:

$$E[e^{su}] = e^{su+\frac{s^2\sigma^2}{2}}$$

由此可获得零息票债券利率模拟过程使用的对数正态分布变量的期望值。

Vasicek 短期利率模型为:

$$dr(t) = K(\theta - r(t))dt + \sigma dW(t)$$

导出 $r(t)$:

$$r(t) = \theta + (r_0 - \theta)e^{-kt} + \sigma e^{-kt}\int_0^t e^{ks}dB$$

根据 Vasicek 模型的特征方程和利率变动,借助期望求无息债券价格的公式为:

$$P(t) = E[e^{-\int_t^l r(s)ds}]$$

$$P(\tau) = A(\tau)e^{-r_t B(\tau)}$$

其中:

$$A(\tau) = e^{\left(\theta - \frac{\sigma^2}{2k^2}\right)(B(\tau)-\tau) - \frac{\sigma^2}{4k}B(\tau)^2}$$

$$B(\tau) = \frac{1-e^{-k\tau}}{k}$$

$$\tau = T - t$$

无息债券定价的 Python 实现方法由 `exact_zcb` 函数给出：

```
In [ ]:
    import numpy as np
    import math

    def exact_zcb(theta, kappa, sigma, tau, r0=0.):
        B = (1 - np.exp(-kappa*tau)) / kappa
        A = np.exp((theta-(sigma**2)/(2*(kappa**2)))*(B-tau) - \
                  (sigma**2)/(4*kappa)*(B**2))
        return A * np.exp(-r0*B)
```

下面介绍有多个到期日的无息债券定价方法。设 `theta` 为 0.5，`kappa` 为 0.02，`sigma` 为 0.03，初始利率 `r0` 为 0.015。将其输入 `exact_zcb` 函数，获得在 0 到 25 年，间隔为 0.5 年的无息债券价格，并绘制图：

```
In [ ]:
    Ts = np.r_[0.0:25.5:0.5]
    zcbs = [exact_zcb(0.5, 0.02, 0.03, t, 0.015) for t in Ts]
In [ ]:
    %pylab inline

    fig = plt.figure(figsize=(12, 8))
    plt.title("Zero Coupon Bond (ZCB) Values by Time")
    plt.plot(Ts, zcbs, label='ZCB')
    plt.ylabel("Value ($)")
    plt.xlabel("Time in years")
    plt.legend()
    plt.grid(True)
    plt.show()
```

运行上述命令输出结果如图 5-8 所示。

5.12.2 提前行权定价

可赎回债券发行人可按合同规定价格赎回债券。此类债券提前行权的贴现价值可以定义为：

$$\text{提前行权的贴现价值} = ke^{-rt}$$

其中，k 是行权价格与票面面值的比率，r 是行权价格的利率。

提前行权定价的 Python 实现方法如下：

```
In [ ]:
    import math

    def exercise_value(K, R, t):
        return K*math.exp(-R*t)
```

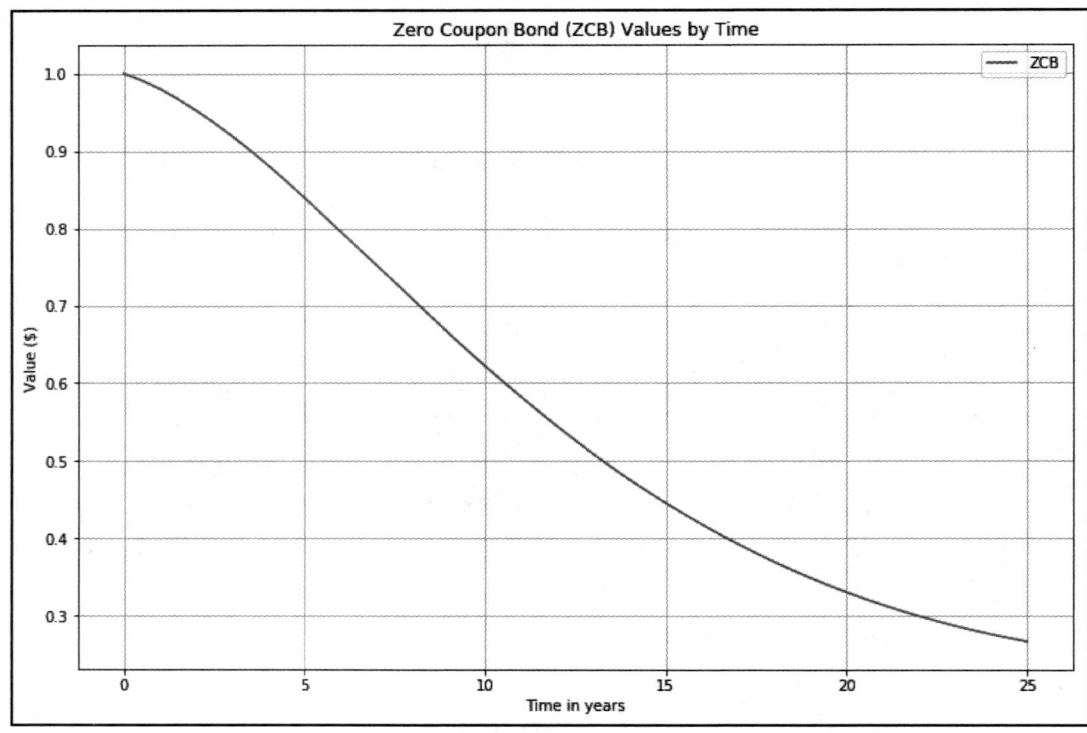

图 5-8

假设求 k 为 0.95、初始利率为 1.5% 的看涨期权价格，绘制债权价格对应时间的函数，并叠加到无息债券价格的图上，直观展现无息债券价格和可赎回债权价格间的关系：

```
In [ ]:
    Ts = np.r_[0.0:25.5:0.5]
    Ks = [exercise_value(0.95, 0.015, t) for t in Ts]
    zcbs = [exact_zcb(0.5, 0.02, 0.03, t, 0.015) for t in Ts]
In [ ]:
    import matplotlib.pyplot as plt

    fig = plt.figure(figsize=(12, 8))
    plt.title("Zero Coupon Bond (ZCB) and Strike (K) Values by Time")
    plt.plot(Ts, zcbs, label='ZCB')
    plt.plot(Ts, Ks, label='K', linestyle="--", marker=".")
    plt.ylabel("Value ($)")
    plt.xlabel("Time in years")
    plt.legend()
    plt.grid(True)
    plt.show()
```

运行上述命令输出结果如图 5-9 所示。

借助图 5-9 能近似确定可回购无息债券的价格。可赎回无息债券的价格表示为：

$$可赎回无息债券的价格 = \min(ZCB, K)$$

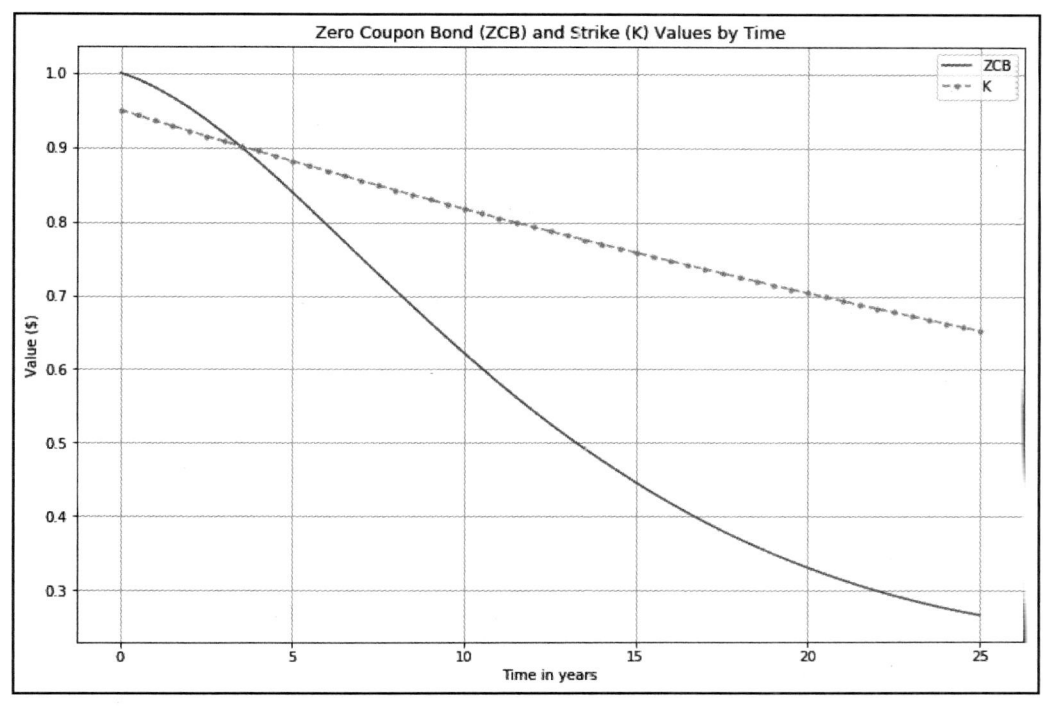

图 5-9

可赎回债券根据当前利率水平定价，通过策略迭代法处理提前行权问题，并检验提前行权是否已经到期，确定对其他行权节点的影响。在实践中，这样的迭代仅发生一次。

5.12.3 有限差分策略迭代法

到目前为止，我们已经使用 Vasicek 模型模拟零息票债券。可以通过有限差分的隐式方法进行策略迭代，检查提前行权对其他节点的影响。我们将使用有限差分的隐式方法进行数值定价过程，正如第 4 章所讨论的。

创建一个名为 VasicekCZCB 的类，该类包含通过 Vasicek 模型实现可赎回无息债券定价的所有方法，如下所示：

```
import math
import numpy as np
import scipy.stats as st


class VasicekCZCB:

    def __init__(self):
        self.norminv = st.distributions.norm.ppf
        self.norm = st.distributions.norm.cdf
```

在这个结构体中，所有需要计算 SciPy 中的逆正态分布函数和正态分布函数时，都可以使用 norminv 和 normv 变量。

有了这个基本的类，就可以添加需要的方法：

▲ vasicek_czcb_values() 方法：启动定价过程的入口点。变量 r0 是 t=0 的短期利率；R 是债券价格的行权零利率；ratio 是每张债券票面价值的行权价格；T 是到期时间；sigma 是短期利率 r 的波动率；kappa 是均值回归率；theta 是短期利率均值；M 是有限差分法的步数；prob 是用 vasicek_limits 方法在正态分布曲线确定短期利率的概率；max_policy_iter 寻找提前行权节点的策略迭代最大数；grid_struct_const 是用 calculate_N() 方法确定 dt 运动的最大阈值；rs 是短期利率过程的利率列表。此方法将会返回均匀间隔的短期利率和期权价格列表：

```
def vasicek_czcb_values(self, r0, R, ratio, T, sigma, kappa, theta,
                       M, prob=1e-6, max_policy_iter=10,
                       grid_struct_const=0.25, rs=None):
    (r_min, dr, N, dtau) = \
        self.vasicek_params(r0, M, sigma, kappa, theta,
                            T, prob, grid_struct_const, rs)
    r = np.r_[0:N]*dr + r_min
    v_mplus1 = np.ones(N)

    for i in range(1, M+1):
        K = self.exercise_call_price(R, ratio, i*dtau)
        eex = np.ones(N)*K
        (subdiagonal, diagonal, superdiagonal) = \
            self.vasicek_diagonals(
                sigma, kappa, theta, r_min, dr, N, dtau)
        (v_mplus1, iterations) = \
            self.iterate(subdiagonal, diagonal, superdiagonal,
                         v_mplus1, eex, max_policy_iter)
    return r, v_mplus1
```

▲ vasicek_params()：此方法为 Vasicek 模型的隐式方法，能计算参数并返回 r_min、dr、N 和 dt 的值。若没有 rs 的值，则 r_min 到 r_max 的值将由 vasicek_limits() 方法自动生成，作为正态分布函数 prob，代码如下：

```
def vasicek_params(self, r0, M, sigma, kappa, theta, T,
                   prob, grid_struct_const=0.25, rs=None):
    if rs is not None:
        (r_min, r_max) = (rs[0], rs[-1])
    else:
        (r_min, r_max) = self.vasicek_limits(
            r0, sigma, kappa, theta, T, prob)

    dt = T/float(M)
    N = self.calculate_N(grid_struct_const, dt, sigma, r_max, r_min)
    dr = (r_max-r_min)/(N-1)

    return (r_min, dr, N, dt)
```

▲ `calculate_N()`：这个方法被 `vasicek_params()` 调用来计算网格大小参数 N。这个方法的代码如下：

```
def calculate_N(self, max_structure_const, dt, sigma, r_max,
r_min):
    N = 0
    while True:
        N += 1
        grid_structure_interval = \
            dt*(sigma**2)/(((r_max-r_min)/float(N))**2)
        if grid_structure_interval > max_structure_const:
            break
    return N
```

▲ `vasicek_limits()`：此方法通过正态分布过程计算 Vasicek 模型的最小值和最大值。Vasicek 模型下短期利率 $r(t)$ 的期望值为：

$$E[r(t)] = \theta + (r_0 - \theta)e^{-kt}$$

方差为：

$$Var[r(t)] = \frac{\sigma^2}{2k}(1-e^{-2kt})$$

该函数返回由正态分布过程定义的最小和最大利率水平元组，代码如下：

```
def vasicek_limits(self, r0, sigma, kappa, theta, T, prob=1e-6):
    er = theta+(r0-theta)*math.exp(-kappa*T)
    variance = (sigma**2)*T if kappa==0 else \
               (sigma**2)/(2*kappa)*(1-math.exp(-2*kappa*T))
    stdev = math.sqrt(variance)
    r_min = self.norminv(prob, er, stdev)
    r_max = self.norminv(1-prob, er, stdev)
    return (r_min, r_max)
```

▲ `vasicek_diagonals()`：此方法返回有限差分隐式方案的对角线，其中：

$$\text{子对角线, } a = k(\theta - r_i)\frac{dt}{2dr} - \frac{1}{2}\sigma^2 \frac{dt}{dr^2}$$

$$\text{对角线, } b = 1 + r_i dt + \sigma^2 \frac{dt}{dr^2}$$

$$\text{超对角线, } c = k(\theta - r_i)\frac{dt}{2dr} - \frac{1}{2}\sigma^2 \frac{dt}{dr^2}$$

边界条件使用 Neumann 边界，代码如下：

```
def vasicek_diagonals(self, sigma, kappa, theta, r_min,
                     dr, N, dtau):
    rn = np.r_[0:N]*dr + r_min
    subdiagonals = kappa*(theta-rn)*dtau/(2*dr) - \
                   0.5*(sigma**2)*dtau/(dr**2)
    diagonals = 1 + rn*dtau + sigma**2*dtau/(dr**2)
    superdiagonals = -kappa*(theta-rn)*dtau/(2*dr) - \
                     0.5*(sigma**2)*dtau/(dr**2)
```

```python
    # Implement boundary conditions.
    if N > 0:
        v_subd0 = subdiagonals[0]
        superdiagonals[0] = superdiagonals[0]-subdiagonals[0]
        diagonals[0] += 2*v_subd0
        subdiagonals[0] = 0

    if N > 1:
        v_superd_last = superdiagonals[-1]
        superdiagonals[-1] = superdiagonals[-1] - subdiagonals[-1]
        diagonals[-1] += 2*v_superd_last
        superdiagonals[-1] = 0

    return (subdiagonals, diagonals, superdiagonals)
```

> **Neumann** 边界条件指定给出的常微分或偏微分方程的边界，更多信息请查看：http://mathworld.wolfram.com/NeumannBoundaryConditions.html

▲ check_exercise()：此方法返回布尔值列表，即提前行权最佳收益指数。这个方法的代码如下：

```python
def check_exercise(self, V, eex):
    return V > eex
```

▲ exercise_call_price()：此方法将行权价的贴现值以比率形式返回。代码如下：

```python
def exercise_call_price(self, R, ratio, tau):
    K = ratio*np.exp(-R*tau)
    return K
```

▲ vasicek_policy_diagonals()：此方法用于策略迭代过程更新子对角线、对角线和超对角线的值。提前行权时子对角线和超对角线的值设为0，且剩余值在对角线上。用这个方法返回的新子对角线、对角线和超对角线的值，以逗号分隔：

```python
def vasicek_policy_diagonals(self, subdiagonal, diagonal, \
                             superdiagonal, v_old, v_new, eex):
    has_early_exercise = self.check_exercise(v_new, eex)
    subdiagonal[has_early_exercise] = 0
    superdiagonal[has_early_exercise] = 0
    policy = v_old/eex
    policy_values = policy[has_early_exercise]
    diagonal[has_early_exercise] = policy_values
    return (subdiagonal, diagonal, superdiagonal)
```

▲ iterate()：此方法通过策略迭代执行有限差分的隐式方案，每个周期求解三对角方程组，调用vasicek_policy_diagonals()更新三个对角线值，在没有提前行权机会时，返回可赎回无息债券的价格，同时返回策略迭代的执行次数。这个方法的代码如下：

```
def iterate(self, subdiagonal, diagonal, superdiagonal,
        v_old, eex, max_policy_iter=10):
    v_mplus1 = v_old
    v_m = v_old
    change = np.zeros(len(v_old))
    prev_changes = np.zeros(len(v_old))

    iterations = 0
    while iterations <= max_policy_iter:
        iterations += 1

        v_mplus1 = self.tridiagonal_sclve(
                subdiagonal, diagonal, superdiagonal, v_old)
        subdiagonal, diagonal, superdiagonal = \
            self.vasicek_policy_diagonals(
                subdiagonal, diagonal, superdiagonal,
                v_old, v_mplus1, eex)

        is_eex = self.check_exercise(v_mplus1, eex)
        change[is_eex] = 1

        if iterations > 1:
            change[v_mplus1 != v_m] = 1

        is_no_more_eex = False if True in is_eex else True
        if is_no_more_eex:
            break

        v_mplus1[is_eex] = eex[is_eex]
        changes = (change == prev_changes)

        is_no_further_changes = all((x == 1) for x in changes)
        if is_no_further_changes:
            break

        prev_changes = change
        v_m = v_mplus1

    return v_mplus1, iterations-1
```

▲ `tridiagonal_solve()`：该方法是三对角形方程组 Thomas 算法的实现。方程组可以写为：

$$a_i x_{i-1} + b_i x_i + c_i a_i x_{i+1} = d_i$$

以矩阵形式表示为：

$$\begin{bmatrix} b_1 & c_1 & 0 & 0 \\ a_2 & b_2 & \ddots & 0 \\ 0 & \ddots & \ddots & c_{n-1} \\ 0 & 0 & a_n & b_n \end{bmatrix} \begin{bmatrix} x_1 \\ x_1 \\ \vdots \\ x_n \end{bmatrix} = \begin{bmatrix} d_1 \\ d_1 \\ \vdots \\ d_n \end{bmatrix}$$

这里，a 是子对角线列表，b 是对角线列表，c 是超对角线列表。

> Thomas 算法是用简化的高斯消去形式求解三对角方程组的矩阵算法，更多信息请查看：http://faculty.washington.edu/finlayso/ebook/algebraic/advanced/LUtri.htm。

`tridiagonal_solve()` 方法代码如下：

```python
def tridiagonal_solve(self, a, b, c, d):
    nf = len(a)  # Number of equations
    ac, bc, cc, dc = map(np.array, (a, b, c, d))  # Copy the array
    for it in range(1, nf):
        mc = ac[it]/bc[it-1]
        bc[it] = bc[it] - mc*cc[it-1]
        dc[it] = dc[it] - mc*dc[it-1]

    xc = ac
    xc[-1] = dc[-1]/bc[-1]

    for il in range(nf-2, -1, -1):
        xc[il] = (dc[il]-cc[il]*xc[il+1])/bc[il]

    del bc, cc, dc  # Delete variables from memory

    return xc
```

基于上述方法，可以通过 Vasicek 模型实现可赎回无息债券定价。

假设 `r0` 为 0.05，`R` 为 0.05，`ratio` 为 0.95，`sigma` 为 0.03，`kappa` 为 0.15，`theta` 为 0.05，`prob` 为 1e-6，`M` 为 250，`max_policy_iter` 为 10，`grid_struc_interval` 为 0.25，利率在 0% 和 2% 之间。

以下 Python 代码分别针对期限为 1 年、5 年、7 年、10 年和 20 年的债券：

```python
In [ ]:
    r0 = 0.05
    R = 0.05
    ratio = 0.95
    sigma = 0.03
    kappa = 0.15
    theta = 0.05
    prob = 1e-6
    M = 250
    max_policy_iter=10
    grid_struct_interval = 0.25
    rs = np.r_[0.0:2.0:0.1]
In [ ]:
    vasicek = VasicekCZCB()
    r, vals = vasicek.vasicek_czcb_values(
        r0, R, ratio, 1., sigma, kappa, theta,
        M, prob, max_policy_iter, grid_struct_interval, rs)
In [ ]:
    %pylab inline

    fig = plt.figure(figsize=(12, 8))
    plt.title("Callable Zero Coupon Bond Values by r")
    plt.plot(r, vals, label='1 yr')
```

```
for T in [5., 7., 10., 20.]:
    r, vals = vasicek.vasicek_czcb_values(
        r0, R, ratio, T, sigma, kappa, theta,
        M, prob, max_policy_iter, grid_struct_interval, rs)
    plt.plot(r, vals, label=str(T)+' yr', linestyle="--", marker=".")

plt.ylabel("Value ($)")
plt.xlabel("r")
plt.legend()
plt.grid(True)
plt.show()
```

运行上述命令输出结果如图 5-10 所示。

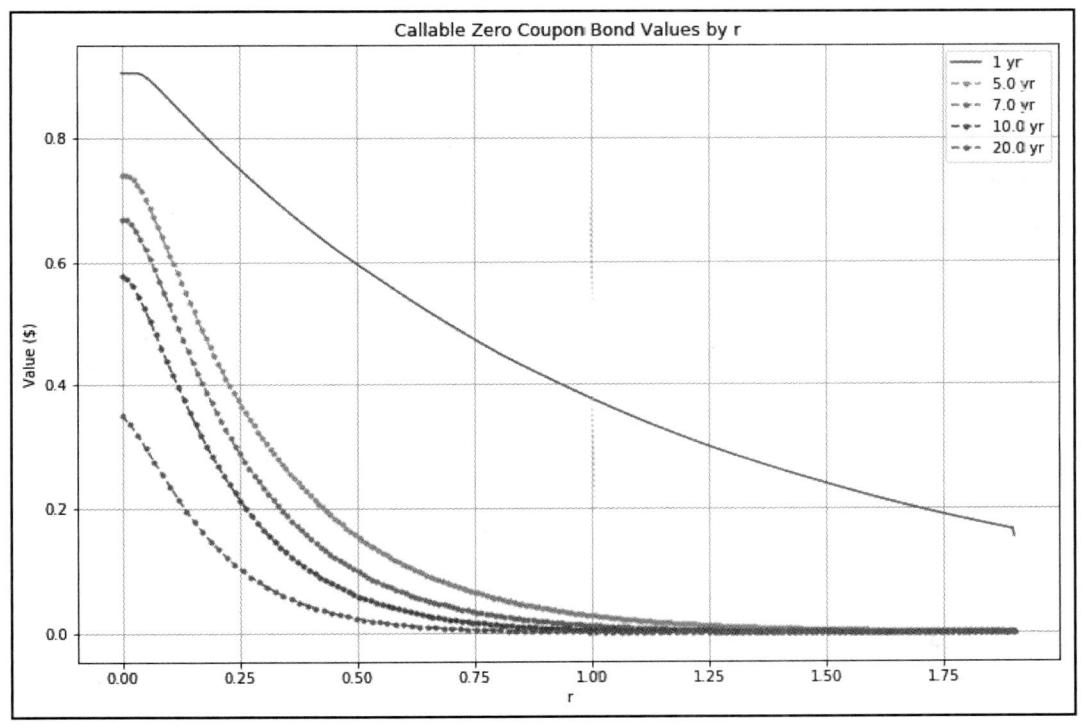

图　5-10

我们得到了任意利率任意期限下定价可赎回无息债券的理论价值。

5.12.4　可赎回债券定价的其他影响因素

在对可赎回无息债券定价时，我们借助正态分布过程使用 Vasicek 模型对利率变化进行建模。在 5.10.1 节，我们说明了 Vasicek 模型可能产生负利率，这对于大多数经济周期可能并不实用。定量分析师通常在导数定价中使用多个模型，尽可能多地获得现实结果。CIR 和 Hull-White 模型是金融研究的常用模型，但它们只涉及一个因素或单一不确定性来源。

我们还考虑了提前行权策略迭代的有限差分隐式方案。另一种可用的方法是有限差分的 Crank-Nicolson 方法。其他包括蒙特卡罗模拟在内的方法都是对该模型微调。

最后获得了短期利率和可赎回债券价格的最终列表。为了推断特定短期利率下可赎回债券的平价，需要对债券价格列表进行插值。通常使用线性内插法，还可以使用样条插值和三次样条插值法。

5.13 总结

本章主要介绍利率和相关衍生产品定价问题。大多数债券（如美国国债）每半年支付固定利息，也可每季度或每年支付利息。债券价格与当前的利率水平反向变化，其中长期利率高于短期利率的正收益率曲线向上倾斜。在某种经济条件下，收益率曲线可以反转向下倾斜。

无息债券是除本金外不支付利息的债券。本章借助 Python 实现了简单的无息债券计算器。

收益率曲线可以使用自助（bootstrapping）过程从证券短期零利率或即期利率得出。本章基于大量债券信息借助 Python 绘制收益率曲线，从中导出远期利率、债券收益率和债券价格。

对债券交易者而言，债券的两个重要指标是久期和凸度。久期衡量债券价格对收益率变化的敏感程度。凸度衡量对债券久期对到期收益率变化的敏感程度。本章用 Python 实现了可修正久期和凸度的计算。

短期利率模型常用于利率衍生工具的评估，易受经济状况、政府干预、供求法则等因素的影响。本章介绍了 Vasicek 模型、CIR 模型以及 Rendleman and Bartter 模型模拟短期利率的方法。

债券发行人可在债券中嵌入期权，以赋予债券发行人在指定时间以商定价格购买或出售所发行债券的权利，而不是义务。可赎回债券价格视作没有期权的债券价格与嵌入看涨期权债券价格的差值。本章借助 Python，通过 Vasicek 模型应用有限差分的隐式方法为可赎回无息债券定价。这只是定量分析师使用的众多债券期权建模方法之一。

下一章将介绍时间序列数据的统计分析。

第 6 章
时间序列数据的统计分析

在金融投资中,资产组合的收益取决于很多因素,比如宏观、微观经济条件和各种金融变量。随着影响因素种类的增加,对投资组合行为建模的复杂性也随之增加。由于计算资源是有限的,再加上时间的限制,对新因素执行额外的计算的话就会增加投资组合建模计算的瓶颈。可以使用一种线性降维技术——主成分分析法(Principal Component Analysis,PCA)。顾名思义,PCA 会将投资组合资产价格的变动分解为主成分和共同因素,以便进行进一步的统计分析。共同因素无法解释投资组合的资产流动,因此它们在其中得到的权重就较小,我们通常把它们忽略。通过保留最有用的因素,可以大大简化投资组合分析,而且也不会提高计算的时间和空间成本。

在时间序列数据的统计分析中,为了避免虚假回归,数据必须是平稳的。而非平稳数据的出现,可能是受趋势、季节效应、单位根的存在或三者的综合影响。非平稳数据的统计特性(如均值和方差),会随着时间的推移而变化。因此,我们需要将非平稳数据转换为平稳数据,以便在统计分析的过程中产生一致和可靠的结果。这可以通过消除趋势和季节性成分来实现,然后这些数据就可以作为平稳数据进行预测或预报。

本章将讨论以下主题:

▲ 对道琼斯指数及其 30 种成分进行 PCA 分析
▲ 重建道琼斯指数
▲ 了解平稳数据与非平稳数据的区别
▲ 检验数据的平稳性
▲ 平稳和非平稳过程的类型
▲ 使用 ADF 测试检验单位根的存在
▲ 通过去趋势、差分、按季节分解等方法来产生平稳数据
▲ 自回归积分移动平均法在时间序列预测中的应用

6.1 道琼斯工业平均指数及其 30 种成分

道琼斯工业平均指数 (DJIA) 是由美国 30 个最大的公司组成的股票市场指数（一般把它称作"Dow"），它由标准普尔道琼斯指数有限公司拥有，计算时按价格加权计算。

关于 Dow 的更多信息请查看网页：

https://us.spindices.com/index-family/us-equity/dow-jones-averages

本节将介绍如何把 Dow 及其成分的数据集下载到 pandas 的 DataFrame 对象中，以便在后面的章节中使用。

6.1.1 从 Quandl 上下载 Dow 成分数据集

以下代码可以从 Quandl 检索 Dow 成分的数据集。这些数据的提供者是 WIKI Prices——这是一个由公众组成的社区，免费向公众提供数据集。这类数据不能保证一定没有错误，所以需要谨慎使用。在编写本书时，Quandl 社区已经不再支持这类数据，只能使用过去的数据集。下面的例子下载了 2017 年全年的收盘价[⊖]：

```
In [ ]:
    import quandl

    QUANDL_API_KEY = 'BCzkk3NDWt7H9yjzx-DY'  # Your own Quandl key here
    quandl.ApiConfig.api_key = QUANDL_API_KEY

    SYMBOLS = [
        'AAPL','MMM', 'AXP', 'BA', 'CAT',
        'CVX', 'CSCO', 'KO', 'DD', 'XOM',
        'GS', 'HD', 'IBM', 'INTC', 'JNJ',
        'JPM', 'MCD', 'MRK', 'MSFT', 'NKE',
        'PFE', 'PG', 'UNH', 'UTX', 'TRV',
        'VZ', 'V', 'WMT', 'WBA', 'DIS',
        ]

    wiki_symbols = ['WIKI/%s'%symbol for symbol in SYMBOLS]
    df_components = quandl.get(
        wiki_symbols,
        start_date='2017-01-01',
        end_date='2017-12-31',
        column_index=11)
    df_components.columns = SYMBOLS  # Renaming the columns
```

`wiki_symbols` 变量包含需要下载的 Quandl 代码列表。注意，在 `quandl.get()` 的参数中，指定了 `column_index=11`，这会告诉 Quandl 只下载每个数据集的第 11 列，即调整后的每日收盘价。这些数据集将被下载到 `df_components` 变量中，作为一个单独的 `pandas DataFrame` 对象。

在使用数据集进行分析之前，先对数据集进行归一化：

```
In [ ]:
    filled_df_components = df_components.fillna(method='ffill')
```

⊖ 这里需要将 API 密钥改成我们自己的，即我们在第 1 章注册时拿到的 API 密钥。——译者注

```
daily_df_components = filled_df_components.resample('24h').ffill()
daily_df_components = daily_df_components.fillna(method='bfill')
```

如果检查这个数据集中的每一个值,会发现一些 NaN 值——也就是丢失的数据,这是因为这些数据很容易出错。为了快速进行 PCA 分析,可以通过传播先前观察到的值临时填写这些未知变量。`fillna(method='ffill')` 方法可以完成这一步并将结果存储在 `filled_df_components` 变量中。

归一化的另一个步骤是定期重新采样时间序列,并将其与 Dow 时间序列数据集(稍后将会下载)完全匹配。其中,`daily_df_components` 变量按天存储时间序列重采样的结果。在重采样过程中,任何丢失的值都会使用正向填充的方法进行补充。最后,考虑到启动数据的不完整,执行 `fillna(method='bfill')` 进行填充值的回填。

 为了进行 PCA 分析的演示,必须使用免费但低质量的数据集。如果你需要高质量的数据集,请向数据发布的服务商订阅。

Quandl 不提供 DJIA 的免费数据集。在下一节中,将介绍另一个名为 Alpha Vantage 的数据提供程序,作为下载数据集的替代方法。

6.1.2　关于 Alpha Vantage

Alpha Vantage(https://www.alphavantage.co/)是一个数据提供商,提供股票、外汇和加密货币等实时及历史数据。和 Quandl 相似,你可以获取一个关于 Alpha Vantage REST API 接口的 Python 包,通过这个包将免费数据集直接下载到 `pandas` 的 DataFrame 对象中。

6.1.3　获取 Alpha Vantage API 密钥

访问 `https://www.alphavantage.co`,如图 6-1 所示,在主页上点击 Get your free API Key today,将会转到注册页面,在这里填写你的基本信息并提交表格,得到一个 API 密钥,将它复制下来用于后面的章节。

图　6-1

6.1.4　安装 Alpha Vantage 的 Python 包

在命令行中，输入以下指令：

```
$ pip install alpha_vantage
```

6.1.5　从 Alpha Vantage 下载 DJIA 数据集

下面的代码将会帮助你连接到 Alpha Vantage 并下载 Dow 的数据集（`^DJI` 是这个指数的代码）。记得将 `ALPHA_VANTAGE_API_KEY` 这个变量的值替换为你的 API 密钥：

```
In [ ]:
    """
    Download the all-time DJIA dataset
    """
    from alpha_vantage.timeseries import TimeSeries

    # Update your Alpha Vantage API key here...
    ALPHA_VANTAGE_API_KEY = 'PZ2ISG9CYY379KLI'

    ts = TimeSeries(key=ALPHA_VANTAGE_API_KEY, output_format='pandas')
    df, meta_data = ts.get_daily_adjusted(symbol='^DJI', outputsize='full')
```

`alpha_vantage.timeseries` 模块的 `TimeSeries` 类会根据 API 密钥运行，指定数据集自动下载为 `pandas` 的 `DataFrame` 对象。

可以用 `info()` 命令来查看这个 DataFrame。

```
In [ ]:
    df.info()
Out[ ]:
    <class 'pandas.core.frame.DataFrame'>
    Index: 4760 entries, 2000-01-03 to 2018-11-30
    Data columns (total 8 columns):
    1. open                 4760 non-null float64
    2. high                 4760 non-null float64
    3. low                  4760 non-null float64
    4. close                4760 non-null float64
    5. adjusted close       4760 non-null float64
    6. volume               4760 non-null float64
    7. dividend amount      4760 non-null float64
    8. split coefficient    4760 non-null float64
    dtypes: float64(8)
    memory usage: 316.1+ KB
```

从 Alpha Vantage 下载的 Dow 数据集，提供了从 2000 年到最近可交易日期的全部时间序列数据。它包含几个列，其中有很多的信息。

查看这个 DataFrame 的索引：

```
In [ ]:
    df.index
Out[ ]:
    Index(['2000-01-03', '2000-01-04', '2000-01-05', '2000-01-06',
```

```
            '2000-01-07',
             '2000-01-10', '2000-01-11', '2000-01-12', '2000-01-13',
'2000-01-14',
             ...
             '2018-08-17', '2018-08-20', '2018-08-21', '2018-08-22',
'2018-08-23',
             '2018-08-24', '2018-08-27', '2018-08-28', '2018-08-29',
'2018-08-30'],
            dtype='object', name='date', length=4696)
```

从这个结果中可以看出,这个 DataFrame 的索引值是由字符串类型的对象组成的。把它转换为适合分析的形式,代码如下:

```
In [ ]:
    import pandas as pd

    # Prepare the dataframe
    df_dji = pd.DataFrame(df['5. adjusted close'])
    df_dji.columns = ['DJIA']
    df_dji.index = pd.to_datetime(df_dji.index)

    # Trim the new dataframe and resample
    djia_2017 = pd.DataFrame(df_dji.loc['2017-01-01':'2017-12-31'])
    djia_2017 = djia_2017.resample('24h').ffill()
```

这里以调整后道琼斯指数 2017 年的收盘价为基础,按日重新调整收盘价。由此生成的 DataFrame 对象存储在 `djia_2017` 这个变量中,然后可以用它来进行 PCA 分析。

6.2 PCA 分析

在本节中,将执行 PCA 分析来寻找特征向量和特征值,以便重建 Dow 指数。

6.2.1 特征向量和特征值的求法

可以使用 Python 中 `sklearn.decomposition` 模块的 `KernelPCA` 类执行 PCA 分析。默认的核方法是线性的,因此要先用 z- 评分的方法对使用的数据集进行归一化,代码如下[⊖]:

```
In [ ]:
    from sklearn.decomposition import KernelPCA

    fn_z_score = lambda x: (x - x.mean()) / x.std()

    df_z_components = daily_df_components.apply(fn_z_score)
    fitted_pca = KernelPCA().fit(df_z_components)
```

`fn_z_score` 变量是一个内联函数,用于在 pandas 的 DataFrame 上执行 z- 评分,该函数与 `apply()` 方法一起应用。这些归一化的数据集可以用 `fit()` 方法拟合到 PCA 中,

---

⊖ sklearn 模块可能需要安装,在命令行输入 `$pip install sklearn`。——译者注

Dow 成分每日价格的拟合结果存储在 fitted_pca 变量中,这个变量也是一个 KernelPC 对象。

PCA 分析的两个主要结果就是特征向量和特征值。特征向量是包含主成分线方向的向量,当应用线性变换时,主成分线的方向不变。特征值是标量值,表示数据在一个方向上相对于特定特征向量的方差量。具有最高特征值的特征向量构成了主成分。

KernelPCA 对象的 alphas_ 和 lambdas_ 属性分别返回中心矩阵数据集的特征向量和特征值。绘制特征值的代码如下:

```
In [ ]:
    %matplotlib inline
    import matplotlib.pyplot as plt

    plt.rcParams['figure.figsize'] = (12,8)
    plt.plot(fitted_pca.lambdas_)
    plt.ylabel('Eigenvalues')
    plt.show();
```

运行结果如图 6-2 所示。

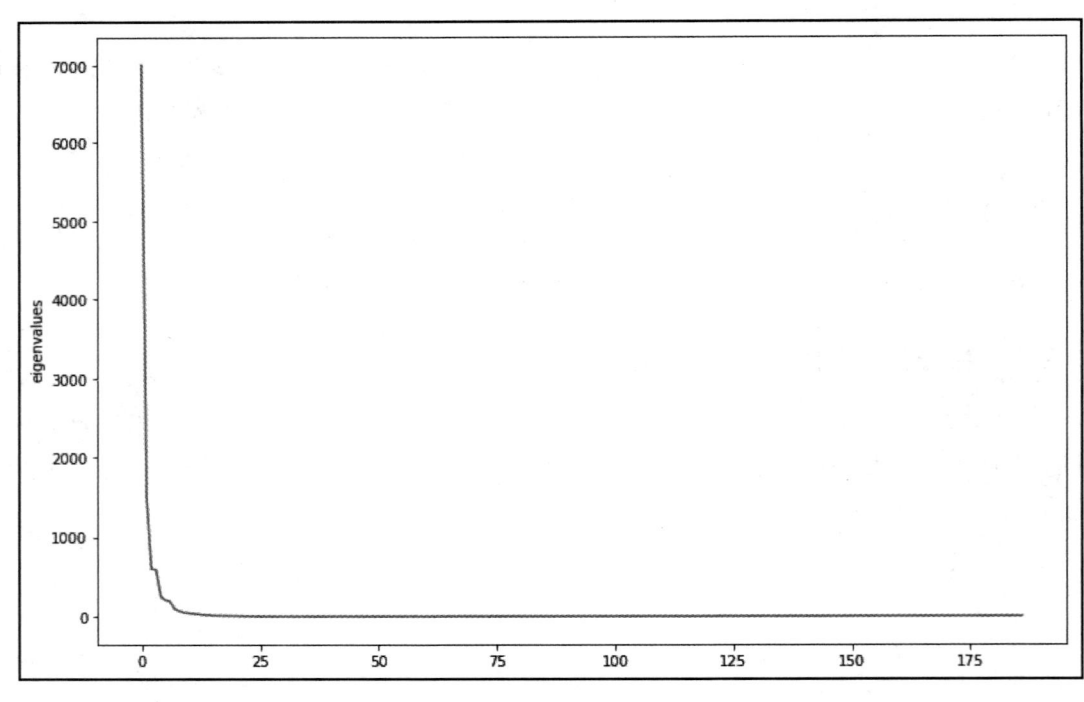

图 6-2

可以看到,前几个特征值解释了数据中的大部分差异,而后面的特征值就变得十分稀疏。以前五个特征值为例,来看看这些特征值中的每一个通过获得它们的加权平均值能解释多少差异。

```
In [ ]:
    fn_weighted_avg = lambda x: x / x.sum()
    weighted_values = fn_weighted_avg(fitted_pca.lambdas_)[:5]
In [ ]:
    print(weighted_values)
Out[ ]:
    array([0.64863002, 0.13966718, 0.05558246, 0.05461861, 0.02313883])
```

可以看到,第一个特征值解释了数据差异的 65%,第二个解释了 14%,依此类推。将这些结果加起来:

```
In [ ]:
    weighted_values.sum()
Out[ ]:
    0.9216371041932268
```

前五个特征值解释了数据集 92% 的差异。

6.2.2 用 PCA 重新构建道琼斯指数

默认情况下,KernelPCA 运行时将参数设置为 n_Components=None,这样就会用非零成分来构造 PCA 分析。现在,可以创建一个只包含五个成分的 PCA 索引:

```
In [ ]:
    import numpy as np
    
    kernel_pca = KernelPCA(n_components=5).fit(df_z_components)
    pca_5 = kernel_pca.transform(-daily_df_components)
    
    weights = fn_weighted_avg(kernel_pca.lambdas_)
    reconstructed_values = np.dot(pca_5, weights)
    
    # Combine DJIA and PCA index for comparison
    df_combined = djia_2017.copy()
    df_combined['pca_5'] = reconstructed_values
    df_combined = df_combined.apply(fn_z_score)
    df_combined.plot(figsize=(12, 8));
```

利用 fit() 方法,用线性核 PCA 函数对归一化数据集进行了五个分量的拟合。transform() 方法用核 PCA 变换原始数据集。这些值使用由特征向量表示的权重归一化,并用点矩阵乘法计算;然后,使用 copy() 方法创建一个 Dow 时间序列 pandas DataFrame 对象的副本,并将其与 df_combined 这个 DataFrame 中的重构值相结合。

新的 DataFrame 通过 z- 评分进行归一化,然后绘制一个图来查看重构后的 PCA 指数对原始 Dow 指数的跟踪效果,结果如图 6-3 所示。

图 6-3 显示了 2017 年道琼斯指数与重建的道琼斯指数(只包含五个主成分)的对比情况。

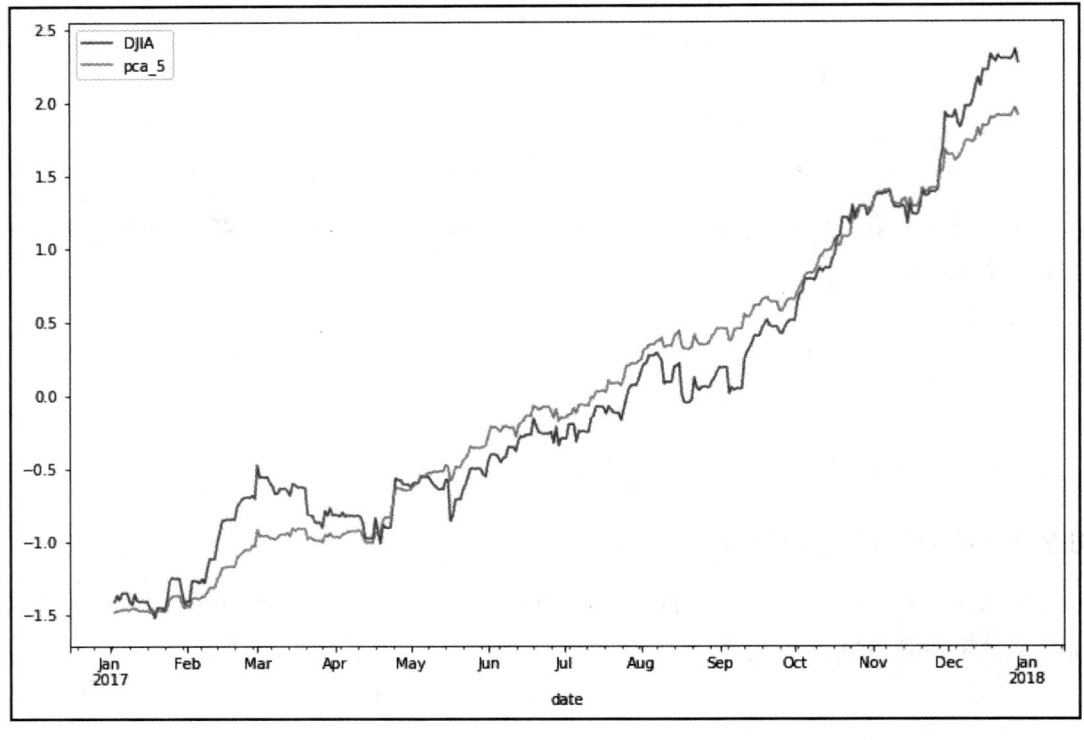

图 6-3

6.3 平稳和非平稳时间序列

用于统计分析的时间序列数据必须是平稳的,才能正确地进行统计建模,因为需要用这些数据进行预测。这一节将介绍时间序列数据平稳性和非平稳性的概念。

6.3.1 平稳性与非平稳性

在时间序列的研究中,可以观察到价格变动会向一些长期平均方向向上或向下移动。平稳时间序列是指统计性质(如均值、方差和自相关)不随时间变化的序列。相反,非平稳时间序列数据的统计性质会随着时间的变化而改变,这主要是受趋势、季节效应、单位根的存在或三者的综合影响。

在时间序列的分析中,假设基础过程的数据是平稳的。否则,非平稳数据的建模会产生不可预测的结果,这将导致"虚假回归"(spurious regression)——这是一种对独立非平稳变量之间的关系产生误导性统计证据的回归。为了获得一致和可靠的结果,需要将非平稳数据转换为平稳数据。

6.3.2 平稳性检查

检查时间序列数据是平稳的还是非平稳的方法如下:

▲ 可视化数据：可以查看时间序列图，获得明显的趋势或季节性指示。
▲ 统计摘要：可以查看数据的统计摘要，例如，分割时间序列数据并比较每个组的均值和方差。
▲ 统计检验：可以使用统计检验，如 ADF 检验，检查是否满足或违背了平稳性预期。

6.3.3 非平稳过程的类型

在转化平稳数据的过程中，以下要点可以帮助识别时间序列数据中的非平稳行为：

▲ 纯随机游走：具有单位根或随机趋势过程，方差随着时间的推移趋向无穷大。
▲ 漂移随机游走：随机游走和不停漂移的复合过程。
▲ 确定性趋势：过程的均值按照固定趋势变化，趋势保持不变，不受时间影响。
▲ 漂移和确定性趋势随机游走：一种将漂移随机游走和确定性趋势相结合的过程。

6.3.4 平稳过程的类型

下面是一些关于平稳性的定义，在时间序列的研究中可能会遇到：

▲ 平稳过程：产生平稳的观测序列的过程。
▲ 趋势平稳：没有表现出趋势的过程。
▲ 季节性平稳：没有表现出季节性变化的过程。
▲ 严格平稳：也称为强平稳。随机变量的无条件联合概率分布不随时间（或沿 x 轴）变化而变化的过程。
▲ 弱平稳：也称为协方差平稳或二阶平稳。随机变量的均值、方差和相关性不随时间的变化而变化的过程。

6.4 扩展 Dickey-Fuller 检验

扩展 Dickey-Fuller（Augmented Dickey-Fuller，ADF）检验是一种统计检验的类型，用于确定时间序列数据中是否存在单位根。单位根的存在可能导致时间序列分析中出现不可预测的结果。在单位根检验上形成一个原假设，以确定时间序列数据受趋势的影响有多大。通过接受原假设，可以得到时间序列数据非平稳的证据；通过拒绝原假设或接受备择假设，可以得到时间序列数据平稳的证据。这个过程也称为趋势平稳。ADF 检验统计量的值为负。ADF 的值越小，就表明越拒绝原假设。

以下是用于 ADF 检验的一些基本自回归模型：

▲ 没有常量也没有趋势：

$$\Delta y_t = \gamma y_{t-1} + \sum_{j=1}^{p} \delta_j \Delta y_{t-j} + \varepsilon_t$$

▲ 没有趋势只有常量：

$$\Delta y_t = \alpha + \gamma y_{t-1} + \sum_{j=1}^{p} \delta_j \Delta y_{t-j} + \varepsilon_t$$

▲ 带有趋势和常量：

$$\Delta y_t = \alpha + \gamma y_{t-1} + \beta t + \sum_{j=1}^{p} \delta_j \Delta y_{t-j} + \varepsilon_t$$

这里，α 是漂移常数，β 是关于时间趋势的系数，γ 是假设的系数，p 是第一差分自回归过程的滞后阶，ε_t 是一个独立同分布的残差项。当 $\alpha = 0$ 和 $\beta = 0$ 时，模型为随机游走过程；当 $\beta = 0$ 时，模型是一个具有漂移过程的随机游走。要选择滞后 P 的长度，使得残差项不是序列相关的。检查选择滞后的信息准则有 Akaike 信息准则（AIC）、贝叶斯信息准则（BIC）和 Hannan-Quinn 信息准则。

假设可以表述如下：

▲ 原假设 H_0：如果没有被拒绝，则表示时间序列包含单位根并且是非平稳的。
▲ 备择假设 H_1：如果 H_0 被拒绝，则表示时间序列不包含单位根并且是平稳的。

用 p 值作为拒绝或接受原假设的依据：如果 p 值低于阈值（比如 5% 或者 1%），则拒绝原假设；如果 p 值高于此阈值，则无法拒绝原假设，即时间序列是非平稳的。换句话说，如果阈值是 5%，或者 0.05，那么：

▲ p 值 >0.05：不能拒绝原假设 H_0，可以认为数据没有一个单位根并且是非平稳的。
▲ p 值 ≤ 0.05：拒绝原假设 H_0，可以认为数据有一个单位根并且是平稳的。

`statsmodels` 库提供了实现此检验的 `adfuller()` 函数。

6.5 用趋势分析时间序列

现在来检查一个时间序列数据集。以芝加哥商品交易所的黄金期货价格为例，在 Quandl 上，黄金期货连续合约可通过如下代码下载：`CHRIS/CME_GC1`。这个数据由 Wiki 连续期货社区组织策划，只考虑前一个月的合约。数据集的第六列包含结算价格。以下代码下载了从 2000 年到现在的数据集：

```
In [ ]:
    import quandl

    QUANDL_API_KEY = 'BCzkk3NDWt7H9yjzx-DY'  # Your Quandl key here
    quandl.ApiConfig.api_key = QUANDL_API_KEY

    df = quandl.get(
        'CHRIS/CME_GC1',
        column_index=6,
        collapse='monthly',
        start_date='2000-01-01')
```

用以下指令检查这个数据集的头部：

```
In [ ]:
    df.head()
```

运行结果如表 6-1 所示。

表 6-1

Settle	Date
2000-01-31	283.2
2000-02-29	294.2
2000-03-31	278.4
2000-04-30	274.7
2000-05-31	271.7

分别计算 df_mean 和 df_std 变量的滚动均值和标准差，窗口周期为一年：

```
In [ ] :
    df_settle = df['Settle'].resample('MS').ffill().dropna()

    df_rolling = df_settle.rolling(12)
    df_mean = df_rolling.mean()
    df_std = df_rolling.std()
```

resample() 方法可以保证按月计算的数据曲线的平滑性，ffill() 方法会前向填充任意缺失值。

 在下面的网站上可以找到用于定义 resample() 方法的通用时间序列频率列表：https://pandas.pydata.org/pandas-docs/stable/timeseries.html offset-aliases。

将滚动均值的图形与原始时间序列进行对比：

```
In [ ] :
    plt.figure(figsize=(12, 8))
    plt.plot(df_settle, label='Original')
    plt.plot(df_mean, label='Mean')
    plt.legend();
```

得到输出结果如图 6-4 所示。

单独可视化滚动标准差：

```
In [ ] :
    df_std.plot(figsize=(12, 8));
```

得到输出结果如图 6-5 所示。

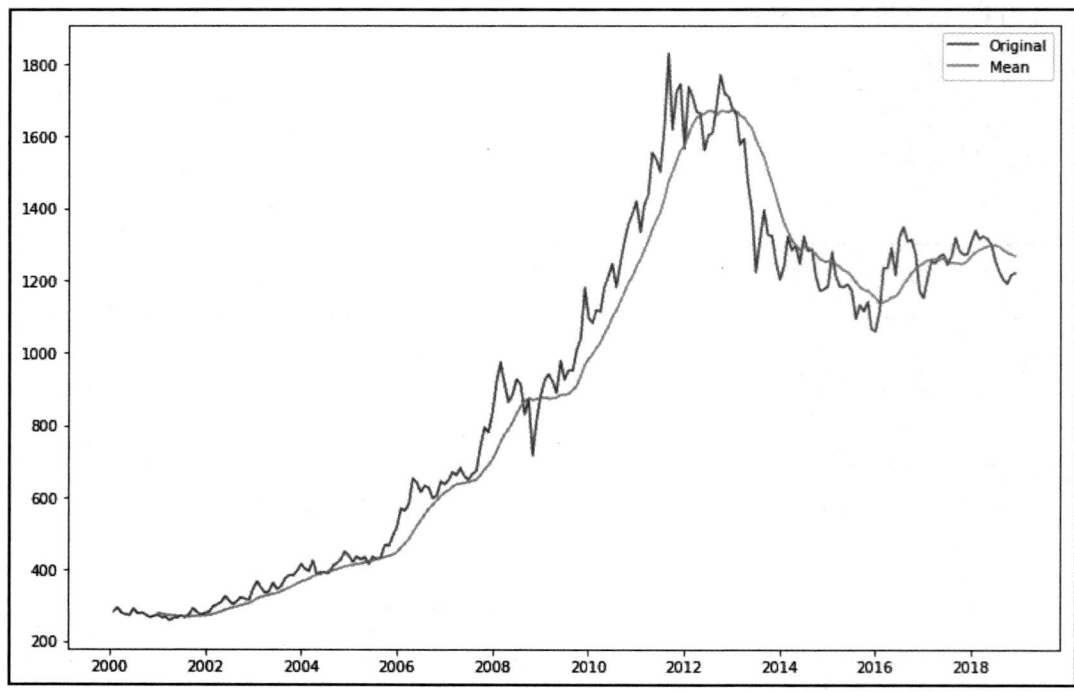

图 6-4

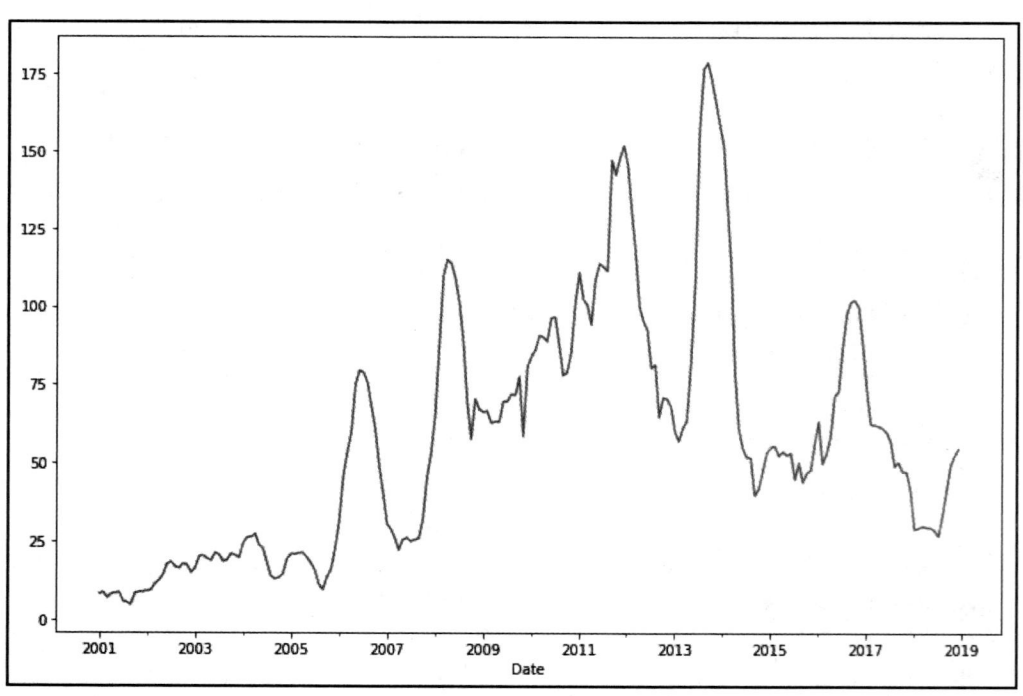

图 6-5

使用 statsmodels 模块,用 adfuller() 方法对数据集执行 ADF 单位根检验:

```
In [ ]:
    from statsmodels.tsa.stattools import adfuller

    result = adfuller(df_settle)
    print('ADF statistic: ', result[0])
    print('p-value:', result[1])

    critical_values = result[4]
    for key, value in critical_values.items():
        print('Critical value (%s): %.3f' % (key, value))
Out[ ]:
    ADF statistic: -1.4017828015895548
    p-value: 0.5814211232134314
    Critical value (1%): -3.461
    Critical value (5%): -2.875
    Critical value (10%): -2.574
```

adfuller()方法返回一个七个值的元组，这个示例中只需要第一个、第二个和第五个值，它们分别给出了检验统计量、p-value和临界值的字典。

从图中观察均值和标准差随时间的变化，均值总体呈上升趋势。ADF检验统计量大于临界值（尤其在5%），p-value大于0.05。因此，不能拒绝原假设，即存在一个单位根，数据是非平稳的。

6.6 如何使时间序列平稳

非平稳时间序列数据可能受到趋势或季节性的影响。趋势时间序列数据的均值随着时间的变化而变化，而受季节性影响的数据则是在特定的时间间隔有变化。要使时间序列数据平稳，必须消除趋势和季节性效应。可以使用去趋势、差分和按季节分解等方法，由此得到的平稳数据就可以用于统计预测。

6.6.1 去趋势

从非平稳数据中移除趋势线的过程称为去趋势，这涉及将大值归一化为小值的转换步骤，比如对数函数、平方根函数或者立方根函数。然后从移动平均值中减去这个变换值。

在上例的df_settle数据集上执行去趋势的操作，使用对数变换，并从两个周期的移动平均值上减去这个变换值。代码如下：

```
In [ ]:
    import numpy as np

    df_log = np.log(df_settle)
In [ ]:
    df_log_ma= df_log.rolling(2).mean()
    df_detrend = df_log - df_log_ma
    df_detrend.dropna(inplace=True)
    # Mean and standard deviation of detrended data
    df_detrend_rolling = df_detrend.rolling(12)
```

```
df_detrend_ma = df_detrend_rolling.mean()
df_detrend_std = df_detrend_rolling.std()

# Plot
plt.figure(figsize=(12, 8))
plt.plot(df_detrend, label='Detrended')
plt.plot(df_detrend_ma, label='Mean')
plt.plot(df_detrend_std, label='Std')
plt.legend(loc='upper right');
```

Df_log 变量是使用 numpy 模块的对数函数变换后的 pandas 的 DataFrame 对象，df_detrend 变量中包含了去趋势的数据。利用每年的滚动数据，可视化其去趋势、均值和标准差。结果如图 6-6 所示。

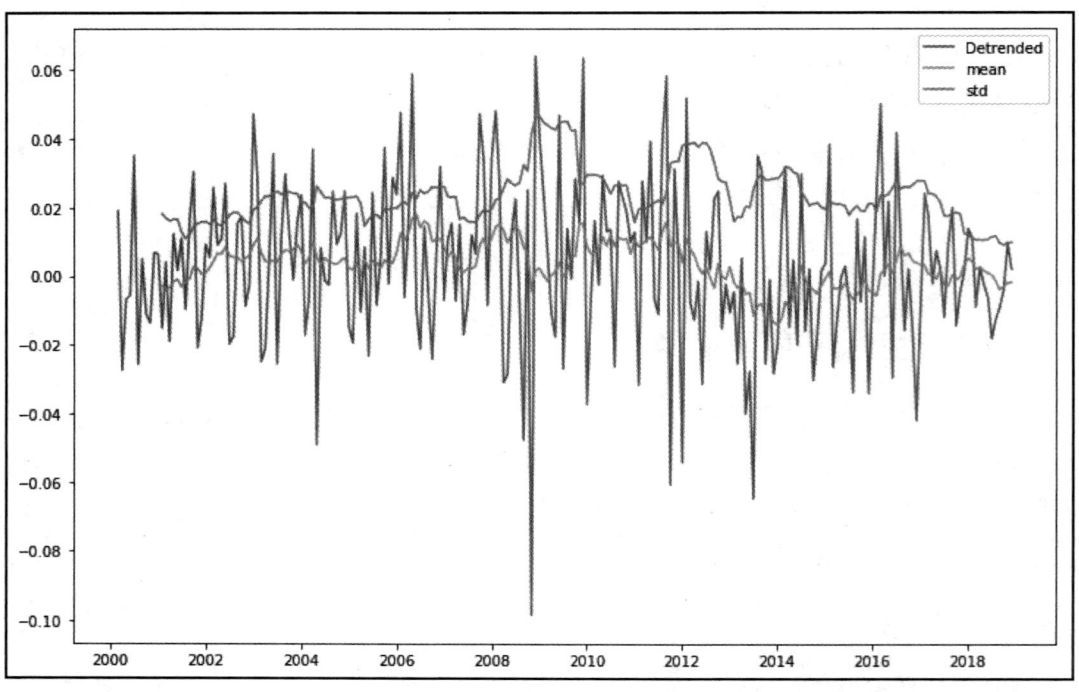

图 6-6

可以看到，均值和标准差没有表现出长期趋势。

对去趋势数据进行 ADF 检验，得到下面的结果：

```
In [ ]:
    from statsmodels.tsa.stattools import adfuller

    result = adfuller(df_detrend)
    print('ADF statistic: ', result[0])
    print('p-value: %.5f' % result[1])

    critical_values = result[4]
    for key, value in critical_values.items():
        print('Critical value (%s): %.3f' % (key, value))
```

```
Out[ ]:
    ADF statistic: -17.04239232215001
    p-value: 0.00000
    Critical value (1%): -3.460
    Critical value (5%): -2.874
    Critical value (10%): -2.574
```

这个去趋势数据的 p-value 小于 0.05，ADF 检验统计量也小于所有临界值。可以拒绝原假设并得出结论：这个数据是平稳的。

6.6.2 差分

这里的差分是指时间序列和它的时间滞后序列进行差分。时间序列的一阶差分公式如下：

$$\Delta y_t = \log(y_t) - \log(y_{t-1})$$

继续使用上一节的 `df_log` 变量作为对数变换的时间序列，在差分的过程中使用 NumPy 模块的 `diff()` 和 `shift()` 方法，代码如下：

```
In [ ]:
    df_log_diff = df_log.diff(periods=3).dropna()

    # Mean and standard deviation of differenced data
    df_diff_rolling = df_log_diff.rolling(12)
    df_diff_ma = df_diff_rolling.mean()
    df_diff_std = df_diff_rolling.std()

    # Plot the stationary data
    plt.figure(figsize=(12, 8))
    plt.plot(df_log_diff, label='Differenced')
    plt.plot(df_diff_ma, label='Mean')
    plt.plot(df_diff_std, label='Std')
    plt.legend(loc='upper right');
```

`diff()` 的参数设置为 `periods=3`，表明在差分计算时，数据集移动了三个周期，输出如图 6-7 所示。

从图中可以发现，滚动均值和标准差随时间变化很小。

看一下 ADF 检验统计量，结果如下：

```
In [ ]:
    from statsmodels.tsa.stattools import adfuller

    result = adfuller(df_log_diff)

    print('ADF statistic:', result[0])
    print('p-value: %.5f' % result[1])
    critical_values = result[4]
    for key, value in critical_values.items():
        print('Critical value (%s): %.3f' % (key, value))
Out[ ]:
    ADF statistic: -2.931684356800213
```

```
p-value: 0.04179
Critical value (1%): -3.462
Critical value (5%): -2.875
Critical value (10%): -2.574
```

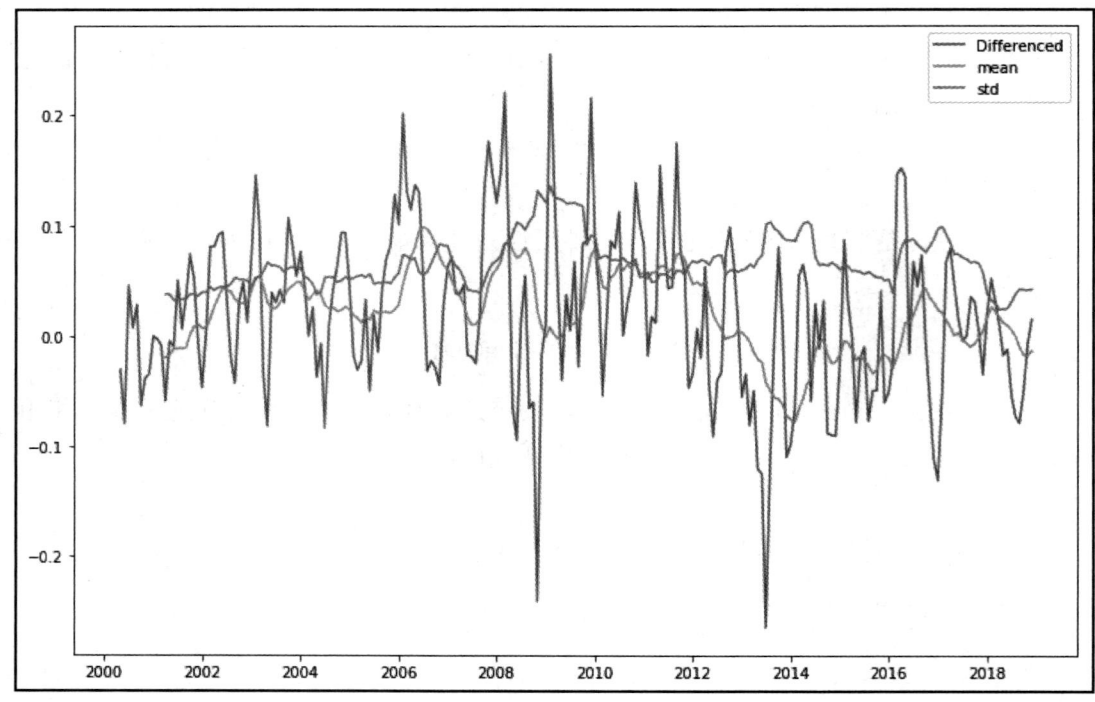

图 6-7

经过 ADF 检验，该数据的 p-value 小于 0.05，ADF 检验统计量小于 5% 的临界值，表明有 95% 的置信度确保该数据是平稳的。可以拒绝原假设并得出结论：这个数据是平稳的。

6.6.3 按季节分解

这个方法是在建模的过程中将趋势和季节性因素分解出来并删除，可以用 statsmodel.tsa.seasonal 模块来完成这个操作，从而完成非平稳时间序列数据集的建模。

再使用一次 df_log 变量，该变量包含上一节中数据集的对数，代码如下：

```
In [ ]:
    from statsmodels.tsa.seasonal import seasonal_decompose

    decompose_result = seasonal_decompose(df_log.dropna(), freq=12)

    df_trend = decompose_result.trend
    df_season = decompose_result.seasonal
    df_residual = decompose_result.resid
```

statsmodels.tsa.seasonal 模块的 seasonal_decompose() 函数需要一个

freq 变量——它是一个整数值，用于指定每个季节的周期数。这个例子中用到的是每月的数据，因此指定一个季节为 12 个周期。该函数会返回一个具有三个属性的对象，主要是趋势和季节成分以及最终去掉了趋势和季节成分的 pandas 系列数据。

 关于 statsmodels.tsa.seasonal 模块的 seasonal_decompose() 函数更多信息，请访问 https://www.statsmodels.org/dev/generated/statsmodels.tsa.seasonal.seasonal_decompose.html

运行如下 Python 代码可视化结果：

```
In [ ]:
    plt.rcParams['figure.figsize'] = (12, 8)
    fig = decompose_result.plot()
```

运行结果如图 6-8 所示。

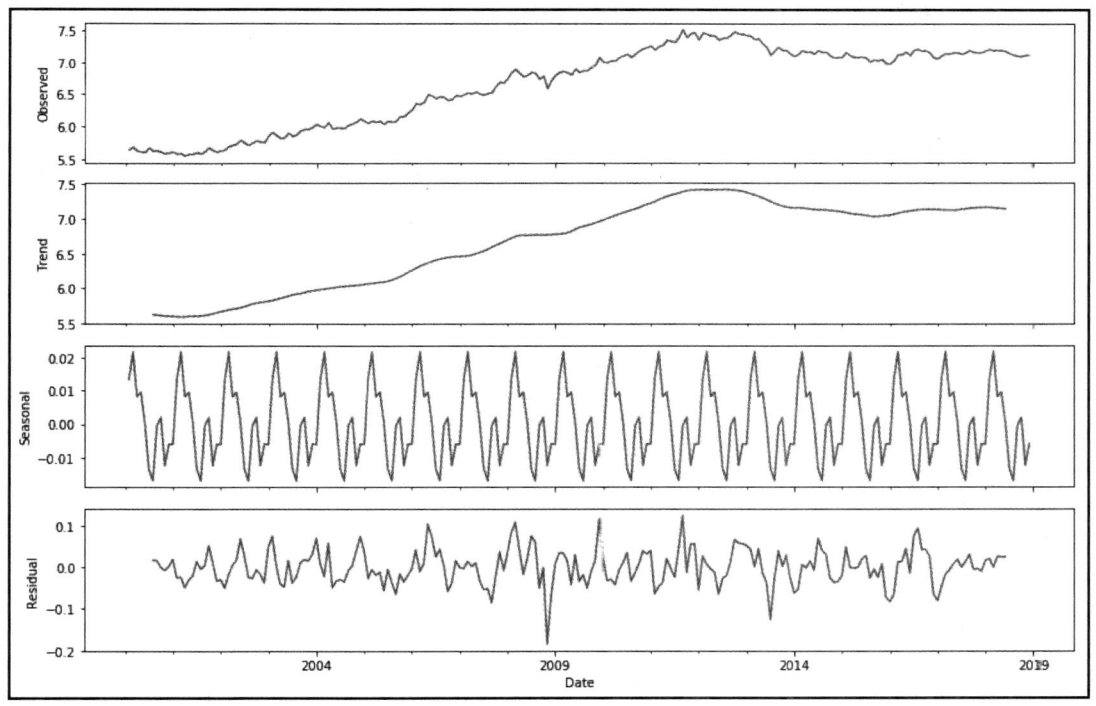

图 6-8

可以看到趋势和季节性成分已经从数据集中移除并绘制了它们各自的图像，最下面的图像就是残差。把残差数据的统计特性可视化：

```
In [ ]:
    df_log_diff = df_residual.diff().dropna()

    # Mean and standard deviation of differenced data
```

```
df_diff_rolling = df_log_diff.rolling(12)
df_diff_ma = df_diff_rolling.mean()
df_diff_std = df_diff_rolling.std()
# Plot the stationary data
plt.figure(figsize=(12, 8))
plt.plot(df_log_diff, label='Differenced')
plt.plot(df_diff_ma, label='Mean')
plt.plot(df_diff_std, label='Std')
plt.legend();
```

结果如图 6-9 所示。

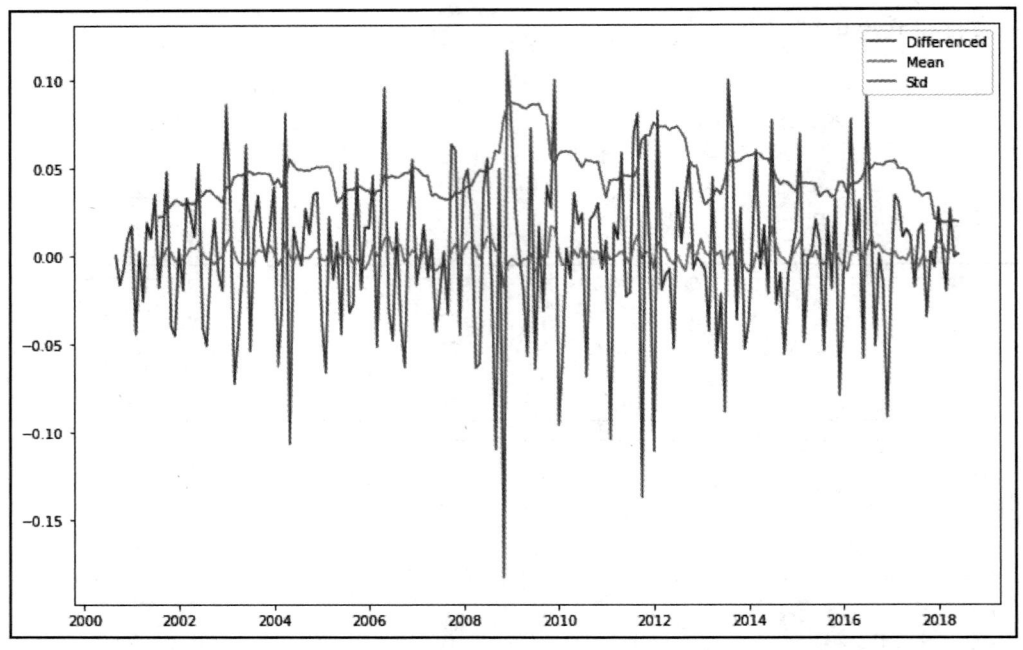

图 6-9

从图 6-9 中可以观察到，滚动均值和标准差随着时间的推移变化不大。

下面来检查一下残差数据的平稳性：

```
In [ ]:
    from statsmodels.tsa.stattools import adfuller

    result = adfuller(df_residual.dropna())

    print('ADF statistic:', result[0])
    print('p-value: %.5f' % result[1])
    critical_values = result[4]
    for key, value in critical_values.items():
        print('Critical value (%s): %.3f' % (key, value))
Out[ ]:
    ADF statistic: -6.468683205304995
    p-value: 0.00000
    Critical value (1%): -3.463
    Critical value (5%): -2.876
    Critical value (10%): -2.574
```

从 ADF 检验中可以看出，该数据的 p-value 小于 0.05，ADF 检验统计量小于临界值，可以拒绝原假设并得出结论：这个数据是平稳的。

6.6.4 ADF 检验的缺陷

以下是使用 ADF 检验对非平稳数据进行可靠性检查时的一些注意事项：

▲ ADF 检验并不能真正区分单位根和非单位根的生成过程。在长期移动平均过程中，ADF 检验在拒绝原假设时会出现偏差。其他的平稳性检验方法（如 KPSS 检验、Phillips-Perron 检验）会使用不同的方法来处理单位根的存在。

▲ 没有什么固定的方法可以确定滞后长度 p 的大小：如果 p 太小，误差中存在的相关性可能会影响检验的规模；如果 p 太大，检验的效果就会变差。除此之外，还有很多别的考虑。

▲ 如果有其他确定性的因素加入这个回归检验中，单位根检验的效果就会变差。

6.7 预测和预报时间序列

在上一节中，介绍了如何检验时间序列数据的非平稳性，并讨论了使时间序列数据平稳的方法。利用平稳的数据，可以继续进行统计建模，如预测（prediction）和预报（forecasting）。预测指生成样本内数据的最佳估计，预报则是指生成样本外数据的最佳估计。预测未来值的一种常用方法是自回归积分移动平均法，它是基于以前观察到的值来进行预测的。

6.7.1 自回归积分移动平均法

自回归积分移动平均法 (ARIMA) 是一种基于线性回归的平稳时间序列预测模型。顾名思义，它包含三个部分：

▲ 自回归（AR）：一种使用观察值与其滞后值之间依赖关系的模型。

▲ 积分（I）：在使时间序列平稳的过程中，用观察值与以前时间戳的观察值进行差分的方法。

▲ 移动平均（MA）：一种使用观察误差项与以前的误差项（e_t）组合之间依赖关系的模型。

ARIMA 模型由符号 ARIMA(p, d, q) 表示，它对应于三个分量的参数。非季节性的 ARIMA 模型可以通过改变 p、d 和 q 的值来确定，如下所示：

▲ ARIMA(p, 0, 0)：一阶自回归模型，用 $AR(p)$ 表示。p 是滞后阶，表示模型中滞后观测的数量。例如，ARIMA(2, 0, 0) 即 $AR(2)$，表示如下：

$$Y_t = c + \phi y_{t-1} + \phi y_{t-2} + e_t$$

这里，ϕ_1 和 ϕ_2 是这个模型的参数。
- ▲ ARIMA(0, *d*, 0)：积分分量的一阶差分，也称为随机游走，由 *I*(*d*) 表示。*d* 是差分的程度，表示数据减去过去值的次数。例如，ARIMA(0, 1, 0) 即 *I*(1)，表示如下：

$$Y_t = Y_{t-1} + u$$

这里 μ 是季节差分的均值。
- ▲ ARIMA(0, 0, *q*)：移动平均分量，由 *MA*(*q*) 表示。*q* 的值表示将包含在模型中的项数：

$$Y_t = c + \phi_1 e_{t-1} + \phi_2 e_{t-2} + \cdots + \phi_q e_{t-q} + e_t$$

6.7.2 用网格搜索求取模型参数

网格搜索，也称为超参数优化方法，可以用来迭代地探索不同的参数组合，从而拟合 ARIMA 模型。在每次迭代中，可以用 statsmodels 模块的 SARIMAX() 函数来拟合季节性 ARIMA 模型，然后返回 MLEResults 类的一个对象。MLEResults 对象包含一个 aic 属性，用于返回 AIC 值，AIC 值最低的模型就是确定 *p*、*d*、*q* 参数的最佳拟合模型。关于 SARIMAX 模型的更多信息请访问 https://www.statsmodels.org/dev/generated/statsmodels.tsa.statespace.sarimax.SARIMAX.html

定义一个 arima_grid_search() 函数来完成网格搜索，如下：

```
In [ ]:
    import itertools
    import warnings
    from statsmodels.tsa.statespace.sarimax import SARIMAX

    warnings.filterwarnings("ignore")

    def arima_grid_search(dataframe, s):
        p = d = q = range(2)
        param_combinations = list(itertools.product(p, d, q))
        lowest_aic, pdq, pdqs = None, None, None
        total_iterations = 0
        for order in param_combinations:
            for (p, q, d) in param_combinations:
                seasonal_order = (p, q, d, s)
                total_iterations += 1
                try:
                    model = SARIMAX(df_settle, order=order,
                        seasonal_order=seasonal_order,
                        enforce_stationarity=False,
                        enforce_invertibility=False,
                        disp=False
                    )
                    model_result = model.fit(maxiter=200, disp=False)

                    if not lowest_aic or model_result.aic < lowest_aic:
                        lowest_aic = model_result.aic
                        pdq, pdqs = order, seasonal_order
```

```
            except Exception as ex:
                continue
    return lowest_aic, pdq, pdqs
```

df_settle 变量保存了在上一节中下载的期货数据的每月价格。在 SARIMAX 函数中，定义了一个 seasonal_order 参数，即 ARIMA(p, d, q, s) 的季节分量，其中 s 是数据集的一个季节的周期数。因为这个例子使用的是每月的数据，所以把一个季节定义为 12 个周期。参数 enforce_stationarity=False 表示，不会通过转换 AR 参数使模型中的 AR 分量强行实现平稳；而参数 enforce_invertibility=False 则表示程序不会对 MA 变量进行转换，使模型中的 MA 分量实现可逆性；参数 disp=False 表示在拟合模型的过程中会抑制输出信息。

定义完网格函数，就可以导入每月数据并计算最低 AIC 值时的模型参数：

```
In [ ]:
    lowest_aic, order, seasonal_order = arima_grid_search(df_settle, 12)
In [ ]:
    print('ARIMA{}x{}'.format(order, seasonal_order))
    print('Lowest AIC: %.3f'%lowest_aic)
Out[ ]:
    ARIMA(0, 1, 1)x(0, 1, 1, 12)
    Lowest AIC: 2149.636
```

结果显示，当模型参数定义为 ARIMA(0,1,1,12) 时，AIC 的值最小为 2149.636。在下一节中，将用这个参数来拟合 SARIMAX 模型。

6.7.3 SARIMAX 模型的拟合

获得了最佳的模型参数后，就可以使用 summary() 方法来拟合结果并检查模型的属性，从而查看详细的统计信息：

```
In [ ]:
    model = SARIMAX(
        df_settle,
        order=order,
        seasonal_order=seasonal_order,
        enforce_stationarity=False,
        enforce_invertibility=False,
        disp=False
    )

    model_results = model.fit(maxiter=200, disp=False)
    print(model_results.summary())
```

结果如下：
```
                          Statespace Model Results
================================================================================
Dep. Variable:                            Settle   No. Observations:
226
```

```
Model:              SARIMAX(0, 1, 1)x(0, 1, 1, 12)   Log Likelihood    -1087.247
Date:                              Sun, 02 Dec 2018   AIC                2180.495
Time:                                      17:38:32   BIC                2190.375
Sample:                                    02-01-2000   HQIC               2184.494
                                         - 11-01-2018
Covariance Type:                                opg
===================================================================================
                 coef    std err          z      P>|z|      [0.025      0.975]
-----------------------------------------------------------------------------------
ma.L1         -0.1716      0.044     -3.872      0.000      -0.258      -0.085
ma.S.L12      -1.0000    447.710     -0.002      0.998    -878.496     876.496
sigma2      2854.6342   1.28e+06      0.002      0.998    -2.5e+06    2.51e+06
===================================================================================
Ljung-Box (Q):                       67.93   Jarque-Bera (JB):         52.74
Prob(Q):                              0.00   Prob(JB):                  0.00
Heteroskedasticity (H):               6.98   Skew:                     -0.34
Prob(H) (two-sided):                  0.00   Kurtosis:                  5.43
===================================================================================

Warnings:
[1] Covariance matrix calculated using the outer product of gradients
(complex-step).
```

下面通过运行模型诊断来检验模型假设有没有被违反：

```
In [ ]:
    model_results.plot_diagnostics(figsize=(12, 8));
```

结果如图 6-10 所示。

右上角的图显示了标准化残差的核密度估计（Kernel Density Estimate，KDE），表明误差是高斯的，均值接近于零。来看一下更准确的残差统计量：

```
In [ ] :
    model_results.resid.describe()
Out[ ]:
    count    223.000000
    mean       0.353088
    std       57.734027
    min     -196.799109
    25%      -22.036234
    50%        3.500942
```

```
75%         22.872743
max        283.200000
dtype: float64
```

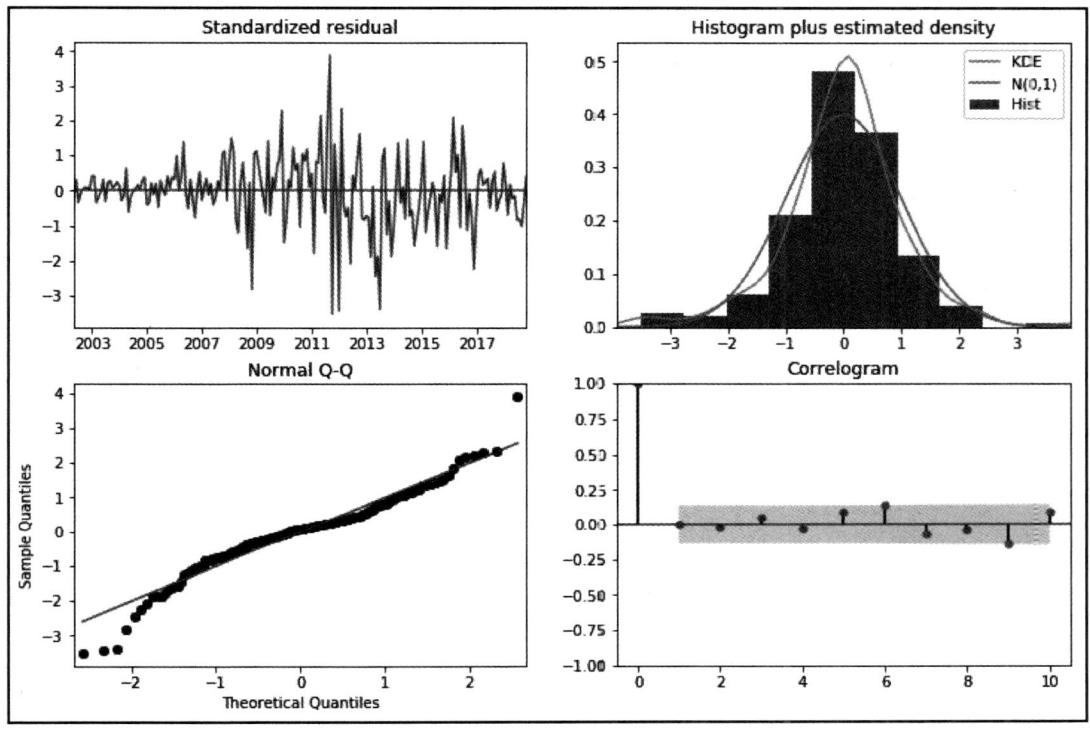

图 6-10

从上面对残差的描述来看，非零的均值表明预测可能是有偏差的。

6.7.4 SARIMAX 模型的预测和预报

model_results 变量是 statsmodel 模块的 SARIMAXResults 对象，表示 SARIMAX 模型的输出。它包含一个 get_prediction() 方法，用于执行样本内预测和样本外预报的操作；还有一个 conf_int() 方法，返回拟合参数预测的置信区间(包括下限和上限)，该置信区间默认为 95% 置信区间。代码如下：

```
In [ ]:
    n = len(df_settle.index)
    prediction = model_results.get_prediction(
        start=n-12*5,
        end=n+5
    )
    prediction_ci = prediction.conf_int()
```

get_prediction() 方法的 start 参数表示对最近五年的价格进行了样本内预测，而 end 参数则表示对未来五个月的价格进行了样本外预报。

通过检查前三个预测的置信区间值,得到以下结果:

```
In [ ]:
    print(prediction_ci.head(3))
Out[ ]:
                lower Settle    upper Settle
    2017-09-01   1180.143917     1396.583325
    2017-10-01   1204.307842     1420.747250
    2017-11-01   1176.828881     1393.268289
```

现在绘制从 2008 年开始预测和预报的价格曲线,并与原始价格数据集进行对比:

```
In [ ]:
    plt.figure(figsize=(12, 6))

    ax = df_settle['2008':].plot(label='actual')
    prediction_ci.plot(
        ax=ax, style=['--', '--'],
        label='predicted/forecasted')

    ci_index = prediction_ci.index
    lower_ci = prediction_ci.iloc[:, 0]
    upper_ci = prediction_ci.iloc[:, 1]

    ax.fill_between(ci_index, lower_ci, upper_ci,
        color='r', alpha=.1)

    ax.set_xlabel('Time (years)')
    ax.set_ylabel('Prices')

    plt.legend()
    plt.show()
```

结果如图 6-11 所示。

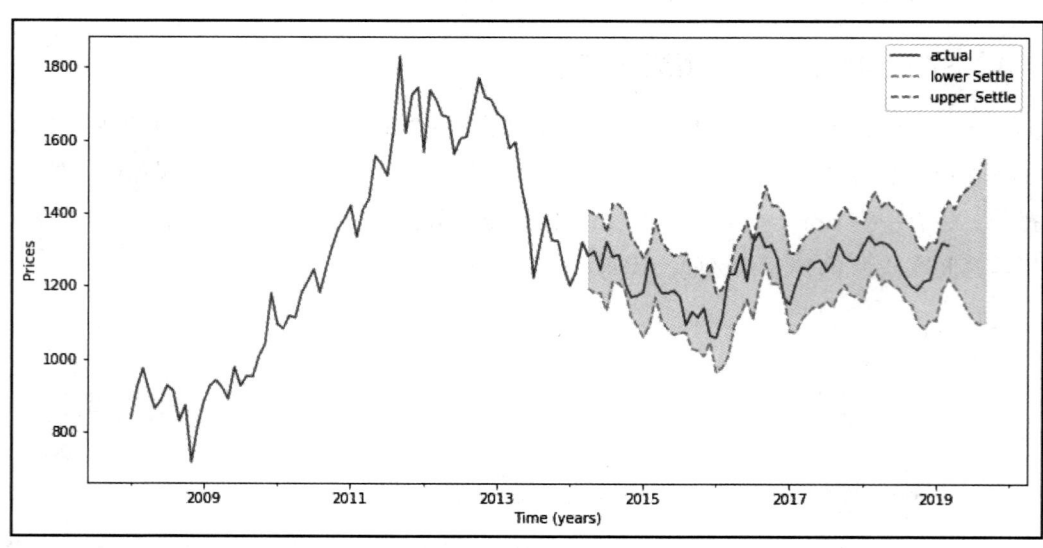

图 6-11

实线表示观测值，虚线表示五年滚动预测值，阴影区域表示置信区间。可以发现在未来五个月的预测中，随着时间推移，置信区间将变宽，因为预测的确定性开始减小。

6.8 总结

本章介绍了 PCA 分析作为投资组合建模中的一种降维方法。通过将投资组合的资产价格变动分解为主成分和共同因素，可以保留最有用的因素，并且在计算时间和空间复杂性没有提高的前提下，大大简化投资组合分析。在将 PCA 应用于 Dow 指数及其 30 个成分时，利用 sklearn.decomposition 的 KernelPCA 函数，得到了特征向量和特征值，然后用五个主要成分重构了 Dow 指数。

在时间序列数据的统计分析中，数据有平稳的和非平稳的两种。平稳时间序列数据是统计性质随时间变化而不变的数据，而非平稳时间序列数据则具有随时间变化的统计特性。受趋势、季节效应、单位根的存在或三者的综合影响，非平稳数据的建模可能会产生虚假回归。因此，为了获得一致和可靠的结果，需要将非平稳数据转换为平稳数据。

使用统计检验（如 ADF 检验）来检查数据是否符合或违反了平稳预期。statsmodels.tsa.stattools 模块的 adfuller 方法提供了检验统计量、p 值和临界值的计算，从中可以检验原假设是否成立以及数据是否平稳。

通过去趋势、差分和按季节分解等方法将非平稳数据转化为平稳数据，然后用 ARIMA 方法，借助 statsmodels.tsa.statespace.sarimax 模块的 SARIMAX 函数拟合模型，通过迭代网格找到给出最小 AIC 值时最合适的模型参数。拟合结果可以用于预测和预报。

下一章将介绍对 VIX 的交互式金融分析。

第三部分
实 践 操 作

在本部分中,将应用前面的理论概念来构建功能齐全的工作系统。

本部分包括以下章节:
- 第 7 章 对 VIX 的交互式金融分析
- 第 8 章 构建算法交易平台
- 第 9 章 回溯测试系统的实现
- 第 10 章 金融中的机器学习
- 第 11 章 金融中的深度学习

第 7 章
对 VIX 的交互式金融分析

投资者使用波动率指数衍生品分散并对冲权益和信用投资风险。投资股票、基金往往面临市场下行的风险,因此长期投资者使用波动率代替看跌期权对冲尾部风险。美国芝加哥期权交易所(CBOE)用 VIX(Volatility Index)衡量 S&P 500 股票指数期权的隐含波动率。VIX 广泛用于衡量未来 30 天内股票市场的波动性。在欧洲,等价的波动性指标是 EURO STOXX 50 波动率(VSTOXX)市场指数。对于利用 S&P 500 指数的基准策略,其与 VIX 负相关的性质为避免基准成本再平衡提供了一种可行的方法,波动率的统计性质允许交易者执行均值回归策略、分散交易和波动率价差交易等操作。

本章将对 VIX 和 S&P 500 指数进行数据分析——用 S&P 500 指数期权重建 VIX 并比较其与观测值的差异。借助 Jupyter Notebook 运行代码,可视化这些数据并研究它们之间的关系。

本章讨论以下主题:

▲ 介绍 VSTOXX、VIX 和 EURO STOXX 50 指数
▲ 对 VIX 和 S&P 500 指数进行金融分析
▲ 根据 CBOE VIX 白皮书重建 VIX 指数
▲ 寻找 VIX 指数的近期及远期期权
▲ 确定期权数据集的行权价格边界
▲ 按行权价格将对 VIX 的贡献列表
▲ 计算近期期权及远期期权的远期水平
▲ 计算近期期权及远期期权的波动率值
▲ 一次计算多个 VIX 指数
▲ 比较计算结果与实际 S&P 500 指数

7.1 波动率指数衍生品

全球两个主流波动率指数分别是美国 VIX 和欧洲 VSTOXX。VIX 是基于芝加哥期权交易所的 S&P 500 指数生成。虽然它不是直接交易的,但其衍生产品,例如期权、期货、交易所交易基金,以及一系列以波动率为基础的证券,都可供投资者使用。CBOE 网站提供了许多期权和市场指数的综合信息,如 S&P 500 标准、每周期权以及 VIX,可以用来分析。本节首先介绍这些产品的背景,然后再对其进行金融分析。

7.1.1 STOXX 与欧洲期货交易所

在美国,由标准普尔道琼斯指数创建的 S&P500 指数是最受关注的股票市场指数之一。STOXX 有限公司相当于欧洲的道琼斯公司,它成立于 1997 年,总部位于瑞士苏黎世,作为指数提供商,在全球开发、维护、运营并销售近 7000 个严谨且透明的指数。

STOXX 提供的股票指数有:基准指数、蓝筹股指数、股息指数、规模指数、行业指数、风格指数、优化指数、战略指数、主题指数、可持续性指数和智能 beta 指数等。

欧洲期货交易所是一家位于德国法兰克福的衍生品交易所,提供超过 1900 种产品,包括股指、期货、期权、ETF、股息、债券和股票回购。许多 STOXX 的产品和衍生品在欧洲期货交易所上市。

7.1.2 EURO STOXX 50 指数

STOXX 有限公司设计的 EURO STOXX 50 指数是全球最重要的股票指数之一,于 1998 年 2 月 26 日推出,由来自 12 个欧元区国家——奥地利、比利时、芬兰、法国、德国、希腊、爱尔兰、意大利、卢森堡、荷兰、葡萄牙和西班牙的 50 个蓝筹股股票组成。它的期货和期权合约可在欧洲期货交易所买卖。该指数基于实时价格,通常每 15 秒重新计算一次。

EURO STOXX 50 指数的代码是 SX5E,EURO STOXX 50 指数期权的代码为 OESX。

7.1.3 VSTOXX

VSTOXX 或 EURO STOXX 50 波动率是由欧洲期货交易所推出的波动率衍生产品。VSTOXX 市场指数基于一篮子 OESX 市场价格的平值或虚值报价测算,衡量未来 30 天内 EURO STOXX 50 指数的隐含市场波动率。

投资者将波动率指数衍生品作为利用 EURO STOXX 50 指数的基准策略,其与 VSTOXX 负相关的性质可避免基准再平衡成本。交易者可利用波动率的统计性质执行均值回归策略、离差交易和波动率差价交易等,每 5 秒重新计算一次指数值。

VSTOXX 的代码为 V2TX。VSTOXX 期权和基于 VSTOXX 指数的 VSTOXX 迷你期货在欧洲期交所交易。

7.1.4　S&P 500 指数

S&P 500 指数（SPX）的历史可以追溯到 1923 年，当时它被称为综合指数（Composite Index）。最初，它只包含一小部分股票。1957 年，它的股票数量增加到了 500 只，然后成了现在的 SPX。

构成 SPX 的股票在纽约证券交易所（NYSE）或美国证券交易商自动报价协会（NASDAQ）公开上市。该指数被认为是美国经济中大盘普通股的主要代表，每 15 秒进行一次重新计算，由路透社美国控股公司（Reuters America Holdings, Inc.）分发。

对于这个指数，交易所常用的代码是 SPX 和 INX，在一些网站上使用的则是 ^GSPC。

7.1.5　SPX 期权

CBOE 提供多种期权合约供交易，包括股票指数（如 SPX）上的期权。SPX 指数期权产品有不同的到期日：标准或传统的 SPX 期权在每个月的第三个星期五到期，并在业务开始时结算；SPXW（SPX Weekly）期权产品可能每周一、周三或周五到期；也有可能在每月的最后一个交易日到期。如果到期日是外汇交易假日，则应将到期日提前到前一个交易日。其他 SPX 期权有 minis——以名义规模的十分之一交易，还有 SPDR ETF。除了 SPDR ETF 是美式交易外，大多数 SPX 指数期权都是欧式的。

7.1.6　VIX 指数

与 STOXX 一样，CBOE 的 VIX 衡量 S&P 500 股票指数期权价格隐含的短期波动率。1993 年，CBOE VIX 开始以 S&P 100 指数为基础，2003 年更新以 SPX 为基础 2014 年再次更新包括 SPXW 期权。它每 15 秒重新计算一次，由 CBOE 分发，是测算未来 30 天股市波动的重要指标。

基于 VIX 的 VIX 期权和 VIX 期货在芝加哥期权交易所交易。

7.2　S&P 500 指数和 VIX 指数的金融分析

在这一节中，将研究 VIX 和 S&P 500 市场指数之间的关系。

7.2.1　获取数据

从 Alpha Vantage 下载 SPX 和 VIX 数据集，步骤如下：

1）查询标号为 ^GSPC 的 S&P 500 全部历史数据：

```
In [ ]:
    from alpha_vantage.timeseries import TimeSeries

    # Update your Alpha Vantage API key here...
    ALPHA_VANTAGE_API_KEY = 'PZ2ISG9CYY379KLI'
```

```
        ts = TimeSeries(key=ALPHA_VANTAGE_API_KEY,
output_format='pandas')
        df_spx_data, meta_data = ts.get_daily_adjusted(
            symbol='^GSPC', outputsize='full')
```

2）用查询标号为 `^VIX` 的 VIX 全部历史数据：

```
In [ ]:
    df_vix_data, meta_data = ts.get_daily_adjusted(
        symbol='^VIX', outputsize='full')
```

3）查看 `df_spx_data` 这个 DataFrame 对象的内容：

```
In [ ]:
    df_spx_data.info()
Out[ ]:
    <class 'pandas.core.frame.DataFrame'>
    Index: 4774 entries, 2000-01-03 to 2018-12-21
    Data columns (total 8 columns):
    1.  open                4774 non-null float64
    2.  high                4774 non-null float64
    3.  low                 4774 non-null float64
    4.  close               4774 non-null float64
    5.  adjusted close      4774 non-null float64
    6.  volume              4774 non-null float64
    7.  dividend amount     4774 non-null float64
    8.  split coefficient   4774 non-null float64
    dtypes: float64(8)
    memory usage: 317.0+ KB
```

4）查看 `df_vix_data` 这个 DataFrame 对象的内容：

```
In [ ]:
    df_vix_data.info()
Out[ ]:
    <class 'pandas.core.frame.DataFrame'>
    Index: 4774 entries, 2000-01-03 to 2018-12-21
    Data columns (total 8 columns):
    1.  open                4774 non-null float64
    2.  high                4774 non-null float64
    3.  low                 4774 non-null float64
    4.  close               4774 non-null float64
    5.  adjusted close      4774 non-null float64
    6.  volume              4774 non-null float64
    7.  dividend amount     4774 non-null float64
    8.  split coefficient   4774 non-null float64
    dtypes: float64(8)
    memory usage: 317.0+ KB
```

5）注意，这两个数据集是从 2000 年 1 月 3 日开始的，第五列（标记为 `5.adjusted close`）中包含了要用到的值。提取这两列并将它们合并成一个单独的 `pandas` 的 DataFrame：

```
In [ ]:
    import pandas as pd

    df = pd.DataFrame({
```

```
        'SPX': df_spx_data['5. adjusted close'],
        'VIX': df_vix_data['5. adjusted close']
})
df.index = pd.to_datetime(df.index)
```

6）最后一行 pandas 中的 to_datetime() 函数将作为字符串对象的交易日期转换为一个 pandas 的 DatetimeIndex 对象。检查最后的 DataFrame 对象 df 的头部：

```
In [ ]:
    df.head(3)
```

结果如表 7-1 所示。

表 7-1

Date	SPX	VIX
2000-01-03	1455.22	24.21
2000-04-04	1399.42	27.01
2000-01-05	1402.11	26.41

查看我们的索引：

```
In [ ]:
    df.index
Out[ ]:
    DatetimeIndex(['2000-01-03', '2000-01-04', '2000-01-05', '2000-01-06',
                   '2000-01-07', '2000-01-10', '2000-01-11', '2000-01-12',
                   '2000-01-13', '2000-01-14',
                   ...
                   '2018-10-11', '2018-10-12', '2018-10-15', '2018-10-16',
                   '2018-10-17', '2018-10-18', '2018-10-19', '2018-10-22',
                   '2018-10-23', '2018-10-24'],
                  dtype='datetime64[ns]', name='date', length=4734,
freq=None)
```

有了这个 pandas 的 DataFrame，我们就可以继续我们的工作了。

7.2.2 执行分析

pandas 的 describe() 方法能帮助求解它的 DataFrame 对象每列值的摘要统计量和分布情况：

```
In [ ]:
    df.describe()
```

结果如表 7-2 所示。

表 7-2

	SPX
count	4734.000000
mean	1493.538998
std	500.541938

（续）

	SPX
min	676.530000
25%	1140.650000
50%	1332.730000
75%	1840.515000
max	2930.750000

还有之前使用过的 info() 方法，可以提供 DataFrame 的技术摘要，比如索引的范围和内存使用情况：

```
In [ ]:
    df.info()
Out[ ]:
    <class 'pandas.core.frame.DataFrame'>
    DatetimeIndex: 4734 entries, 2000-01-03 to 2018-10-24
    Data columns (total 2 columns):
    SPX    4734 non-null float64
    VIX    4734 non-null float64
    dtypes: float64(2)
    memory usage: 111.0 KB
```

来看一下 S&P 500 和 VIX 指数从 2010 年到现在的曲线：

```
In [ ]:
    %matplotlib inline
    import matplotlib.pyplot as plt

    plt.figure(figsize = (12, 8))

    ax_spx = df['SPX'].plot()
    ax_vix = df['VIX'].plot(secondary_y=True)

    ax_spx.legend(loc=1)
    ax_vix.legend(loc=2)

    plt.show();
```

结果如图 7-1 所示。

从图 7-1 可以观察到，当 S&P 500 指数上升时，VIX 是向下移动的，呈现负相关的关系。当然，为了确定这一关系，还需要做很多的数据统计。

如果对这两个指数的每日收益都很感兴趣，diff() 方法可以返回每一期数值与前一期的差，然后通过一个直方图来粗略估计数据的密度（间隔为 100）：

```
In [ ]:
    df.diff().hist(
        figsize=(10, 5),
        color='blue',
        bins=100);
```

利用 hist() 方法得到的直方图如图 7-2 所示。

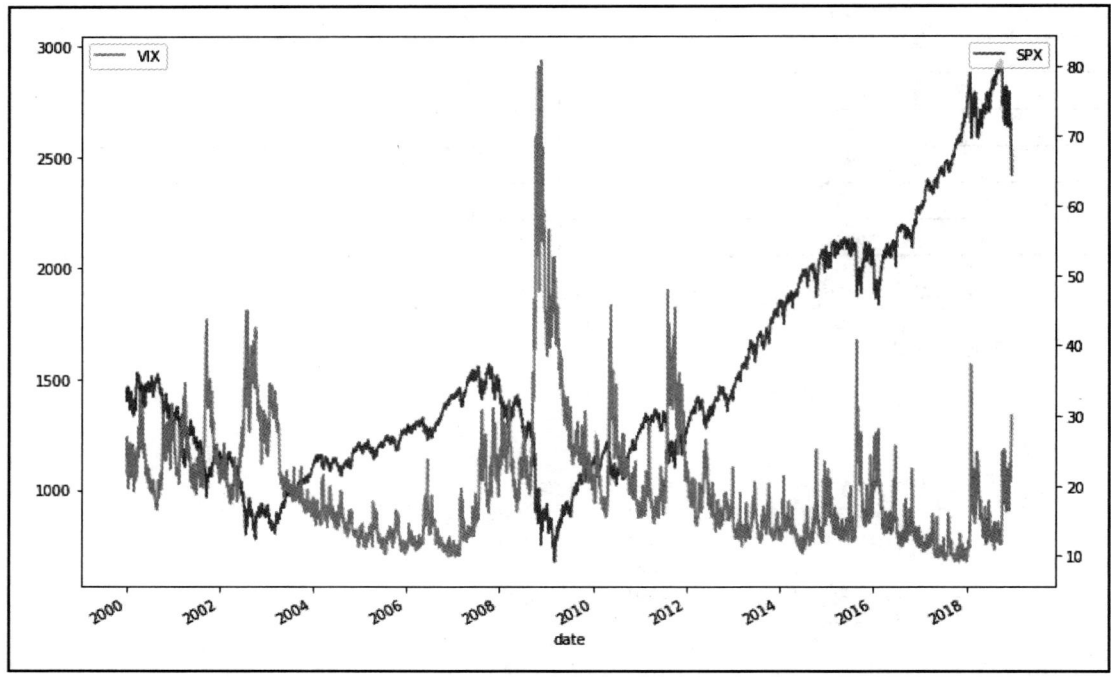

图 7-1

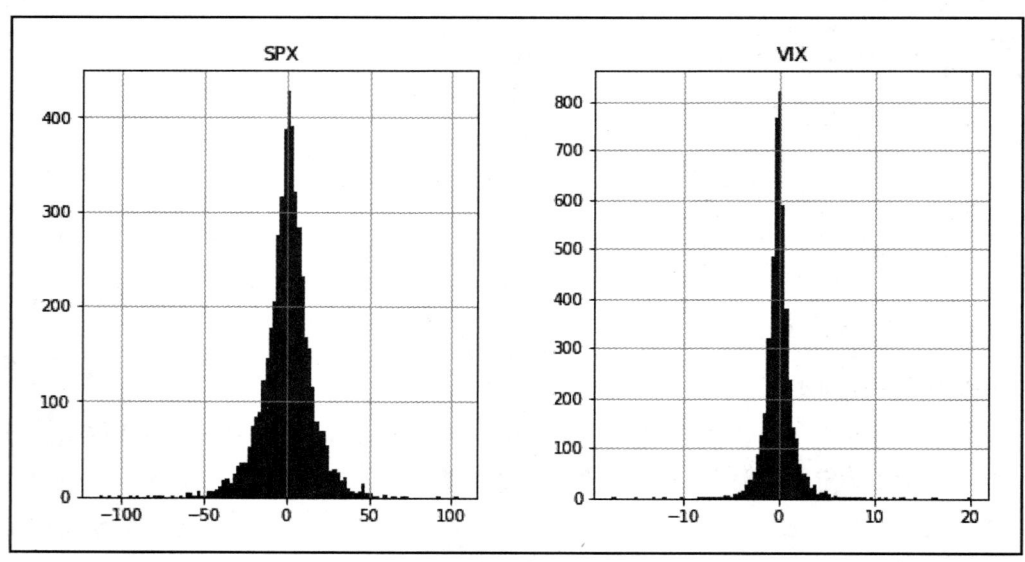

图 7-2

还可以通过 pct_change() 函数来实现,这个函数会返回每一期数值与前一期变化的百分比:

```
In [ ]:
    df.pct_change().hist(
```

```
        figsize=(10, 5),
        color='blue',
        bins=100);
```

得到相同的直方图如图 7-3 所示。

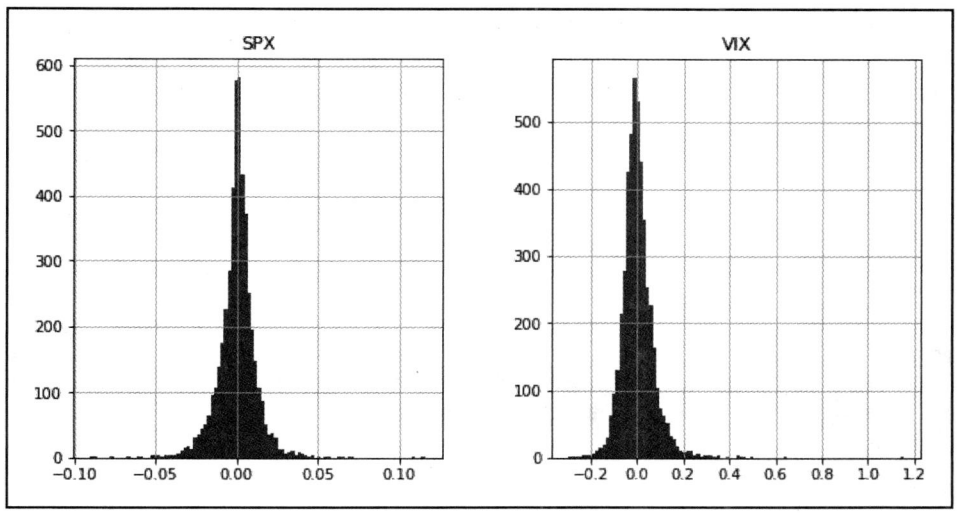

图 7-3

对于收益的定量分析，这里使用的是每日收益的对数，为什么呢？其中有几个原因，但最重要的是对数据进行标准化，避免了负价格的出现。

可以用 pandas 中的 shift() 函数将这些值移动某个固定的时间段，dropha() 函数会删除对数计算转换结束后未使用的值。NumPy 的 log() 函数可以计算 DataFrame 对象中所有值的对数作为向量，并将结果作为另一个 DataFrame 对象存储在 log_returns 变量中。然后就可以绘制一个每日收益对数值的图，代码如下：

```
In [ ]:
    import numpy as np

    log_returns = np.log(df / df.shift(1)).dropna()
    log_returns.plot(
        subplots=True,
        figsize=(10, 8),
        color='blue',
        grid=True
    );
    for ax in plt.gcf().axes:
        ax.legend(loc='upper left')
```

结果如图 7-4 所示。

图 7-4 展示了 SPX 和 VIX 从 2000 年到现在的对数收益。

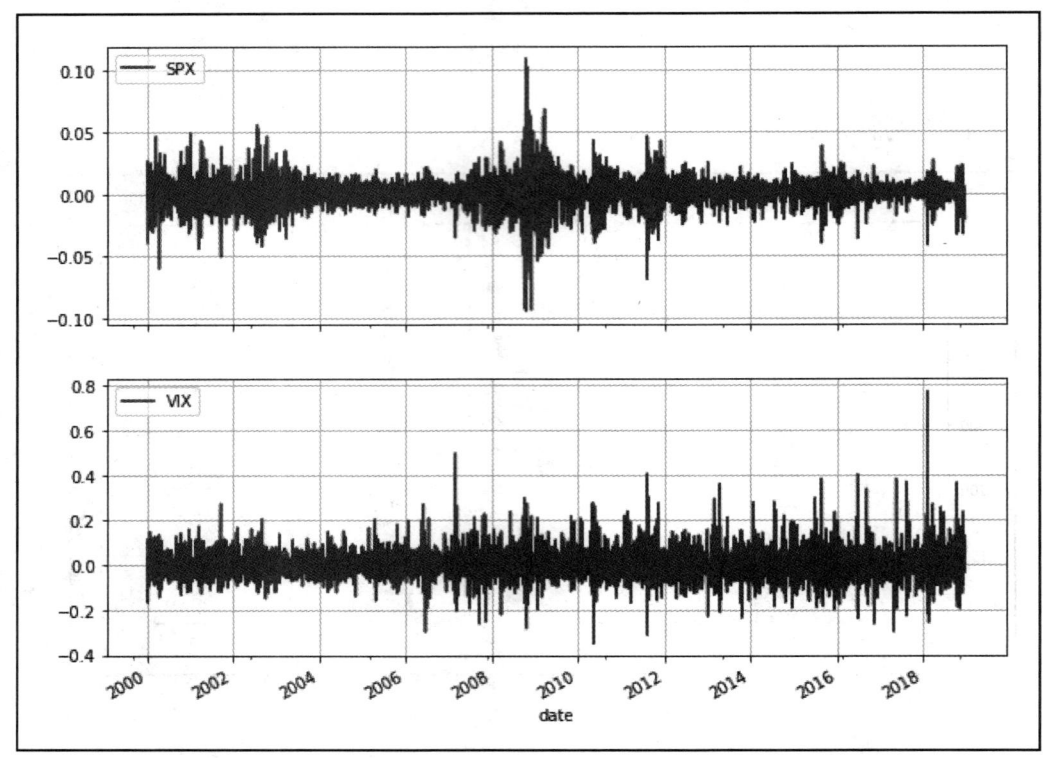

图 7-4

7.2.3 SPX 与 VIX 的相关性

可以用 corr() 函数来研究 pandas DataFrame 对象每两列之间的相关性,代码如下:

```
In [ ]:
    log_returns.corr()
```

相关性如表 7-3 所示。

表 7-3

	SPX	VIX
SPX	1.000 000	−0.733 161
VIX	−0.733 161	1.000 000

可以看到,这两个指数之间相关性值为 −0.733 161,说明它们是负相关的。为了更好地可视化这种关系,将两组每日收益对数值绘制成散点图。使用 statsmodels.api 模块获得散乱数据之间的普通最小二乘回归线:

```
In [ ]:
    import statsmodels.api as sm
    log_returns.plot(
        figsize=(10,8),
```

```
        x="SPX",
        y="VIX",
        kind='scatter')
ols_fit = sm.OLS(log_returns['VIX'].values,
    log_returns['SPX'].values).fit()

plt.plot(log_returns['SPX'], ols_fit.fittedvalues, 'r');
```

结果如图 7-5 所示。

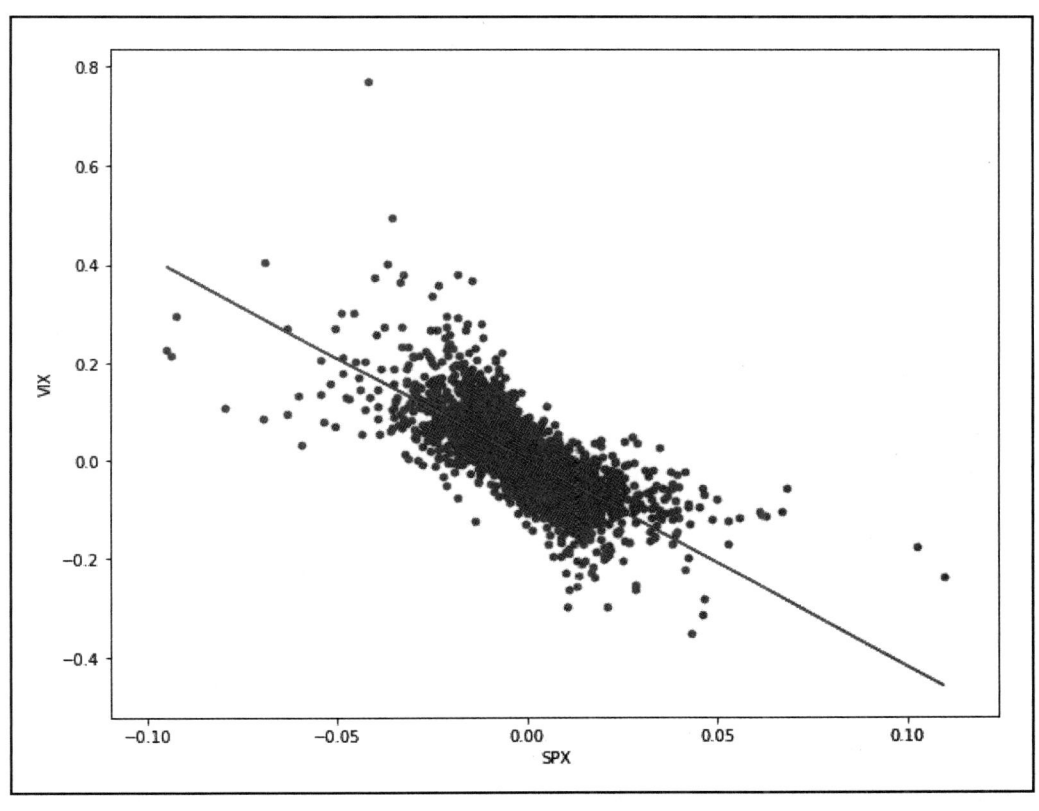

图　7-5

如图 7-5 所示，向下倾斜的回归线证实了 S&P 500 指数与 VIX 指数之间的负相关关系。

pandas 的 rolling().corr() 函数可以计算两个时间序列之间的移动窗口相关性，用值 252 表示移动窗口中的交易日数，从而进行年滚动相关性的计算，代码如下：

```
In [ ]:
    plt.ylabel('Rolling Annual Correlation')

    df_corr = df['SPX'].rolling(252).corr(other=df['VIX'])
    df_corr.plot(figsize=(12,8));
```

得到结果如图 7-6 所示。

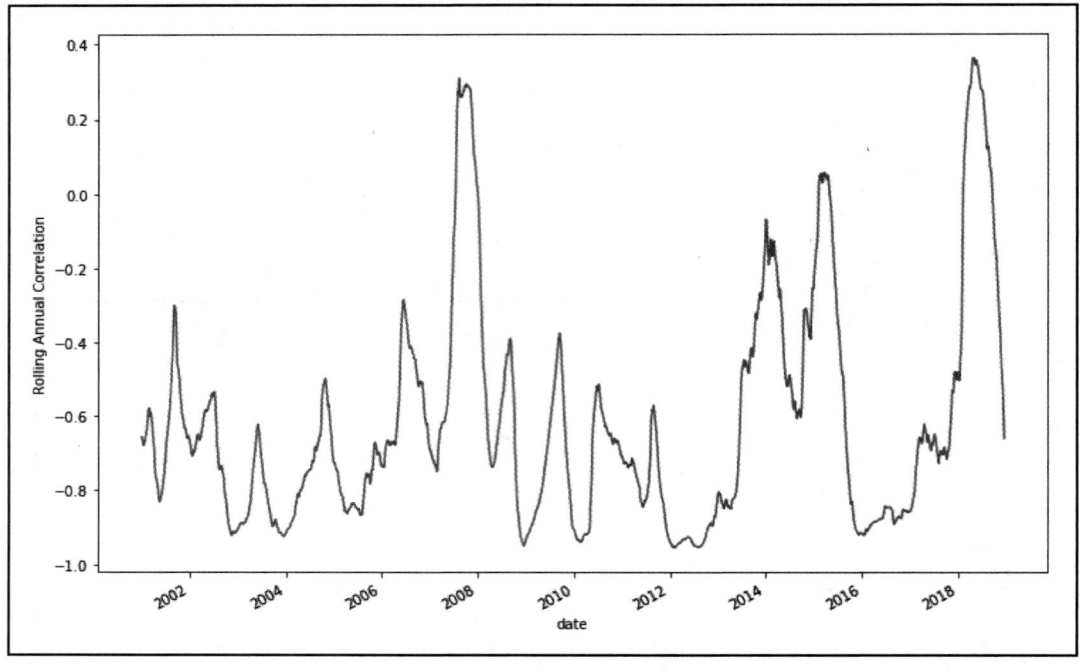

图 7-6

从图 7-6 中可以看出，SPX 和 VIX 是负相关的，按每年 252 个交易日来计算，在大部分的周期内，相关性值在 0.0 和 –0.9 之间波动。

7.3 计算 VIX 指数

本节将完成 VIX 指数的复制，关于 VIX 指数的计算在 CBOE 网站上可以找到，你可以在下面的网站上得到一个 CBOE VIX 白皮书：

http://www.cboe.com/micro/vix/vixwhite.pdf

7.3.1 导入 SPX 期权数据

假设你已经从代理网站收集了 SPX 期权数据，或者从外部源（如 CBOE 网站）购买了这些历史数据。为了完成本节的任务，从 2018 年 10 月 15 日（星期一）到 2018 年 10 月 19 日（星期五）的 SPX 期权链收盘价格已经保存在 CSV 文件中，将这些文件的副本放在源代码的文件夹下[⊖]。

下面的例子编写了一个 `read_file()` 函数，在其第一个参数中接受文件路径——指示 CSV 文件的位置，然后通过这个函数返回元数据数组和期权链数据列表：

[⊖] 官方提供的源代码库提供了这些 CSV 文件。——译者注

```
In [ ]:
    import csv

    META_DATA_ROWS = 3  # Header data starts at line 4
    COLS = 7  # Each option data occupy 7 columns

    def read_file(filepath):
        meta_rows = []
        calls_and_puts = []

        with open(filepath, 'r') as file:
            reader = csv.reader(file)
            for row, cells in enumerate(reader):
                if row < META_DATA_ROWS:
                    meta_rows.append(cells)
                else:
                    call = cells[:COLS]
                    put = cells[COLS:-1]

                    calls_and_puts.append((call, put))

        return (meta_rows, calls_and_puts)
```

注意：你自己的期权数据结构可能与此示例不同，请谨慎地检查并修改此函数。导入数据集后，可以继续分析和提取有用的信息。

分析 SPX 期权数据

在这个例子中，假设 CSV 文件的前三行包含元信息，其余的期权链价格从第四行开始。对于每一行期权定价数据，前七列包含看涨合同的买入和卖出报价，接下来的七列为看跌合同。每七列中的第一列包含一个字符串，描述到期日、行权价格和合同代码。按以下步骤来分析一个 CSV 文件：

1）把每一行元信息添加到名为 meta_data 的列表变量中，而每一行期权数据则添加到名为 calls_and_puts 的列表变量中。使用这个函数读取单个文件方法如下：

```
In [ ]:
    (meta_rows, calls_and_puts) = \
        read_file('files/chapter07/SPX_EOD_2018_10_15.csv')⊖
```

2）显示每一行元数据：

```
In [ ]:
    for line in meta_rows:
        print(line)
Out[ ]:
    ['SPX (S&P 500 INDEX)', '2750.79', '-16.34']
    ['Oct 15 2018 @ 20:00 ET']
    ['Calls', 'Last Sale', 'Net', 'Bid', 'Ask', 'Vol', 'Open Int',
'Puts', 'Last Sale', 'Net', 'Bid', 'Ask', 'Vol', 'Open Int']
```

⊖ 此处需要将文件路径改为你自己的路径，右键查看文件的属性可以找到，但注意需要将属性中路径的"\"改为"/"。——译者注

3）期权报价的当前时间可以在元数据的第二行中找到。由于东部时间比格林威治标准时间 (GMT) 晚 5 小时，所以替换 ET 字符串，并将整个字符串解析为 datetime 对象，get_dt_current() 函数可以完成这一步：

```
In [ ]:
    from dateutil import parser

    def get_dt_current(meta_rows):
        """
        Extracts time information.

        :param meta_rows: 2D array
        :return: parsed datetime object
        """
        # First cell of second row contains time info
        date_time_row = meta_rows[1][0]
        # Format text as ET time string
        current_time = date_time_row.strip()\
            .replace('@ ', '')\
            .replace('ET', '-05:00')\
            .replace(',', '')

        dt_current = parser.parse(current_time)
        return dt_current
```

4）从期权数据的元信息中，将日期和时间信息提取为芝加哥本地时间：

```
In [ ]:
    dt_current = get_dt_current(meta_rows)
    print(dt_current)
Out[ ]:
    2018-10-15 20:00:00-05:00
```

5）现在，来看一下期权报价数据的前两行：

```
In [ ]:
    for line in calls_and_puts[:2]:
        print(line)
Out[ ]:
    (['2018 Oct 15 1700.00 (SPXW1815J1700)', '0.0', '0.0',
'1039.30', '1063.00', '0', '0'], ['2018 Oct   15 1700.00
(SPXW1815V1700)', '0.15', '0.0', ' ', '0.05', '0'])
    (['2018 Oct 15 1800.00 (SPXW1815J1800)', '0.0', '0.0',
'939.40', '963.00', '0', '0'], ['2018 Oct   15 1800.00
(SPXW1815V1800)', '0.10', '0.0', ' ', '0.05', '0'])
```

列表中的每一项包含两个对象的元组，每个对象包含一个看涨期权列表和一个具有相同成交价格的看跌期权定价数据。参考输出的头部，每个期权价格表数据中的七项包含带有合同代码的到期日、最后的销售价格、价格的净变动、买入价格、卖出价格、成交量和未平仓量。

编写一个函数来分析每个 SPX 期权数据集：

```
In [ ]:
    from decimal import Decimal
```

```python
def parse_expiry_and_strike(text):
    """
    Extracts information about the contract data.

    :param text: the string to parse.
    :return: a tuple of expiry date and strike price
    """
    # SPXW should expire at 3PM Chicago time.
    [year, month, day, strike, option_code] = text.split(' ')
    expiry = '%s %s %s 3:00PM -05:00' % (year, month, day)
    dt_object = parser.parse(expiry)

    """
    Third friday SPX standard options expire at start of trading
    8.30 A.M. Chicago time.
    """
    if is_third_friday(dt_object):
        dt_object = dt_object.replace(hour=8, minute=30)

    strike = Decimal(strike)
    return (dt_object, strike)
```

函数 `parse_expiry_and_strike()` 会返回到期日对象的元组和行权价格作为 Decimal 对象。

每个合同数据都是一个字符串，其中包含过期年、月、日，行权价格和合同代码，所有这些数据都由空格分隔。把日期部分拿出来重新构造一个日期和时间字符串，这样可以更容易用前面导入的 `dateutil` 解析函数来解析。每周期权在纽约时间下午 4 点或芝加哥时间下午 3 点到期。标准的第三个星期五期权是上午结算的，并在交易日开始时（早上 8:30）到期。根据执行 `is_third_friday()` 检查的结果来替换到期时间，实现方法如下：

```
In [ ]:
    def is_third_friday(dt_object):
        return dt_object.weekday() == 4 and 15 <= dt_object.day <= 21
```

使用简单的合同代码数据测试这个函数，得到以下结果：

```
In [ ]:
    test_contract_code = '2018 Sep 26 1800.00 (*)'
    (expiry, strike) = parse_expiry_and_strike(test_contract_code)
In [ ]:
    print('Expiry:', expiry)
    print('Strike price:', strike)
Out[ ]:
    Expiry: 2018-09-26 15:00:00-05:00
    Strike price: 1800.00
```

自 2018 年 9 月 26 日星期三起，SPXW 期权将在芝加哥当地时间下午 3 点到期。

这一次，用第三个星期五的合同代码数据来测试这个函数：

```
In [ ]:
    test_contract_code = '2018 Oct 19 2555.00 (*)'
```

```
    (expiry, strike) = parse_expiry_and_strike(test_contract_code)
In [ ]:
    print('Expiry:', expiry)
    print('Strike price:', strike)
Out[ ]:
    Expiry: 2018-10-19 08:30:00-05:00
    Strike price: 2555.00
```

使用的测试合同代码数据是 2018 年 10 月 19 日，也就是 10 月的第三个星期五。这是一个标准的 SPX 期权，在芝加哥时间上午 8 时 30 分结算。

测试完函数功能之后，就可以继续解析单个看涨或看跌期权价格条目，并返回可以使用的有用信息：

```
In [ ]:
    def format_option_data(option_data):
        [desc, _, _, bid_str, ask_str] = option_data[:5]
        bid = Decimal(bid_str.strip() or '0')
        ask = Decimal(ask_str.strip() or '0')
        mid = (bid+ask) / Decimal(2)
        (expiry, strike) = parse_expiry_and_strike(desc)
        return (expiry, strike, bid, ask, mid)
```

函数 `format_option_data()` 以 `option_data` 作为参数，包含前面看到的数据列表。索引 0 处的描述性数据包含合同代码数据，可以使用 `parse_expiry_and_strike()` 函数来解析这些数据。索引 3 和 4 包含出价和报价，用于计算中间价格——出价和报价的平均值。此函数返回期权到期日的元组，以及作为 `Decimal` 对象的行权价格、买入价格、卖出价格和中间价格。

7.3.2 查找近期期权和远期期权

VIX 指数使用市场看跌和看涨报价来衡量 SPX 的 30 天预期波动率，该期权在 24 天至 36 天之间到期。在这些日期之间，将有两个 SPX 期权合同到期日，最近到期的期权称为近期期权（near-term option），而较晚到期的期权称为远期期权（next-term option）。当期权到期日超出 24 至 36 天的范围时，将选择新的合同到期日作为新的近期期权和远期期权。（每周会发生一次）

为了找到短期期权和下一期期权，组织看跌和看涨期权数据，按到期日索引，每一个都有一个以行权价格为索引 pandas 的 DataFrame 对象。需要定义以下 DataFrame 列：

```
In [ ]:
    CALL_COLS = ['call_bid', 'call_ask', 'call_mid']
    PUT_COLS = ['put_bid', 'put_ask', 'put_mid']
    COLUMNS = CALL_COLS + PUT_COLS + ['diff']
```

以下的 `generate_options_chain()` 函数，将列表数据集 `calls_and_puts` 组织成一个单一的字典变量链：

```
In [ ]:
    import pandas as pd
```

```
def generate_options_chain(calls_and_puts):
    chain = {}

    for row in calls_and_puts:
        (call, put) = row

        (call_expiry, call_strike, call_bid, call_ask, call_mid) = \
            format_option_data(call)
        (put_expiry, put_strike, put_bid, put_ask, put_mid) = \
            format_option_data(put)

        # Ensure each line contains the same put and call maturity
        assert(call_expiry == put_expiry)

        # Get or create the DataFrame at the expiry
        df = chain.get(call_expiry, pd.DataFrame(columns=COLUMNS))

        df.loc[call_strike, CALL_COLS] = \
            [call_bid, call_ask, call_mid]
        df.loc[call_strike, PUT_COLS] = \
            [put_bid, put_ask, put_mid]
        df.loc[call_strike, 'diff'] = abs(put_mid-call_mid)

        chain[call_expiry] = df

    return chain
In [ ]:
    chain = generate_options_chain(calls_and_puts)
```

这个chain变量的节点作为期权的到期日,每个节点都引用一个pandas DataFrame对象。对format_option_data()函数进行两次调用,导出需要的看涨和看跌数据。assert关键字基于数据集中的每一行都引用相同的到期日这一假设确保了数据的完整性。否则,将发出一个异常警告,提醒用户注意检查数据集是否有损坏。

loc关键字为特定的行权价格、看涨和看跌数据分配列值。此外,diff列包含了看涨、看跌报价的中间价格之间的绝对差,我们将在以后使用。

查看一下链字典中的前两个和最后两个节点:

```
In [ ]:
    chain_keys = list(chain.keys())
    for row in chain_keys[:2]:
        print(row)
    print('...')
    for row in chain_keys[-2:]:
        print(row)
Out[ ]:
    2018-10-15 15:00:00-05:00
    2018-10-17 15:00:00-05:00
    ...
    2020-06-19 08:30:00-05:00
    2020-12-18 08:30:00-05:00
```

数据集包含未来两年到期日的期权价格,可以用以下函数从中选择近期期权和远期期权到期日:

```
In [ ]:
    def find_option_terms(chain, dt_current):
        """
        Find the near-term and next-term dates from
        the given indexes of the dictionary.

        :param chain: dictionary object
        :param dt_current: DateTime object of option quotes
        :return: tuple of 2 datetime objects
        """
        dt_near = None
        dt_next = None

        for dt_object in chain.keys():
            delta = dt_object - dt_current
            if delta.days > 23:
                # Skip non-fridays
                if dt_object.weekday() != 4:
                    continue

                # Save the near term date
                if dt_near is None:
                    dt_near = dt_object
                    continue

                # Save the next term date
                if dt_next is None:
                    dt_next = dt_object
                    break

        return (dt_near, dt_next)
Out[ ]:
    (dt_near, dt_next) = find_option_terms(chain, dt_current)
```

这里只是简单地选择前两个期权，其到期日是从这个数据集时间开始后 23 天，这两个期权的到期日如下所示：

```
In [ ]:
    print('Found near-term maturity', dt_near,
          'with', dt_near-dt_current, 'to expiry')
    print('Found next-term maturity', dt_next,
          'with', dt_next-dt_current, 'to expiry')
Out[ ]:
    Found near-term maturity 2018-11-09 15:00:00-05:00 with 24 days,
19:00:00 to expiry
    Found next-term maturity 2018-11-16 08:30:00-05:00 with 31 days,
12:30:00 to expiry
```

近期期权到期日是 2018 年 11 月 9 日，远期期权到期日是 2018 年 11 月 16 日。

7.3.3 计算所需的分钟数

计算 VIX 的公式如下：

$$VIX = 100 \times \sqrt{\left\{T_1\sigma_1^2\left[\frac{N_{T_2}-N_{30}}{N_{T_2}-N_{T_1}}\right] + T_2\sigma_2^2\left[\frac{N_{30}-N_{T_1}}{N_{T_2}-N_{T_1}}\right]\right\} \times \frac{N_{365}}{N_{30}}}$$

公式中参数的含义如下：

▲ T_1：近期期权的结算年数。

▲ T_2：远期期权的结算天数。

▲ N_{T_1}：近期期权结算的分钟数。

▲ N_{T_2}：远期期权结算的分钟数。

▲ N_{30}：30 天中的分钟数。

▲ N_{365}：365 天中的分钟数。

用 Python 来计算这些值：

```
In [ ]:
    dt_start_year = dt_current.replace(
        month=1, day=1, hour=0, minute=0, second=0)
    dt_end_year = dt_start_year.replace(year=dt_current.year+1)

    N_t1 = Decimal((dt_near-dt_current).total_seconds() // 60)
    N_t2 = Decimal((dt_next-dt_current).total_seconds() // 60)
    N_30 = Decimal(30 * 24 * 60)
    N_365 = Decimal((dt_end_year-dt_start_year).total_seconds() // 60)
```

两个 `datetime` 对象的差值返回了一个 `timedelta` 对象，其中 `total_seconds()` 函数给出了秒数差，而分钟数可以通过将秒数除以 60 得到。一年中的分钟数是通过取明年年初和本年度年初之间的差来确定的，而一个月内的分钟数则是 30 天秒数的总和。

这些值如下所示：

```
In [ ]:
    print('N_365:', N_365)
    print('N_30:', N_30)
    print('N_t1:', N_t1)
    print('N_t2:', N_t2)
Out[ ]:
    N_365: 525600
    N_30: 43200
    N_t1: 35700
    N_t2: 45390
```

计算 T 的一般公式如下：

$$T = \{M_{\text{current day}} + M_{\text{other days}} + M_{\text{settlement day}}\} / \text{一年中的分钟数}$$

公式中参数的含义如下：

▲ $M_{\text{current day}}$：直至当天午夜为止的分钟数。

▲ $M_{\text{other days}}$：当前日和期日之间的分钟之和。

▲ $M_{\text{settlement day}}$：从到期日午夜至到期时间的分钟数。

有了这些，就可以计算 T_1 和 T_2，也就是近期期权和远期期权每年剩下的时间：

```
In [ ]:
    t1 = N_t1 / N_365
```

```
    t2 = N_t2 / N_365
In [ ]:
    print('t1:%.5f'%t1)
    print('t2:%.5f'%t2)
Out[ ]:
    t1:0.06792
    t2:0.08636
```

近期期权至到期日还剩 0.679 2 年，远期期权至到期日还剩 0.086 36 年。

7.3.4 计算远期 SPX 指数水平

对每个合同月，远期 SPX 水平 F 计算公式如下：

$$F = 行权价格 + e^{rT}(看涨价格 - 看跌价格)$$

这里，行权价格选择的是看涨价格和看跌价格绝对差值最小的。请注意，VIX 指数计算中未考虑买入价格为零的期权。这意味着，随着 SPX 波动率和期权的变化，买入报价可能变为零，所以在计算 VIX 指数时使用的期权数量在任何时候都可能发生变化!

用 determine_forward_level() 函数表示远期指数水平的计算，如下面的代码所示:

```
In [ ]:
    import math

    def determine_forward_level(df, r, t):
        """
        Calculate the forward SPX Index level.

        :param df: pandas DataFrame for a single option chain
        :param r: risk-free interest rate for t
        :param t: time to settlement in years
        :return: Decimal object
        """
        min_diff = min(df['diff'])
        pd_k = df[df['diff'] == min_diff]
        k = pd_k.index.values[0]

        call_price = pd_k.loc[k, 'call_mid']
        put_price = pd_k.loc[k, 'put_mid']
        return k + Decimal(math.exp(r*t))*(call_price-put_price)
```

df 变量是包含近期期权或远期期权价格的 DataFrame，min_diff 变量包含之前在 diff 列中计算的所有绝对价格差的最小值，pd_k 变量包含一个 DataFrame，在其中选择具有最小绝对价格差的行权价格。

请注意，为了简单起见，假设两个期权链的利率都为 2.17%。在实际中，近期期权和远期期权的利率是基于美国国债收益率曲线利率的三次方计算的，即固定期限国债利率 (CMT)。收益率曲线利率可以在美国财政部网站上找到:

https://www.treasury.gov/resource-center/data-chart-center/

interest-rates/Pages/TextView.aspx?data=yieldYearyear=2018

现在,来计算近期期权的远期 SPX 水平并记为 f1:

```
In [ ]:
    r = Decimal(2.17/100)
In [ ]:
    df_near = chain.get(dt_near)
    f1 = determine_forward_level(df_near, r, t1)
In [ ]:
    print('f1:', f1)
Out[ ]:
    f1: 2747.596459994546094129930225
```

远期 SPX 水平的值为 2747.596。

7.3.5 寻找所需的远期行权价格

远期行权价格是在远期 SPX 水平之下的行权价格,以 k0 表示,可以使用 find_k0() 函数来确定:

```
In [ ]:
    def find_k0(df, f):
        return df[df.index<f].tail(1).index.values[0]
```

近期期权的 k0 值可以简单地通过函数调用找到:

```
In [ ]:
    k0_near = find_k0(df_near, f1)
In [ ]:
    print('k0_near:', k0_near)
Out[ ]:
    k0_near: 2745.00
```

近期期权的远期行权价格为 2745。

7.3.6 确定行权价格限

在选择 VIX 指数计算中使用的期权时,将忽略买入价格为零的看涨和看跌期权。对于行权价格远低于 k0 的虚值(out-of-money,OTM)看跌期权,当遇到两个连续的零买入价格时,价格下限就会终止。同样,对于行权价格远大于 k0 的 OTM 看涨期权,当遇到两个连续的零买入价格时,价格上限就会终止。

下面的 find_lower_and_upper_bounds() 函数说明了用 Python 代码查找上下限的过程:

```
In [ ]:
    def find_lower_and_upper_bounds(df, k0):
        """
        Find the lower and upper boundary strike prices.

        :param df: the pandas DataFrame of option chain
```

```
:param k0: the forward strike price
:return: a tuple of two Decimal objects
"""
# Find lower bound
otm_puts = df[df.index<k0].filter(['put_bid', 'put_ask'])
k_lower = 0
for i, k in enumerate(otm_puts.index[::-1][:-2]):
    k_lower = k
    put_bid_t1 = otm_puts.iloc[-i-1-1]['put_bid']
    put_bid_t2 = otm_puts.iloc[-i-1-2]['put_bid']
    if put_bid_t1 == 0 and put_bid_t2 == 0:
        break
    if put_bid_t2 == 0:
        k_lower = otm_puts.index[-i-1-1]

# Find upper bound
otm_calls = df[df.index>k0].filter(['call_bid', 'call_ask'])
k_upper = 0
for i, k in enumerate(otm_calls.index[:-2]):
    call_bid_t1 = otm_calls.iloc[i+1]['call_bid']
    call_bid_t2 = otm_calls.iloc[i+2]['call_bid']
    if call_bid_t1 == 0 and call_bid_t2 == 0:
        k_upper = k
        break

return (k_lower, k_upper)
```

df 变量是期权价格的 pandas DataFrame 对象。otm_puts 变量包含 OTM 看跌数据，并由 for 循环按降序向后迭代。在每次迭代时，k_lower 变量存储当前的行权价格，在循环中查看前面的两个买入价格。当 for 循环由于遇到两个零买入价格或到达列表末尾而终止时，k_lower 将包含下限的行权价格。

求解行权价格上限的方法类似。由于 OTM 看涨的行权价格已经按降序排列，所以只需在 iloc 命令上使用正向索引来读取价格。

如果向该函数提供近期期权链数据，可以分别从 k_lower 变量和 k_upper 变量得到行权价格的上下限。代码如下：

```
In [ ]:
    (k_lower_near, k_upper_near) = \
        find_lower_and_upper_bounds(df_near, k0_near)
In [ ]:
    print(k_lower_near, k_upper_near)
Out[ ]:
    1250.00 3040.00
```

在计算 VIX 指数时，将采用行权价格范围是 1 500 至 3 200 的近期期权。

7.3.7 按行权价格将贡献列表

由于 VIX 指数是由平均 30 天到期的看涨、看跌期权价格组成的，因此所选择的到期日的每一个期权都对 VIX 指数的计算有一个确定的贡献。这个贡献值的计算方法如下：

$$\frac{\Delta K_i}{K_i^2} \mathrm{e}^{RT} \ (K_i \text{时买卖价格差的中点})$$

这里，T 是期权到期的时间，R 是期权到期的无风险利率，K_i 是第 i 个 OTM 期权的行权价格，ΔK_i 是 K_i 单侧半差分，即 $\Delta K_i = 0.5(K_{i+1} - K_{i-1})$。

上述公式可以用 `calculate_contrib_by_strike()` 函数表示如下：

```
In [ ]:
    def calculate_contrib_by_strike(delta_k, k, r, t, q):
        return (delta_k / k**2)*Decimal(math.exp(r*t))*q
```

在计算 $\Delta K_i = 0.5(K_{i+1} - K_{i-1})$ 时，用下面的 `find_prev_k()` 函数来求解 K_{i-1}：

```
In [ ]:
    def find_prev_k(k, i, k_lower, df, bid_column):
        """
        Finds the strike price immediately below k
        with non-zero bid.

        :param k: current strike price at i
        :param i: current index of df
        :param k_lower: lower strike price boundary of df
        :param bid_column: The column name that reads the bid price.
            Can be 'put_bid' or 'call_bid'.
        :return: strike price as Decimal object.
        """
        if k <= k_lower:
            k_prev = df.index[i-1]
            return k_prev

        # Iterate backwards to find put bids
        k_prev = 0
        prev_bid = 0
        steps = 1
        while prev_bid == 0:
            k_prev = df.index[i-steps]
            prev_bid = df.loc[k_prev][bid_column]
            steps += 1

        return k_prev
```

类似地，用 `find_next_k()` 函数来求解 k_{i+1}：

```
In [ ]:
    def find_next_k(k, i, k_upper, df, bid_column):
        """
        Finds the strike price immediately above k
        with non-zero bid.

        :param k: current strike price at i
        :param i: current index of df
        :param k_upper: upper strike price boundary of df
        :param bid_column: The column name that reads the bid price.
            Can be 'put_bid' or 'call_bid'.
        :return: strike price as Decimal object.
        """
        if k >= k_upper:
```

```
            k_next = df.index[i+1]
            return k_next

    k_next = 0
    next_bid = 0
    steps = 1
    while next_bid == 0:
        k_next = df.index[i+steps]
        next_bid = df.loc[k_next][bid_column]
        steps += 1

    return k_next
```

使用前面编写的函数，可以创建一个 tabulate_contrib_by_strike() 函数，它使用一个迭代过程来计算每个期权对每一个行权价格的贡献（行权价格和期权价格可从 pandas 的 DataFrame 对象 df 中找到），这个函数会返回一个新的 DataFrame，其中包含用于计算 VIX 指数的最终数据集：

```
In [ ]:
    import pandas as pd

    def tabulate_contrib_by_strike(df, k0, k_lower, k_upper, r, t):
        """
        Computes the contribution to the VIX index
        for every strike price in df.

        :param df: pandas DataFrame containing the option dataset
        :param k0: forward strike price index level
        :param k_lower: lower boundary strike price
        :param k_upper: upper boundary strike price
        :param r: the risk-free interest rate
        :param t: the time to expiry, in years
        :return: new pandas DataFrame with contributions by strike price
        """
        COLUMNS = ['Option Type', 'mid', 'contrib']
        pd_contrib = pd.DataFrame(columns=COLUMNS)

        for i, k in enumerate(df.index):
            mid, bid, bid_column = 0, 0, ''
            if k_lower <= k < k0:
                option_type = 'Put'
                bid_column = 'put_bid'
                mid = df.loc[k]['put_mid']
                bid = df.loc[k][bid_column]
            elif k == k0:
                option_type = 'atm'
            elif k0 < k <= k_upper:
                option_type = 'Call'
                bid_column = 'call_bid'
                mid = df.loc[k]['call_mid']
                bid = df.loc[k][bid_column]
            else:
                continue   # skip out-of-range strike prices

            if bid == 0:
                continue   # skip zero bids
```

```
        k_prev = find_prev_k(k, i, k_lower, df, bid_column)
        k_next = find_next_k(k, i, k_upper, df, bid_column)
        delta_k = Decimal((k_next-k_prev)/2)

        contrib = calculate_contrib_by_strike(delta_k, k, r, t, mid)
        pd_contrib.loc[k, COLUMNS] = [option_type, mid, contrib]

    return pd_contrib
```

生成的 DataFrame 按行权价格索引，包含三列：期权类型——看涨或看跌、买卖价格差的平均值，以及对 VIX 指数的贡献。

对近期期权的贡献列表：

```
In [ ]:
    pd_contrib_near = tabulate_contrib_by_strike(
        df_near, k0_near, k_lower_near, k_upper_near, r, t1)
```

用以下代码输出我们结果的头部：

```
In [ ]:
    pd_contrib_near.head()
```

结果如表 7-4 所示。

表 7-4

	Option Type	mid	contrib
1250.00	Put	0.10	0.00000320472000727187449342636826
1300.00	Put	0.125	0.00000370367974213188157986590101O
1350.00	Put	0.15	0.0000041212963054798674566147997O
1400.00	Put	0.20	0.0000051095663381247998385581445↲
1450.00	Put	0.20	0.0000047632580369677088190047069↲

用以下代码输出结果的尾部：

```
In [ ]:
    pd_contrib_near.tail()
```

结果如表 7-5 所示。

表 7-5

	Option Type	mid	contrib
3020.00	Call	0.175	9.608028452572290489411343569E-8
3025.00	Call	0.225	1.231237623174939828257858985E-7
3030.00	Call	0.175	9.544713775211615220689389699E-8
3035.00	Call	0.20	1.087233242345573774601901086E-7
3040.00	Call	0.15	8.127448187590304540304760266E-8

`pd_contrib_near` 变量包含在单个 DataFrame 中的近期看涨、看跌 OTM 期权。

7.3.8 计算波动率

期权的波动率计算方法如下:

$$\sigma^2 = \frac{2}{T}\sum_i \frac{\Delta K_i}{K_i^2} e^{RT} \; (K_i \text{ 时买卖价格差的中点}) - \frac{1}{T}\left[\frac{F}{K_0} - 1\right]^2$$

由于已经计算了求和项的贡献,所以这个公式可以简单地用 Python 编写为下述 calculate_volatility() 函数:

```
In [ ]:
    def calculate_volatility(pd_contrib, t, f, k0):
        """
        Calculate the volatility for a single-term option

        :param pd_contrib: pandas DataFrame
            containing contributions by strike
        :param t: time to settlement of the option
        :param f: forward index level
        :param k0: immediate strike price below the forward level
        :return: volatility as Decimal object
        """
        term_1 = Decimal(2/t)*pd_contrib['contrib'].sum()
        term_2 = Decimal(1/t)*(f/k0 - 1)**2
        return term_1 - term_2
```

用以下代码计算近期期权波动率:

```
In [ ]:
    volatility_near = calculate_volatility(
        pd_contrib_near, t1, f1, k0_near)
In [ ]:
    print('volatility_near:', volatility_near)
Out[ ]:
    volatility_near: 0.04891704334249740486501736967
```

近期期权的波动率为 0.04891。

7.3.9 计算远期期权波动率

与计算近期期权的方法类似,用下面的代码进行远期期权波动率的计算:

```
In [ ] :
    df_next = chain.get(dt_next)

    f2 = determine_forward_level(df_next, r, t2)
    k0_next = find_k0(df_next, f2)
    (k_lower_next, k_upper_next) = \
        find_lower_and_upper_bounds(df_next, k0_next)
    pd_contrib_next = tabulate_contrib_by_strike(
        df_next, k0_next, k_lower_next, k_upper_next, r, t2)
    volatility_next = calculate_volatility(
        pd_contrib_next, t2, f2, k0_next)
In [ ]:
    print('volatility_next:', volatility_next)
```

㊀ 代码库中缺少了这一行代码。——译者注

```
Out[ ]:
    volatility_next: 0.045243083162128139822546938730
```

因为 dt_next 是远期期权的到期日,所以调用 chain.get() 从期权链检索远期期权的价格。使用此数据,可以确定远期 SPX 水平 f2,确定其远期行权价格 k0_next 并找到其行权价格的上下限。接下来,我们对计算 VIX 指数时每个期权在行权价格范围内的贡献进行了列表,然后用 calculate_volatility() 函数来计算远期期权的波动率。

远期期权的波动率为 0.0452。

7.3.10 计算 VIX 指数

最后,VIX 指数的 30 天加权平均值计算方法如下:

$$VIX = 100 \times \sqrt{\left\{ T_1\sigma_1^2 \left[\frac{N_{T_2} - N_{30}}{N_{T_2} - N_{T_1}} \right] + T_2\sigma_2^2 \left[\frac{N_{30} - N_{T_1}}{N_{T_2} - N_{T_1}} \right] \right\} \times \frac{N_{365}}{N_{30}}}$$

这个公式的 Python 代码表示如下:

```
In [ ]:
    def calculate_vix_index(t1, volatility_1, t2,
                            volatility_2, N_t1, N_t2, N_30, N_365):
        inner_term_1 = t1*Decimal(volatility_1)*(N_t2-N_30)/(N_t2-N_t1)
        inner_term_2 = t2*Decimal(volatility_2)*(N_30-N_t1)/(N_t2-N_t1)
        sqrt_terms = math.sqrt((inner_term_1+inner_term_2)*N_365/N_30)
        return 100 * sqrt_terms
```

用近期期权和远期期权的值进行相应替换:

```
In [ ]:
    vix = calculate_vix_index(
        t1, volatility_near, t2,
        volatility_next, N_t1, N_t2,
        N_30, N_365)
In [ ]:
    print('At', dt_current, 'the VIX is', vix)
Out[ ]:
    At 2018-10-15 20:00:00-05:00 the VIX is 21.431114075693934
```

我们得到了 2018 年 10 月 15 日的 VIX 指数为 21.43。

7.3.11 计算多个 VIX 指数

可以重新定义上述用来计算特定交易日单个 VIX 指数的函数,从而计算一段时间内的 VIX 指数。

编写 process_file() 函数,导入单个文件路径,返回计算出来的 VIX 指数:

```
In [ ]:
    def process_file(filepath):
        """
        Reads the filepath and calculates the VIX index.
```

```
:param filepath: path the options chain file
:return: VIX index value
"""
headers, calls_and_puts = read_file(filepath)
dt_current = get_dt_current(headers)

chain = generate_options_chain(calls_and_puts)
(dt_near, dt_next) = find_option_terms(chain, dt_current)
N_t1 = Decimal((dt_near-dt_current).total_seconds() // 60)
N_t2 = Decimal((dt_next-dt_current).total_seconds() // 60)
t1 = N_t1 / N_365
t2 = N_t2 / N_365

# Process near-term options
df_near = chain.get(dt_near)
f1 = determine_forward_level(df_near, r, t1)
k0_near = find_k0(df_near, f1)
(k_lower_near, k_upper_near) = find_lower_and_upper_bounds(
    df_near, k0_near)
pd_contrib_near = tabulate_contrib_by_strike(
    df_near, k0_near, k_lower_near, k_upper_near, r, t1)
volatility_near = calculate_volatility(
    pd_contrib_near, t1, f1, k0_near)

# Process next-term options
df_next = chain.get(dt_next)
f2 = determine_forward_level(df_next, r, t2)
k0_next = find_k0(df_next, f2)
(k_lower_next, k_upper_next) = find_lower_and_upper_bounds(
    df_next, k0_next)
pd_contrib_next = tabulate_contrib_by_strike(
    df_next, k0_next, k_lower_next, k_upper_next, r, t2)
volatility_next = calculate_volatility(
    pd_contrib_next, t2, f2, k0_next)

vix = calculate_vix_index(
    t1, volatility_near, t2,
    volatility_next, N_t1, N_t2,
    N_30, N_365)

return vix
```

假设这里收集了期权链数据，并将其保存到 2018 年 10 月 15 日至 19 日的 CSV 文件中，可以将文件名和文件路径定义为常量变量：

```
In [ ]:
    FILE_DATES = [
        '2018_10_15',
        '2018_10_16',
        '2018_10_17',
        '2018_10_18',
        '2018_10_19',
    ]
    FILE_PATH_PATTERN = 'files/chapter07/SPX_EOD_%s.csv'
```

遍历日期并将计算出的 VIX 值保存为 pandas DataFrame 对象中一个名为"VIX"的列，代码如下：

```
In [ ]:
    pd_calcs = pd.DataFrame(columns=['VIX'])

    for file_date in FILE_DATES:
        filepath = FILE_PATH_PATTERN % file_date

        vix = process_file(filepath)
        date_obj = parser.parse(file_date.replace('_', '-'))

        pd_calcs.loc[date_obj, 'VIX'] = vix
```

使用 head() 命令查看数据：

```
In [ ]:
    pd_calcs.head(5)
```

表 7-6 是这五天的 VIX 值。

表 7-6

	VIX
2018-10-15	21.4311
2018-10-16	17.7384
2018-10-17	17.4741
2018-10-18	20.0477
2018-10-19	19.9196

7.3.12 比较结果

重新使用前一节中下载的保存在 df_vix_data DataFrame 对象中的 VIX 值，将计算出来的 VIX 值与实际 VIX 值进行比较，这里只提取 2018 年 10 月 15 日至 19 日的数据：

```
In [ ]:
    df_vix = df_vix_data['2018-10-14':'2018-10-21']['5. adjusted close']
```

这段时间的实际 VIX 值如下所示：

```
In [ ]:
    df_vix.head(5)
Out [ ]:
    date
    2018-10-15    21.30
    2018-10-16    17.62
    2018-10-17    17.40
    2018-10-18    20.06
    2018-10-19    19.89
    Name: 5. adjusted close, dtype: float64
```

下面把 VIX 的计算值和实际值放在同一个 DataFrame 对象中，并绘制曲线：

```
In [ ]:
    df_merged = pd.DataFrame({
        'Calculated': pd_calcs['VIX'],
        'Actual': df_vix,
```

```
})
df_merged.plot(figsize=(10, 6), grid=True, style=['b', 'ro']);
```

结果如图 7-7 所示。

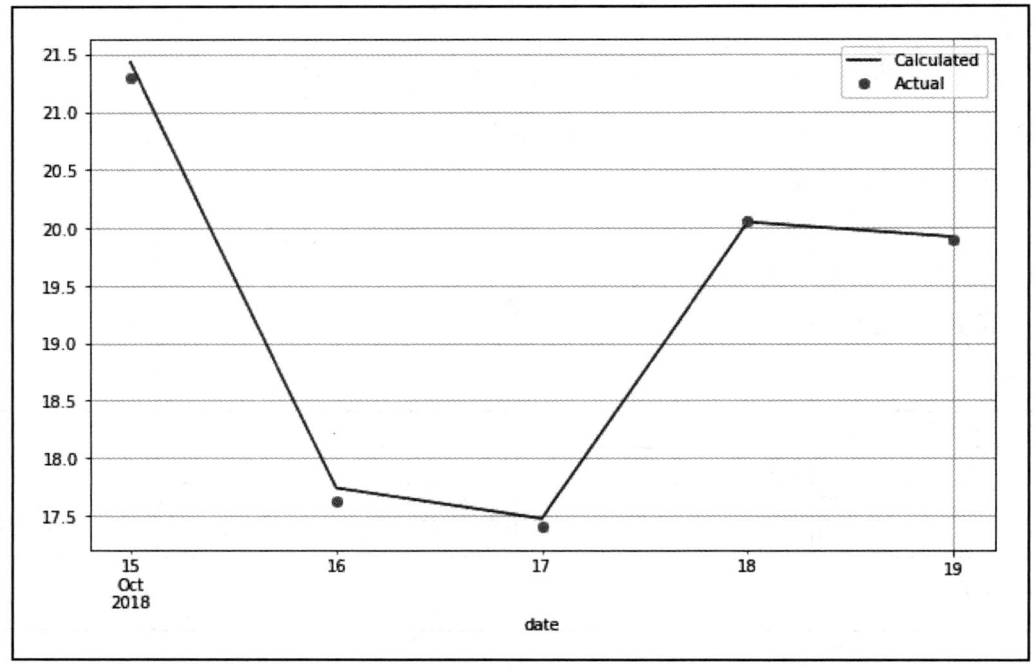

图　7-7

可以看出，计算值与实际的 VIX 值非常接近。

7.4　总结

　　本章介绍了波动率衍生品以及投资者如何使用它们分散和对冲股票与信贷投资组合中的风险。由于投资股票基金往往面临市场下行的风险，因此长期投资者使用波动率代替看跌期权来对冲尾部风险。在美国，CBOE VIX 衡量 SPX 期权价格的隐含波动率。在欧洲，VSTOXX 基于一篮子 OESX 市场价格测算，衡量未来 30 天内 EURO STOXX 50 指数的隐含市场波动率。

　　为了确定 SPX 和 VIX 之间的关系，本章下载了这些数据并进行了各种金融分析，得出它们是负相关的结论。这种关系提供了一种可行的方法，即通过基于基准的交易策略来避免频繁地重新衡量成本。波动率的统计性质允许波动率衍生品交易者通过使用均值回归策略、分散交易和波动率价差交易等手段获得收益。

　　在研究基于 VIX 的交易策略时，本章复制了一段时间内的 VIX 指数。由于 VIX 指数是未来 30 天波动前景的一种表现，因此它由两个 SPX 期权链组成，它们的期限为 24 至 36

天。随着 SPX 的涨跌，SPX 期权的波动率会发生变化，期权的买入价格可能会变成零。因此，在计算 VIX 指数时所包括的期权数目可能会发生变化。为了简单地分解本章中的 VIX 计算，假设包含的期权数是固定的，CMT 在 5 天的周期内是恒定的。实际上，期权价格和无风险利率在不断变化，VIX 指数大约每隔 15 秒就重新计算一次。

下一章将介绍如何构建算法交易平台。

第 8 章 构建算法交易平台

算法交易可以将系统交易过程自动化，基于各种因素（如定价、时间和数量）尽可能以最佳价格执行指令。一些经纪公司提供应用程序接口（Application Programming Interface，API）服务，满足客户自行编写交易算法的需求。自行开发的算法交易系统必须是稳健的，能够处理指令执行期间的任何故障点。还需要考虑网络配置、硬件、内存管理、运行速度以及用户体验，这不可避免地增加了整体框架的复杂性。

一旦在市场上开仓，投资者就会面临各种类型的风险，如市场风险、利率风险和流动性风险，风险管理措施显得尤为重要。风险价值模型（Value at Risk，VaR）是金融行业最常用的风险衡量标准。本章将讨论 VaR 的优势和缺陷，并演示将 VaR 嵌入交易系统。

本章讨论以下主题：
▲ 算法交易的概述
▲ 带有公共 API 的交易平台列表
▲ 选择交易系统编程语言
▲ 设计算法交易平台
▲ 在 Oanda v20 平台上设置 API 密钥
▲ 实现均值回归算法交易策略
▲ 实现趋势跟踪算法交易策略
▲ 用 VaR 技术实现风险管理
▲ 在 AAPL 上用 Python 执行 VaR 计算

8.1 什么是算法交易

自 20 世纪 90 年代，交易所已经开始使用电子交易系统。到 1997 年，全球 44 个交易所使用自动化系统交易期货和期权，越来越多的交易所开发自动化技术。芝加哥交易所

（CBOT）与伦敦国际金融期货和期权交易所（LIFFE）将电子交易系统作为对传统公开喊价交易的补充，使交易者能够24小时访问交易所的风险管理工具。随着科技的发展，基于技术的交易方式成本越来越低，促进了更快、更强大的交易平台的诞生。这使得指令执行的可靠性更高，信息传输错误率更低，同时加深了金融机构对技术的依赖。大多数资产管理公司、自营交易商已经将交易地点转移到电子交易大厅。

随着电子交易的日益普及，速度成为确定交易结果的最重要因素。宽客（Quants）借助复杂模型能够重新计算交易产品的平价，执行交易决策，所获利润远超使用传统模型的普通交易者。这使得依赖快速计算机的高频交易（High-Frequency Trading，HFT）发展成为一个价值十亿美元的产业。

算法交易是指系统交易过程的自动化，系统将深度优化指令执行，给出可能的最佳价格。算法交易并不是投资组合分配过程的一部分。

银行、对冲基金、证券经纪公司、结算公司和交易公司通常将服务器放置在交易所旁边，能最快地接收最新市场价格，达到最快执行指令的目的。它们给交易所带来了巨大的交易量。任何希望进行低延迟、大量交易活动（例如复杂事件处理或捕获瞬时价格差异）的市场参与者都可以以代管的形式这样做，这里他们的服务器硬件可以付费放在交易所旁的架子上。

金融信息交换（Financial Information Exchange，FIX）协议是与直接市场访问（Direct Market Access，DMA）的私人服务器交换实时信息的电子通信行业标准。FIX协议一般由C++编写，也可使用.NET框架和Java。现在散户一般使用REST的API产品。创建算法交易平台前，需要评估各种因素，例如在确定具体编程语言前，要考虑运算速度和易学习性。

经纪公司为收取佣金，会提供交易平台以便客户在指定的交易所下单，某些经纪公司会提供API给拥有自己交易算法的客户，客户还可以从第三方供应商选择商业交易平台，有些交易平台还可以提供电子下单的API。因此开发算法交易系统前阅读API文档了解该平台的技术能力是非常有必要的。

8.1.1　具有公共API的交易平台

表8-1列出了一些公开可用的API代理和交易平台供应商。

表　8-1

代理商/供应商	URL	支持的编程语言
CQG	https://www.cqg.com	REST, FIX, C#, C++, and VB/VBA
CunninghamTrading Systems	http://www.ctsfutures.com	Microsoft .Net Framework 4.0 and FIX
E*Trade	https://developer.etrade.com/home	Python, Java, and Node.js
Interactive Brokers	https://www.interactivebrokers.com/en/index.php?f=5041	Java, C++, Python, C#, C++, and DDE

(续)

代理商/供应商	URL	支持的编程语言
IG	https://labs.ig.com/	REST, Java, JavaScript, .NET, Clojure, and Node.js
Tradier	https://developer.tradier.com/	REST
TradingTechnologies	https://www.tradingtechnologies.com/trading/apis/	REST, .NET, and FIX
OANDA	https://developer.oanda.com/	REST, Java, and FIX
FXCM	https://www.fxcm.com/uk/algorithmic-trading/api-trading/	REST, Java, and FIX

8.1.2 选择一种编程语言

代理或供应商提供的接口可应用多种编程语言，所以开发算法交易平台时都会产生疑问：应该使用哪种编程语言？

在回答这个问题之前，首先是要了解你的代理是否提供了开发者工具。目前，REST 的 API 正在成为除了 FIX 协议访问之外最常见的产品。也有少数的代理支持 C++ 和 Java。使用 REST 的 API，可以轻松地搜索一个包装器，甚至几乎可以用任何支持超文本传输协议（HTTP）的编程语言编写一个包装器。

每个工具选择都有自己的限制，你的代理可能会对价格和事件更新有限制。开发产品时要考虑的性能指标涉及成本、延迟阈值、风险度量和用户界面等。风险管理器、执行系统和投资组合优化程序也是影响系统设计的主要组件。现有的交易基础设施、操作系统、编程语言编译器的功能和其他软件工具对系统设计、开发和部署提出了进一步的限制。

8.1.3 系统功能

开发交易系统前，要先明确系统的功能。例如，研究型系统侧重从数据供应商获取高质量数据、执行计算、运行模型，以及通过信号生成评估策略。研究组件可以包括数据清洗模块或回溯测试接口，以执行含有历史数据的理论参数策略。另外，CPU 速度、内存大小和带宽也是设计系统要考虑的因素。

另一种系统更侧重执行指令，更关心风险管理和指令处理功能，确保及时执行多个指令。该系统必须高度稳定，可在指令执行期间处理任何故障点。设计执行指令系统时，需要考虑网络配置、硬件、内存管理、速度以及用户体验。

实际开发的系统可以包含一个或数个功能。但设计多功能系统将不可避免地增加框架的复杂性。因此本书建议你选择一种或多种编程语言，以平衡交易系统的开发速度、易于开发性、可扩展性和可靠性。

8.2 建立算法交易平台

在本节中,将使用 Python 设计并构建一个实时算法交易系统。由于开发者工具和产品会因代理不同而不同,所以必须考虑到交易系统需要的不同程序实现。如果有一个良好的系统设计,就可以构建一个通用服务,允许不同代理配置插件并与交易系统兼容。

8.2.1 设计代理接口

在设计交易平台时,以下三个功能是必需的:

- ▲ 获取价格:定价数据是由交易所提供的最基本的信息单元之一,它代表市场为买卖交易产品而制定的报价。代理可以重新组织来自交易所的数据,然后以自己的格式将数据交给你。最基本的价格数据形式是报价的日期和时间,交易产品的代号,以及交易产品的买入价格和卖出价格。通常情况下,这些定价数据对你的交易决策是很有用的。

> 最好的买入价格和卖出价格被称为一级报价。在大多数情况下,可以从你的代理拿到级别 2、3 或更低级别的报价。

- ▲ 向市场下订单:在向市场下订单时,代理或交易所可能执行,也可能不执行。如果确定被执行,你将开仓交易产品,并承担各种形式的风险和收益。最简单的订单表示形式包括要交易的产品(通常用代号表示)、要交易的数量、你想要的仓位(即购买还是出售),以及对于非市场订单,要交易的价格。根据你的需要,有许多不同类型的订单可用于帮助你管理交易风险。

> 你的代理可能无法支持所有订单类型。谨慎的做法是与你的代理核实哪些类型的订单是可用的,哪些订单可以最好地管理你的交易风险。市场参与者使用的最常见的订单类型是市场订单、限额订单(limit order)和 GTC(Good-Till-Canceled)订单。市场订单是指立即在市场上买卖产品的订单,因为它是根据当前的市场价格执行的,所以这种类型的订单不需要执行价格。限额订单是以特定或更好的价格购买或销售产品的订单。GTC 订单是保留在交易队列中,直到指定的失效时间的订单。除非特殊说明,大多数订单是在交易日结束时到期的 GTC 订单。更多信息请访问:https://www.investopedia.com/ask/answers/08/minimum-amounts-of-money-to-start-trading.asp

- ▲ 跟踪仓位:一旦订单被执行,你将进入一个仓位。跟踪未平仓的仓位将有助于确定你的交易策略有多好(或多糟糕),并帮助管理和规划风险。你所持仓的盈亏会因市场变动而变化，这就是所谓的未实现损益。在平仓后，你将有实现损益，这是交易策略的最终结果。

有了这三个基本功能，就可以设计一个 `Broker` 类来实现这些函数，这些函数可以很容易地扩展到任何特定代理的配置中。

8.2.2 需要的 Python 库

本章将使用可公开获取的 Oanda v20 模块作为代理，之后提到的所有函数实现都使用 v20 这个 Python 库作为示例。

安装 v20

下载 v20 REST API 的官方地址是：

`https://github.com/oanda/v20-python`

也可以用 pip 命令来安装：

pip install v20

 关于 OANDA v20 REST API 的详细文档，可以在下面的网址找到：

http://developer.oanda.com/rest-live-v20/introduction/

API 的使用随每个代理不同而变化，因此请确保在编写交易系统之前，与你的代理协商适当的文档。

8.2.3 编写事件驱动代理类

无论是获取价格、发送订单还是跟踪仓位，事件驱动的系统设计都将以多线程的方式触发系统的关键部分，而不会阻塞主线程。

现在用 Python 编写一个 `Broker` 类：

```
from abc import abstractmethod


class Broker(object):
    def __init__(self, host, port):
        self.host = host
        self.port = port

        self.__price_event_handler = None
        self.__order_event_handler = None
        self.__position_event_handler = None
```

在这个结构体中，为继承的子类提供代理的 `host` 和 `port` 公共连接配置。声明的三个变量分别用于存储价格、订单和仓位更新的事件处理程序。这里只为每个事件设计一个监听器，更复杂的交易系统可能支持同一事件处理程序上的多个监听器。

8.2.4 存储价格事件处理程序

在 Broker 类中，为价格事件处理程序添加以下两个函数实现获取和处理价格的功能：

```
@property
def on_price_event(self):
    """
    Listeners will receive: symbol, bid, ask
    """
    return self.__price_event_handler

@on_price_event.setter
def on_price_event(self, event_handler):
    self.__price_event_handler = event_handler
```

继承的子类将通过 on_price_event 函数调用代号、买入价格和卖出价格通知监听器，后面会把这些基本信息用于交易决策。

8.2.5 存储订单事件处理程序

在 Broker 类中，为订单事件处理程序添加以下两个函数实现获取和处理订单的功能：

```
@property
def on_order_event(self):
    """
    Listeners will receive: transaction_id
    """
    return self.__order_event_handler

@on_order_event.setter
def on_order_event(self, event_handler):
    self.__order_event_handler = event_handler
```

在订单被传输到代理之后，继承的子类将通过 on_order_event 函数调用通知监听器，通知包含订单业务的 ID。

8.2.6 存储仓位事件处理程序

在 Broker 类中，为仓位事件处理程序添加以下两个函数实现获取和处理仓位的功能：

```
@property
def on_position_event(self):
    """
    Listeners will receive:
    symbol, is_long, units, unrealized_pnl, pnl
    """
    return self.__position_event_handler

@on_position_event.setter
def on_position_event(self, event_handler):
    self.__position_event_handler = event_handler
```

当从代理接收到仓位更新事件时，继承的子类将通过调用包含代号信息的 on_position_event 函数通知监听器。代号信息含有多头或空头仓位信息、交易的单位数量、未实现的损益和实现的损益。

8.2.7 声明一个获取价格的抽象函数

从数据源获取价格是所有交易系统的主要需求,编写一个名为 `get_prices()` 的抽象函数来实现这个功能。它需要一个 `symbols` 参数——包含一个由代理定义的代号列表,用于从代理查询数据。继承的子类将会实现此函数,如果实现失败,则系统会提示一个名为 `NotImplementedError` 的异常:

```
@abstractmethod
def get_prices(self, symbols=[]):
    """
    Query market prices from a broker
    :param symbols: list of symbols recognized by your broker
    """
    raise NotImplementedError('Method is required!')
```

注意,这个 `get_prices()` 函数将执行当前市场价的一次获取,也就是给出特定时间市场的快照。对于持续运行的交易系统,要求市场价格的实时反馈,我们将在下面的内容中定义。

8.2.8 声明流式价格的抽象函数

添加一个 `stream_prices()` 抽象函数接受流式价格中的代号列表,代码如下:

```
@abstractmethod
def stream_prices(self, symbols=[]):
    """
    Continuously stream prices from a broker.
    :param symbols: list of symbols recognized by your broker
    """
    raise NotImplementedError('Method is required!')
```

继承的子类将在从代理那里得到的流式价格中实现此函数,如果实现失败,系统会给出 `NotImplementedError` 的异常提醒。

8.2.9 声明发送订单的抽象函数

在向代理发送市场订单时,为继承的子类添加 `send_market_order()` 抽象函数:

```
@abstractmethod
def send_market_order(self, symbol, quantity, is_buy):
    raise NotImplementedError('Method is required!')
```

使用在 Broker 基类中编写的上述函数,我可以在下一节中编写特定代理类。

8.2.10 实现代理类

在本节中,将编写一个专用于 Oanda 代理的 Broker 类的抽象函数——这需要安装

v20库。实际上,你可以轻松地更改配置和实现函数,使这个类适用于你选择的代理。

1. 初始化代理类

编写下面这个适用于这个代理的 `OandaBroker` 类,以便于扩展一个通用的 `Broker` 类:

```python
import v20

class OandaBroker(Broker):
    PRACTICE_API_HOST = 'api-fxpractice.oanda.com'
    PRACTICE_STREAM_HOST = 'stream-fxpractice.oanda.com'

    LIVE_API_HOST = 'api-fxtrade.oanda.com'
    LIVE_STREAM_HOST = 'stream-fxtrade.oanda.com'

    PORT = '443'

    def __init__(self, accountid, token, is_live=False):
        if is_live:
            host = self.LIVE_API_HOST
            stream_host = self.LIVE_STREAM_HOST
        else:
            host = self.PRACTICE_API_HOST
            stream_host = self.PRACTICE_STREAM_HOST

        super(OandaBroker, self).__init__(host, self.PORT)

        self.accountid = accountid
        self.token = token

        self.api = v20.Context(host, self.port, token=token)
        self.stream_api = v20.Context(stream_host, self.port, token=token)
```

注意,Oanda 使用两个不同的主机作为常规 API 端点和流式 API 端点,这些端点因其实际和实时交易环境变化而不同。所有端点都连接在标准安全套接字层 (SSL) 的 440 端口上。在这个结构体中,`is_live` 这个布尔标志为交易环境选择适当的端点,以便保存在父类中。当这个标志为 `True` 时,表示实时交易环境。这个结构体的参数还保存着账户 ID 和令牌,这是验证用于交易的账户所必需的——这个信息可以从代理那里得到。

`api` 和 `stream_api` 变量保存 v20 库的 `Context` 对象,这些对象通过函数调用向代理发送指令。

2. 实现获取价格的函数

下面的代码在 `OandaBroker` 类中创建了 `get_prices()` 父函数,用于从代理处获取价格:

```python
def get_prices(self, symbols=[]):
    response = self.api.pricing.get(
        self.accountid,
        instruments=",".join(symbols),
        snapshot=True,
        includeUnitsAvailable=False
```

```python
)
body = response.body
prices = body.get('prices', [])
for price in prices:
    self.process_price(price)
```

响应的主体包含一个 `prices` 属性和一个对象列表。列表中的每一项都由 `process_price()` 函数处理。下面，我们在 OandaBroker 类中编写这个函数：

```python
def process_price(self, price):
    symbol = price.instrument

    if not symbol:
        print('Price symbol is empty!')
        return

    bids = price.bids or []
    price_bucket_bid = bids[0] if bids and len(bids) > 0 else None
    bid = price_bucket_bid.price if price_bucket_bid else 0

    asks = price.asks or []
    price_bucket_ask = asks[0] if asks and len(asks) > 0 else None
    ask = price_bucket_ask.price if price_bucket_ask else 0

    self.on_price_event(symbol, bid, ask)
```

`price` 对象包含一个字符串对象的 `instrument` 属性，以及 `list` 对象的 `bids` 和 `asks` 属性。通常，一级报价是可用的，所以读取每个列表的第一项。列表中的每一项都是 `price_bucket` 对象，可以从该对象中提取买入价格和卖出价格。

提取这些信息后，将其传递给 `on_price_event()` 这个事件处理程序。注意，在本例中只传递三个值。在更复杂的交易系统中，可能需要考虑提取更详细的信息，比如交易量、最后交易价格或多级报价，还要把这些信息传递给价格事件监听器。

3. 实现流式价格的函数

在 OandaBroker 类中编写以下 `stream_prices()` 函数，从而实现从代理处动态地获得价格：

```python
def stream_prices(self, symbols=[]):
    response = self.stream_api.pricing.stream(
        self.accountid,
        instruments=",".join(symbols),
        snapshot=True
    )

    for msg_type, msg in response.parts():
        if msg_type == "pricing.Heartbeat":
            continue
        elif msg_type == "pricing.ClientPrice":
            self.process_price(msg)
```

由于主机连接需要一个连续数据流，`response` 对象有一个监听传入数据的 `parts()`

函数。msg 对象本质上是一个 price 对象，可以重新使用 process_price() 方法，以便将传入的价格事件通知监听器。

4. 实现发送市场订单的函数

在 OandaBroker 类中添加 send_market_order() 函数，该函数将向代理发送一个市场订单：

```
def send_market_order(self, symbol, quantity, is_buy):
    response = self.api.order.market(
        self.accountid,
        units=abs(quantity) * (1 if is_buy else -1),
        instrument=symbol,
        type='MARKET',
    )
    if response.status != 201:
        self.on_order_event(symbol, quantity, is_buy, None, 'NOT_FILLED')
        return

    body = response.body
    if 'orderCancelTransaction' in body:
        self.on_order_event(symbol, quantity, is_buy, None, 'NOT_FILLED')
        return

    transaction_id = body.get('lastTransactionID', None)
    self.on_order_event(symbol, quantity, is_buy, transaction_id, 'FILLED')
```

当调用 v20 order 库的 market() 函数时，响应的状态为 201，即表示与代理的成功连接。推荐对响应体进行进一步检查，以确定在执行订单时没有错误。在成功执行的情况下，业务 ID 和订单的详细信息将通过调用 on_order_event() 事件处理程序传递给监听器。否则，将使用空业务 ID 和 NOT_FILLED 状态触发订单事件，这意味着订单是不完整的。

5. 实现跟踪仓位的函数

在 OandaBroker 类中编写 get_positions() 函数，该函数可以获取给定账户的所有可用仓位信息：

```
def get_positions(self):
    response = self.api.position.list(self.accountid)
    body = response.body
    positions = body.get('positions', [])
    for position in positions:
        symbol = position.instrument
        unrealized_pnl = position.unrealizedPL
        pnl = position.pl
        long = position.long
        short = position.short

        if short.units:
            self.on_position_event(
                symbol, False, short.units, unrealized_pnl, pnl)
```

```
        elif long.units:
            self.on_position_event(
                symbol, True, long.units, unrealized_pnl, pnl)
        else:
            self.on_position_event(
                symbol, None, 0, unrealized_pnl, pnl)
```

在响应体中，`position`属性包含一个`position`对象列表，每个对象都有一个合同代号的属性、未实现的和已实现的损益以及多头或空头仓位数。此信息通过`on_position_event()`事件处理程序传递给监听器。

6. 获取价格

有了这些定义在`broker`类中的函数，就可以通过读取当前的市场价格来测试和代理之间建立的连接，代码如下：

```
# Replace these 2 values with your own!
ACCOUNT_ID = '101-001-1374173-001'
API_TOKEN = '6ecf6b053262c590b78bb8199b85aa2f-
d99c54aecb2d5b4583a9f707636e8009'

broker = OandaBroker(ACCOUNT_ID, API_TOKEN)
```

将两个常量变量`ACCOUNT_ID`和`API_TOKEN`替换为你自己的代理提供的代号，它标识你自己的交易账户。`broker`变量是`OandaBroker`类的一个实例，可以使用它来执行各种特定券商的调用。

如果要研究欧元/美元对的当前市场价格，定义一个常量变量来保存代理所识别的代号：

```
SYMBOL = 'EUR_USD'
```

接下来，定义来自代理的价格事件监听程序，代码如下：

```
import datetime as dt

def on_price_event(symbol, bid, ask):
    print(
        dt.datetime.now(), '[PRICE]',
        symbol, 'bid:', bid, 'ask:', ask
    )

broker.on_price_event = on_price_event
```

`On_price_event()`函数被定义为传入价格信息的监听器，它会将这些信息分配给`broker.on_price_event`处理程序。本例需要从一个价格事件中得到三个值——合同代号、买入价格和卖出价格，然后把这些信息显示在界面上。

调用`get_prices()`函数从代理获取当前市场价格：

```
broker.get_prices(symbols=[SYMBOL])
```

结果如下：

```
2018-11-19 21:29:13.214893 [PRICE] EUR_USD bid: 1.14361 ask: 1.14374
```

可以看出欧元 / 美元货币对的买入价格和卖出价格分别为 1.14361 和 1.14374。

7. 发送一个简单的市场订单

和获取价格一样，重新使用 broker 变量向代理人发送市场订单。

如果要购买同一欧元 / 美元货币对的一个单位，代码如下：

```python
def on_order_event(symbol, quantity, is_buy, transaction_id, status):
    print(
        dt.datetime.now(), '[ORDER]',
        'transaction_id:', transaction_id,
        'status:', status,
        'symbol:', symbol,
        'quantity:', quantity,
        'is_buy:', is_buy,
    )

broker.on_order_event = on_order_event
broker.send_market_order(SYMBOL, 1, True)
```

on_order_event() 函数定义为来自代理的传入订单更新的监听器，把这个函数分配给 broker.on_order_event 事件处理程序，被执行的限额订单或被取消的订单将被此函数调用。最后，send_market_order() 函数表明本例中购买欧元 / 美元货币对的一个单位。

运行上述代码时，如果货币市场处于开放状态，则应该使用不同的业务 ID：

```
2018-11-19 21:29:13.484685 [ORDER] transaction_id: 754 status: FILLED
symbol: EUR_USD quantity: 1 is_buy: True
```

结果表明，该订单已成功完成，可以购买一个单位的欧元 / 美元货币对，其业务 ID 为 754。

8. 仓位信息更新

由于多头仓位是通过发送市场订单买入的，因此应该能够查看目前的欧元 / 美元仓位。代码如下：

```python
def on_position_event(symbol, is_long, units, upnl, pnl):
    print(
        dt.datetime.now(), '[POSITION]',
        'symbol:', symbol,
        'is_long:', is_long,
        'units:', units,
        'upnl:', upnl,
        'pnl:', pnl
    )

broker.on_position_event = on_position_event
broker.get_positions()
```

on_position_event()函数被定义为来自代理的传入仓位更新的监听器,把这个函数分配给broke.on_position_event处理程序。当get_positions()方法调用时,代理将返回仓位信息并得到以下输出:

```
2018-11-19 21:29:13.752886 [POSITION] symbol: EUR_USD is_long: True units: 1.0 upnl: -0.0001 pnl: 0.0
```

目前的仓位是欧元/美元货币对的一个多头单位,未实现损失为0.000 1美元。因为这是第一次贸易,还没有实现任何损益。

8.3 建立均值回归算法交易系统

代理人接受订单和响应要求,我们可以开始设计一个完全自动化的交易系统。在本节中,将探讨如何设计和实现均值回归算法交易系统。

8.3.1 设计均值回归算法

假设在正常的市场条件下,价格虽然波动,但是会回复到某个短期水平,例如最近价格的平均值。在本例中,假设EUR/USD货币对在短期表现出均值回归属性。首先,将原始数据重新采样为标准时间序列间隔的数据(例如,间隔为1分钟)。然后,取最近的一些周期计算短期平均价格(例如,用5个周期),假设欧元/美元的价格将回归于前5分钟的平均价格。

一旦欧元/美元货币的买入价格超过短期平均价格(以5分钟平均价格为例),交易系统将产生销售信号,可以选择卖出市场订单,从而进入空头仓位状态。同样,当欧元/美元的卖出价格低于平均价格时,就会产生买入信号,可以选择购买市场订单,从而进入多头仓位状态。

当开仓时,可以用同样的信号平仓。当多头仓位开仓时,通过出售一个市场订单,根据卖出信号来平仓。同样,当空头仓位开仓时,通过购买一个市场订单,根据买入信号来平仓。

你可能会发现这个交易策略有很多缺陷。平仓并不能保证利润。我们对市场的看法可能是错误的;在不利的市场条件下,信号可能会在一个方向维持一段时间,并且平仓大概率会造成巨大的损失。作为一个交易者,你应该想出一个适合自己理念和风险偏好的个人交易策略。

8.3.2 实现均值回归交易类

在这个例子的计算中,重采样间隔和周期数是交易系统所需要的两个重要参数。首先,创建一个叫MeanReversionTrader的类,将它作为交易系统运行:

```python
import time
import datetime as dt
import pandas as pd


class MeanReversionTrader(object):
    def __init__(
        self, broker, symbol=None, units=1,
        resample_interval='60s', mean_periods=5
    ):
        """
        A trading platform that trades on one side
            based on a mean-reverting algorithm.

        :param broker: Broker object
        :param symbol: A str object recognized by the broker for trading
        :param units: Number of units to trade
        :param resample_interval:
            Frequency for resampling price time series
        :param mean_periods: Number of resampled intervals
            for calculating the average price
        """
        self.broker = self.setup_broker(broker)

        self.resample_interval = resample_interval
        self.mean_periods = mean_periods
        self.symbol = symbol
        self.units = units

        self.df_prices = pd.DataFrame(columns=[symbol])
        self.pnl, self.upnl = 0, 0

        self.mean = 0
        self.bid_price, self.ask_price = 0, 0
        self.position = 0
        self.is_order_pending = False
        self.is_next_signal_cycle = True
```

这个结构体中的五个参数用来初始化交易系统的状态——使用的代理、交易的代号、要交易的单位数量、价格数据的重采样间隔，以及均值计算的周期数。这些值被简单地存储为类变量。

`setup_broker()` 函数用来设置这个类，从而处理来自 `broker` 对象的事件。收到价格数据时，这些数据会存储在 pandas `DataFrame` 变量 `df_prices` 中。最新的买入价格和卖出价格存储在用于计算信号的 `bid_price` 和 `ask_price` 变量中。`mean` 变量将存储前一次 `mean_period` 中价格计算的均值。`position` 变量将存储当前仓位的单位数——负值表示空头仓位，正值表示多头仓位。

`is_order_pending` 布尔标志指示一个订单是否在代理处等待执行，`is_next_signal_cycle` 布尔标志指示当前交易状态循环是否处于打开状态。注意系统状态循环如下所示：

1）等待一个购买或出售信号。

2）收到购买或出售信号并下发一个订单。

3）当开仓时，等待一个出售或购买信号。

4）收到出售或购买信号并下发一个订单。

5）当平仓时，回到步骤1。

对于从步骤1到5的每个循环，只交易一个单位。这些布尔标志起到锁定的作用，以防止多个订单在任何一个时间进入系统。

8.3.3 添加事件监听器

在 MeanReversionTrader 类中连接价格、订单和仓位事件。

在这个类中添加 setup_broker() 函数：

```
def setup_broker(self, broker):
    broker.on_price_event = self.on_price_event
    broker.on_order_event = self.on_order_event
    broker.on_position_event = self.on_position_event
    return broker
```

在任何代理生成的事件上指定三个类函数作为监听器来监听价格、订单和仓位更新。

在这个类中添加 on_price_event() 函数：

```
def on_price_event(self, symbol, bid, ask):
    print(dt.datetime.now(), '[PRICE]', symbol, 'bid:', bid, 'ask:', ask)

    self.bid_price = bid
    self.ask_price = ask
    self.df_prices.loc[pd.Timestamp.now(), symbol] = (bid + ask) / 2.

    self.get_positions()
    self.generate_signals_and_think()

    self.print_state()
```

当接收到价格事件时，将它们存储在 bid_price、ask_price 和 df_prices 类变量中。随着价格的变化，未平仓仓位和信号值也随之改变。get_position() 函数将检索更新仓位信息，而 generate_signals_and_think() 函数则重新计算信号并决定是否进行交易。用 print_state() 命令将系统的当前状态显示在控制台上。

get_position() 函数代码如下所示：

```
def get_positions(self):
    try:
        self.broker.get_positions()
    except Exception as ex:
        print('get_positions error:', ex)
```

在这个类中添加 on_order_event() 函数：

```
def on_order_event(self, symbol, quantity, is_buy, transaction_id, status):
    print(
```

```
            dt.datetime.now(), '[ORDER]',
            'transaction_id:', transaction_id,
            'status:', status,
            'symbol:', symbol,
            'quantity:', quantity,
            'is_buy:', is_buy,
        )
        if status == 'FILLED':
            self.is_order_pending = False
            self.is_next_signal_cycle = False

            self.get_positions()  # Update positions before thinking
            self.generate_signals_and_think()
```

当收到订单事件时,将它们显示在控制台上。在代理的 on_order_event 实现中,成功执行的订单将传递 status 值 FILLED 或 UNFILLED。只有在成功的订单下,才能关闭布尔锁,检索最新的仓位,并执行平仓的决策。

在这个类中添加 on_position_event() 函数:

```
    def on_position_event(self, symbol, is_long, units, upnl, pnl):
        if symbol == self.symbol:
            self.position = abs(units) * (1 if is_long else -1)
            self.pnl = pnl
            self.upnl = upnl
            self.print_state()
```

对于预期交易代号,当收到仓位更新事件时,存储仓位信息、实现的收益和未实现的收益,然后用 print_state() 命令将系统的当前状态显示在控制台上。

在这个类中添加一个 print_state() 函数:

```
    def print_state(self):
        print(
            dt.datetime.now(), self.symbol, self.position_state,
            abs(self.position), 'upnl:', self.upnl, 'pnl:', self.pnl
        )
```

只要订单、仓位或市场价格有任何更新,就将系统的最新状态显示在控制台上。

8.3.4 编写均值回归信号生成器

决策算法应该能够重新计算每个价格或订单更新的交易信号,在 MeanReversionTrader 类中创建一个 generate_signals_and_think() 函数来执行此操作:

```
    def generate_signals_and_think(self):
        df_resampled = self.df_prices\
            .resample(self.resample_interval)\
            .ffill()\
            .dropna()
        resampled_len = len(df_resampled.index)

        if resampled_len < self.mean_periods:
            print(
```

```
            'Insufficient data size to calculate logic. Need',
            self.mean_periods - resampled_len, 'more.'
        )
        return

    mean = df_resampled.tail(self.mean_periods).mean()[self.symbol]
    # Signal flag calculation
    is_signal_buy = mean > self.ask_price
    is_signal_sell = mean < self.bid_price

    print(
        'is_signal_buy:', is_signal_buy,
        'is_signal_sell:', is_signal_sell,
        'average_price: %.5f' % mean,
        'bid:', self.bid_price,
        'ask:', self.ask_price
    )

    self.think(is_signal_buy, is_signal_sell)
```

由于价格数据以 pandas DataFrame 的形式存储在 `df_prices` 变量中，因此可以按照结构体中 `resample_interval` 变量定义的间隔对它们进行重采样。`ffill()` 函数前向填充所有丢失的数据，并在重新采样后，由 `dropna()` 命令删除第一个缺失的值。必须有足够的数据来计算均值，否则这个函数就会退出。`mean_periods` 变量表示必须可用的重新采样数据的最小长度。

`tail(self.means_periods)` 函数采用最近的重采样间隔，并使用 `mean()` 函数计算平均值，从而生成另一个 pandas DataFrame。平均水平是参考这个 DataFrame 的一个列生成的索引，只是一个工具代号。

利用均值回归算法的平均价格，可以生成买卖信号。在这里，当平均价格超过市场卖出价格时，就会产生买入信号。当平均价格超过市场买入价格时，产生卖出信号。这个例子中的短期想法是市场价格将回复到平均价格。

在将这些计算值显示在控制台上以便更好地进行调试之后，现在可以使用买卖信号执行实际交易，在同一个类中编写一个独立的 `think()` 函数：

```
def think(self, is_signal_buy, is_signal_sell):
    if self.is_order_pending:
        return

    if self.position == 0:
        self.think_when_flat_position(is_signal_buy, is_signal_sell)
    elif self.position > 0:
        self.think_when_position_long(is_signal_sell)
    elif self.position < 0:
        self.think_when_position_short(is_signal_buy)
```

如果某个命令仍处于代理的挂起状态，不需要执行任何操作，直接退出该函数。由于市场条件随时可能发生变化，你可能需要添加自己的逻辑来处理停留在挂起状态过长的订单并尝试其他策略。

当仓位是平的、多头或空头时，用这三个if-else语句分别处理交易逻辑。当仓位是平的时，调用think_when_position_flat()函数：

```
def think_when_position_flat(self, is_signal_buy, is_signal_sell):
    if is_signal_buy and self.is_next_signal_cycle:
        print('Opening position, BUY',
              self.symbol, self.units, 'units')
        self.is_order_pending = True
        self.send_market_order(self.symbol, self.units, True)
        return

    if is_signal_sell and self.is_next_signal_cycle:
        print('Opening position, SELL',
              self.symbol, self.units, 'units')
        self.is_order_pending = True
        self.send_market_order(self.symbol, self.units, False)
        return

    if not is_signal_buy and not is_signal_sell:
        self.is_next_signal_cycle = True
```

第一个if语句处理的条件是：当前的交易周期开放时，根据买入信号，通过发送一个市场订单以购买和标记该订单为挂起状态，进入一个多头仓位。相反，第二个if语句处理根据卖出信号进入空头仓位的条件。否则，由于仓位持平，既没有买入信号，也没有卖出信号，因此将is_next_signal_cycle设置为True，直到信号可用为止。

当我们处于长头寸时，调用think_when_position_long()函数：

```
def think_when_position_long(self, is_signal_sell):
    if is_signal_sell:
        print('Closing position, SELL',
              self.symbol, self.units, 'units')
        self.is_order_pending = True
        self.send_market_order(self.symbol, self.units, False)
```

根据卖出信号，将订单标记为"挂起"，并通过发送一个市场订单出售来立即平仓多头仓位。

类似地，处于空头仓位时，调用think_when_position_short()函数：

```
def think_when_position_short(self, is_signal_buy):
    if is_signal_buy:
        print('Closing position, BUY',
              self.symbol, self.units, 'units')
        self.is_order_pending = True
        self.send_market_order(self.symbol, self.units, True)
```

根据买入信号，将订单标记为"挂起"，并通过发送一个市场订单购买来立即平仓空头仓位。

要执行订单传递的功能，需要在MeanReversionTrader类中添加如下send_market_order()类函数：

```
def send_market_order(self, symbol, quantity, is_buy):
    self.broker.send_market_order(symbol, quantity, is_buy)
```

这样，订单信息就被转发到 Broker 类来执行。

8.3.5 运行交易系统

最后，要开始运行交易系统，这需要一个入口点。将以下 run() 类函数添加到 MeanReversionTrader 类中：

```
def run(self):
    self.get_positions()
    self.broker.stream_prices(symbols=[self.symbol])
```

在交易系统的首次运行过程中，读取当前的仓位信息，并使用该信息来初始化所有仓位相关的信息。然后，请求代理开始对于给定的代号给出流式价格，并保持连接直到程序终止。

定义了入口点后，需要做的就是初始化 MeanReversionTrader 类并使用以下代码调用 run() 命令：

```
trader = MeanReversionTrader(
    broker,
    symbol='EUR_USD',
    units=1
    resample_interval='60s',
    mean_periods=5,
)
trader.run()
```

请记住，broker 变量包含 OandaBroker 类的一个实例，该实例是根据前面的章节定义的，可以在这个类中再次使用。交易系统将使用这个代理对象，以执行与代理相关的调用。本例中研究的是欧元/美元货币，且每次交易一个单位。值为 60s 的 resample_interval 变量表示存储的价格将以 1 分钟的时间间隔重新采样。mean_periods 变量的值为 5，采用最近 5 个间隔的平均值（也就是过去 5 分钟的平均值）。

调用 run() 函数启动交易系统，价格更新将开始进行，这样系统就能够自行交易。你可以在控制台上看到类似下面的输出：

```
...
2018-11-21 15:19:34.487216 [PRICE] EUR_USD bid: 1.1393 ask: 1.13943
2018-11-21 15:19:35.686323 EUR_USD FLAT 0 upnl: 0.0 pnl: 0.0
Insufficient data size to calculate logic. Need 5 more.
2018-11-21 15:19:35.694619 EUR_USD FLAT 0 upnl: 0.0 pnl: 0.0
...
```

从这个结果来看，虽然目前的仓位是平的，因为计算交易信号的价格数据还不够。

5 分钟后，当有足够的数据进行交易信号计算时，应该能够观察到以下结果：

```
...
2018-11-21 15:25:07.075883 EUR_USD FLAT 0 upnl: 0.0 pnl: -0.3246
is_signal_buy: False is_signal_sell: True average_price: 1.13934 bid:
1.13936 ask: 1.13949
Opening position, SELL EUR_USD 1 units
```

```
2018-11-21 15:25:07.356520 [ORDER] transaction_id: 2848 status: FILLED
symbol: EUR_USD quantity: 1 is_buy: False
2018-11-21 15:25:07.688082 EUR_USD SHORT 1.0 upnl: -0.0001 pnl: 0.0
is_signal_buy: False is_signal_sell: True average_price: 1.13934 bid:
1.13936 ask: 1.13949
2018-11-21 15:25:07.692292 EUR_USD SHORT 1.0 upnl: -0.0001 pnl: 0.0
...
```

过去5分钟的平均价格是1.139 34。由于当前欧元/美元货币的市场出价为1.139 36，高于平均价格，因此生成卖出信号。然后会生成一个销售市场订单，从而以一单位欧元/美元货币开仓空头仓位。这将导致0.000 1美元的未实现损失。

让系统独立运行一段时间，它应该能够自己平仓。若要停止交易，请使用Ctrl + Z或其他类似方法终止正在运行的进程。记住，程序停止运行后，需要手动关闭所有剩余的交易仓位。现在你就有一个功能齐全的自动化交易系统了！

> 这里的系统设计和交易参数是作为一个例子给出的，不一定会带来正确的结果！你应该尝试各种交易参数，并改进对事件的处理操作，从而找到理想的交易策略。

8.4 建立趋势跟踪交易平台

上一节介绍了构建均值回归交易平台的步骤，同样的功能可以很容易地扩展到任何其他交易策略。这一节将重新使用 `MeanReversionTrader` 类来实现趋势跟踪交易系统。

8.4.1 趋势跟踪算法的设计

假设当前的市场状况呈现出一种趋势跟踪模式，可能是由于季节变化、经济预测或政府政策所致。随着价格的波动，当短期平均价格水平以一定的阈值超过长期平均价格水平时，会产生一个买入或卖出信号。

首先，将原始的数据重采样成标准的时间序列间隔，例如，每隔一分钟一次。其次，选择最近的几个周期，比如5个周期，计算过去5分钟的短期平均价格。最后，选择更长的周期，以10个周期为例，计算过去10分钟的长期平均价格。

在没有变动的市场中，短期平均价格应该与长期平均价格相同（比率为1）。这一比率也被称为beta。当短期平均价格的增长超过了长期平均价格，beta大于1，市场可以看作是一种上升的趋势；当短期平均价格下降超过长期平均价格时，beta小于1，市场可以看作是一种下降的趋势。

在上升趋势下，当beta超过某一价格阈值时，交易系统就会产生买入信号，可以选择用购买市场订单进入多头仓位。同样，在下降趋势下，当beta跌破某一价格阈值时，就会产生一个卖出信号，可以选择出售市场订单进入空头仓位。

当开仓时，同样的信号可能被用来平仓。当开仓多头仓位时，可以根据卖出信号通过出售订单来平仓。同样，当开仓空头仓位时，可以根据买入信号通过购买订单来平仓。

上述机制与均值回归交易系统的设计非常相似。请记住，该算法并不能保证任何利润，只是对市场的简单分析，你应该有一个与此不同或更好的视角。

8.4.2 编写趋势跟踪交易类

为趋势跟踪交易系统编写一个名为 `TrendFollowingTreader` 的新类，它使用以下 Python 代码扩展了 `MeanReversionTrader` 类：

```python
class TrendFollowingTrader(MeanReversionTrader):
    def __init__(
        self, *args, long_mean_periods=10,
        buy_threshold=1.0, sell_threshold=1.0, **kwargs
    ):
        super(TrendFollowingTrader, self).__init__(*args, **kwargs)

        self.long_mean_periods = long_mean_periods
        self.buy_threshold = buy_threshold
        self.sell_threshold = sell_threshold
```

在这个结构体中，定义了三个额外的关键字参数，即 `long_mean_periods`、`buy_threshold` 和 `sell_threshold`，将它们保存为类变量。

`long_mean_periods` 变量定义了在计算长期平均价格时，时间序列价格的重采样间隔的数目。注意，现有的父类中的 `mean_periods` 变量用于计算短期平均价格。`buy_threshold` 和 `sell_threshold` 变量用来确定产生买卖信号时 beta 的边界。

8.4.3 编写趋势跟踪信号发生器

因为只有决策逻辑需要在我们的 `MeanReversionTrader` 父类中进行修改，其他所有因素（包括订单、配置和流式价格），都保持不变，只需要简单地改写 `generate_signals_and_think()` 函数，并使用以下代码实现趋势跟踪信号发生器：

```python
def generate_signals_and_think(self):
    df_resampled = self.df_prices\
        .resample(self.resample_interval)\
        .ffill().dropna()
    resampled_len = len(df_resampled.index)

    if resampled_len < self.long_mean_periods:
        print(
            'Insufficient data size to calculate logic. Need',
            self.mean_periods - resampled_len, 'more.'
        )
        return

    mean_short = df_resampled\
        .tail(self.mean_periods).mean()[self.symbol]
    mean_long = df_resampled\
```

```
        .tail(self.long_mean_periods).mean()[self.symbol]
    beta = mean_short / mean_long

    # Signal flag calculation
    is_signal_buy = beta > self.buy_threshold
    is_signal_sell = beta < self.sell_threshold

    print(
        'is_signal_buy:', is_signal_buy,
        'is_signal_sell:', is_signal_sell,
        'beta:', beta,
        'bid:', self.bid_price,
            'ask:', self.ask_price
        )

        self.think(is_signal_buy, is_signal_sell)
```

和之前一样，在每次调用 generate_signals_and_think() 函数时，都会用一个固定的时间间隔重采样价格——这个时间间隔由 resample_interval 定义。计算信号时需要的最小间隔现在被定义为 long_mean_periods，而不是 mean_periods。mean_short 变量是指短期平均重采样价格，而 mean_long 变量是指长期平均重采样价格。

beta 变量是短期平均价格与长期平均价格之比。当 beta 值高于 buy_threshold 时，生成一个买入信号，此时 is_signal_buy 布尔变量值为 True。同样，当 beta 值低于 sell_threshold 时，生成一个卖出信号，此时 is_signal_sell 布尔变量值为 True。

把交易参数显示在控制台上进行调试，调用 think() 父类函数触发市场订单买卖的一般逻辑。

8.4.4　运行趋势跟踪交易系统

下面用运行 TrendFollowingTrader 类来启动趋势跟踪交易系统：

```
trader = TrendFollowingTrader(
    broker,
    resample_interval='60s',
    symbol='EUR_USD',
    units=1,
    mean_periods=5,
    long_mean_periods=10,
    buy_threshold=1.000010,
    sell_threshold=0.99990,
)
trader.run()
```

第一个参数 broker 和上一节中为代理创建的对象相同。同样，每隔一分钟就重新采样时间序列价格。本例中研究的是欧元/美元货币对，在任何给定时间进入至多一个单位的仓位。mean_periods 值为 5，表示用最近 5 个采样间隔——也就是 5 分钟的平均价格作为短期平均价格。long_mean_period 值为 10，表示用最近的 10 个采样间隔——也就是 10 分钟的平均价格作为长期平均价格。

短期平均价格与长期平均价格之比被设为 beta，当 beta 值高于定义的 `buy_threshold` 值时，生成一个买入信号；当 beta 值如果低于定义的 `sell_threshold` 值，则生成一个卖出信号。

设置交易参数后，会调用 `run()` 函数来启动交易系统，应该能在控制台上看到类似下面的输出：

```
...
2018-11-23 08:51:12.438684 [PRICE] EUR_USD bid: 1.14018 ask: 1.14033
2018-11-23 08:51:13.520880 EUR_USD FLAT 0 upnl: 0.0 pnl: 0.0
Insufficient data size to calculate logic. Need 10 more.
2018-11-23 08:51:13.529919 EUR_USD FLAT 0 upnl: 0.0 pnl: 0.0
...
```

在交易开始时，获得了当前的市场价格，保持平坦的仓位，既没有利润也没有损失，因为没有足够的数据来作出任何交易决定，必须等 10 分钟才能看到计算出的参数开始生效。

如果交易系统由时间过去较久的历史数据决定，并且你不希望等待收集所有数据，可以考虑用自助法通过历史数据构建这个交易系统。

等待一定时间后，将会看到以下输出：

```
...
is_signal_buy: True is_signal_sell: False beta: 1.0000333228980047 bid: 1.14041 ask: 1.14058
Opening position, BUY EUR_USD 1 units
2018-11-23 09:01:01.579208 [ORDER] transaction_id: 2905 status: FILLED symbol: EUR_USD quantity: 1 is_buy: True
2018-11-23 09:01:01.844743 EUR_USD LONG 1.0 upnl: -0.0002 pnl: 0.0
...
```

让系统自己运行一段时间，它应该能够自己平仓。要停止交易，请使用 Ctrl+Z 或类似的方式来终止运行过程。记住，停止运行时要记得平仓所有剩余交易仓位。

接下来就可以采取措施，改变交易参数和决策逻辑，从而使交易系统获利！

请注意，作者不对交易系统的任何结果负责！在实时交易环境中，需要更多的控制参数、订单管理和仓位跟踪来有效管理你的风险。

在下一节中，将讨论一个风险管理策略，可以应用于我们的交易计划。

8.5 用 VaR 技术实现风险管理

一旦在市场中开仓，就会面临各种风险，如波动率风险和信贷风险。为了尽可能地保护交易资本，需要将某种形式的风险管理措施纳入交易系统。

金融行业中最常见的风险度量指标是 VaR——它的设计目的是回答以下问题：在给定的概率水平（比如说95%）下，经过一段确定的时间，最大损失量是多少？VaR 的好处在于它可以应用于多个级别，从给定仓位的微观级别到基于投资组合的宏观级别。例如，为期 1 天、95% 置信水平的 100 万美元的 VaR 表示：平均 20 天中有一天，由于市场变化，你的损失可能会超过 100 万美元。

图 8-1 描绘了一个均值为 0% 的正态分布投资组合收益率，其中 VaR 是对应于投资组合收益分布的第 95 分位数的损失。

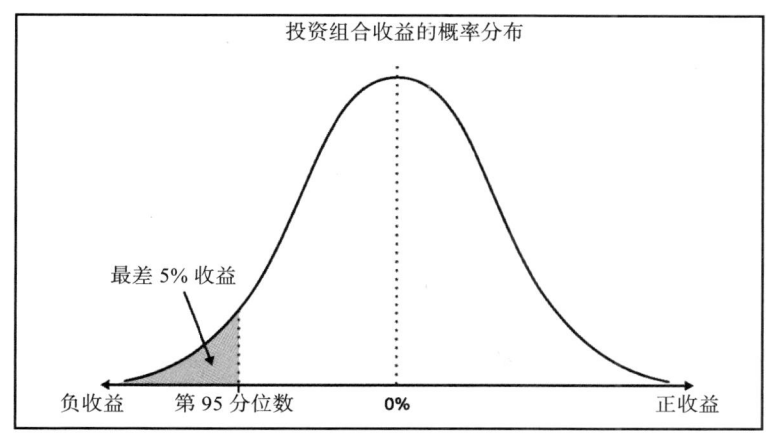

图 8-1

假设在基金管理下拥有 1 亿美元，且具有与 S&P 500 指数基金相同的风险，预期收益率为 9%，标准差为 20%。在 5% 风险水平或 95% 置信水平下计算每日 VaR，使用以下公式。

$$每日波动, \sigma = \frac{20\%}{\sqrt{252}} = 1.26\%$$

$$每日预期收益, u = \frac{9\%}{252} = 0.036\%$$

$$VaR = P - P(N^{-1}(\alpha, u, \sigma) + 1) = \$2\,036\,606.50$$

这里，P 是投资组合的值，$N^{-1}(\alpha, u, \sigma)$ 是风险水平为 α、均值为 u、标准差为 σ 的逆正态分布。假设每年交易天数是 252，结果显示，5% 风险水平的每日 VaR 为 2 036 606.50 美元。

不过，VaR 的使用不是完美的，它没有考虑极端事件发生在正态分布曲线尾部末端的概率。超过某一 VaR 水平的损失程度也很难估计。这里介绍的 VaR，使用历史数据并假设波动水平为一个常量，这样的度量并不能代表未来的性能。

下面采取一种实用的方法来计算股票价格的每日 VaR。从数据源下载 AAPL 股票价格来研究 AAPL 股价：

```
"""
Download the all-time AAPL dataset
"""
from alpha_vantage.timeseries import TimeSeries

# Update your Alpha Vantage API key here...
ALPHA_VANTAGE_API_KEY = 'PZ2ISG9CYY379KLI'

ts = TimeSeries(key=ALPHA_VANTAGE_API_KEY, output_format='pandas')
df, meta_data = ts.get_daily_adjusted(symbol='AAPL', outputsize='full')
```

这个数据集将被下载到 df 变量中，这是 pandas 的 DataFrame 对象：

```
df.info()
```

结果如下：

```
<class 'pandas.core.frame.DataFrame'>
Index: 5259 entries, 1998-01-02 to 2018-11-23
Data columns (total 8 columns):
1. open                 5259 non-null float64
2. high                 5259 non-null float64
3. low                  5259 non-null float64
4. close                5259 non-null float64
5. adjusted close       5259 non-null float64
6. volume               5259 non-null float64
7. dividend amount      5259 non-null float64
8. split coefficient    5259 non-null float64
dtypes: float64(8)
memory usage: 349.2+ KB
```

这个 DataFrame 包含 8 列，其中价格这一列是从 1998 年开始到当前交易日的价格数据，利息这一列是调整后的收盘价。计算 2017 年的每日 VaR，使用如下代码提取这部分数据：

```
import datetime as dt
import pandas as pd

# Define the date range
start = dt.datetime(2017, 1, 1)
end = dt.datetime(2017, 12, 31)

# Cast indexes as DateTimeIndex objects
df.index = pd.to_datetime(df.index)
closing_prices = df['5. adjusted close']
prices = closing_prices.loc[start:end]
```

prices 变量中包含了 2017 年的 AAPL 数据集。

使用之前讨论的公式，可以用以下代码实现 calculate_daily_var() 函数：

```
from scipy.stats import norm

def calculate_daily_var(
    portfolio, prob, mean,
    stdev, days_per_year=252.
):
```

```
alpha = 1-prob
u = mean/days_per_year
sigma = stdev/np.sqrt(days_per_year)
norminv = norm.ppf(alpha, u, sigma)
return portfolio - portfolio*(norminv+1)
```

假设我们持有 1 亿美元的 AAPL 股票,在 95% 的置信水平上计算每日 VaR,用以下代码定义 VaR 参数:

```
import numpy as np

portfolio = 100000000.00
confidence = 0.95

daily_returns = prices.pct_change().dropna()
mu = np.mean(daily_returns)
sigma = np.std(daily_returns)
```

`mu` 和 `sigma` 变量分别表示日平均收益率和日标准差。

下面可以通过调用 `calculate_daily_var()` 函数来计算 VaR:

```
VaR = calculate_daily_var(
    portfolio, confidence, mu, sigma, days_per_year=252.)
print('Value-at-Risk: %.2f' % VaR)
```

结果如下:

```
Value-at-Risk: 114248.72
```

假设每年有 252 个交易日,置信水平为 95% 的 AAPL 股票 2017 年的每日 VaR 为 114248.72 美元。

8.6 总结

本章讲解了从交易场到电子交易平台的演变过程,并了解了算法交易是如何产生的。介绍了一些提供 API 密钥的代理——通过这个 API 密钥,可以使用他们的交易服务。为了开启你的算法交易系统开发之旅,我们使用 Oanda v20 库实现了一个均值回归交易系统。

在设计事件驱动的代理接口类时,定义了用于监听订单、价格和仓位更新的事件处理程序。继承 `Broker` 类的子类只需要根据具体的代理扩展相应的功能,同时保持与交易系统兼容的基本交易功能。通过获取价格、发送市场订单和接收仓位更新,成功地测试了与代理的连接。

然后讨论了一种简单的均值回归交易系统的设计,该系统基于历史平均价格的变动产生买入或卖出信号,并使用市场订单来开仓和平仓。由于该交易系统仅使用一个交易逻辑来源,因此需要更多的研究来构建有效、可靠和有利可图的交易系统。

本章还讨论了一种趋势跟踪交易系统的设计,该系统根据短期平均价格与长期平均价格的对比来产生买入或卖出信号。通过这个设计良好的系统,可以看到:通过简单地扩展均值回归父类和重写决策方法对现有交易逻辑进行修改，是非常容易的。

关于交易还有一个关键的方面是如何有效地管理风险。在金融行业，VaR 是用来度量风险的最常用技术。本章使用 Python 非常方便地计算一个过去的 AAPL 数据集的每日 VaR。

建立了有效的算法交易系统，就可以探索其他方法来衡量交易策略的性能。回溯测试就是一个很好的方法，下一章将讨论这个主题。

第 9 章
回溯测试系统的实现

回溯测试（backtest，简称回测）是借助历史数据测试模型驱动的投资策略。

本章将使用面向对象设计方法实现一个事件驱动的回溯测试系统，将所得的利润和损失绘制在图上，以可视化交易策略的表现。建立一个优良的模型还需要考虑交易成本、延迟执行指令，以及通过回测访问详细交易。

本章主要探讨设计回测模型的 10 个注意事项，回溯测试可采用如 k-均值聚类算法、KNN 机器学习算法、分类回归树、2k 析因设计和遗传算法等多种算法实现。

本章将讨论以下主题：
- ▲ 回溯测试概述
- ▲ 回溯测试的缺陷
- ▲ 事件驱动的回测系统
- ▲ 设计并运行回测系统
- ▲ 编写存储涨跌数据和市场数据的类
- ▲ 编写订单和仓位类
- ▲ 编写均值回归函数
- ▲ 对单个和多个时间进行回溯测试
- ▲ 建立回测模型的 10 个注意事项
- ▲ 回溯测试的算法讨论

9.1 回溯测试概述

回溯测试是借助历史数据测试模型驱动的投资策略，以检测系统与过程。使用历史数据可以节省检验投资策略的时间。回溯测试能够根据测试周期的变动测试投资理论，也可用于评估和校准投资模型。创建模型只是迈出了万里长征第一步。投资策略通常采用模型模拟执行交易决策，并计算与风险或收益相关的各种因素。这些因素通常一起使用以预测收益。

9.1.1 回溯测试的缺陷

目前回溯测试仍有许多问题需要解决：

▲ 它无法完全复制投资策略在实际交易环境中的表现。

▲ 受第三方数据供应商的异常值影响，历史数据的质量也难以保证。

▲ 前视偏差（look-ahead bias）有多种形式，例如，上市公司可能分拆、合并或退市，从而导致股票价格发生重大变化。

▲ 对基于指令薄（order book）的交易策略来说，连续时间内的集体可见需求和供给的市场微观结构难以真实地模拟，而且这种需求和供给受世界各地新闻事件的影响。

▲ 冰山指令（iceberg order）和限价指令（resting order）都是市场中的一些隐藏元素。

▲ 若使回测系统能准确地测试交易模型，还需考虑交易成本、延迟执行指令，以及通过回测访问详细交易。

> 前视偏差是分析期间使用的未来数据，导致模拟或研究结果不准确。所以使用仅在研究期间有效的信息至关重要。

> 金融实践中，冰山指令通常是指分成几个小指令的大指令。而只有一小部分的指令是公众可见的，就像"冰山一角"，实际指令的情况是隐藏的。限价指令（resting order）是其价格远离市场价格，并且正在等待执行的指令。

9.1.2 事件驱动回溯测试系统

在设计和开发回溯测试时，可以从创建视频游戏的角度出发。创建虚拟的市场定价和订购环境类似于创建虚拟游戏世界，交易也可看作一个低买高卖的惊险游戏。

虚拟交易环境需要模拟价格馈送、订单匹配、指令薄管理以及账户和仓位更新的组件。为了实现这些功能，需要了解事件驱动的回溯测试系统的概念。

下面从游戏开发过程中使用的事件驱动编程范例概念开始。通常，系统接收事件作为输入。该事件可以是用户键盘输入或移动鼠标，也可以是另一系统、过程或传感器生成的消息，向主机系统通知传入事件。

图 9-1 展示了游戏系统的流程。

主游戏系统循环的伪代码实现如下：

```
while is_main_loop:    # Main game engine loop
    handle_input_events()
    update_AI()
    update_physics()
    update_game_objects()
    render_screen()
    sleep(1/60)   # Assuming a 60 frames-per-second video game rate
```

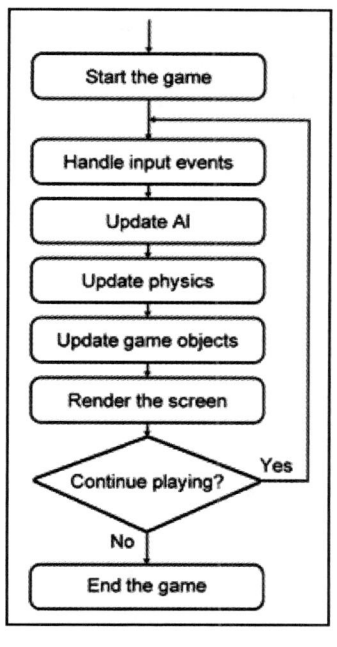

图 9-1

主游戏系统循环的核心功能是处理生成的系统事件,如 handle_input_events() 函数处理键盘事件(keyboard event):

```
def handle_input_events()
    event = get_latest_event()
    if event.type == 'UP_KEY_PRESS':
        move_player_up()
    elif event.type == 'DOWN_KEY_PRESS':
        move_player_down()
```

使用事件驱动系统,能够交换和使用来自不同系统组件的类似事件,实现代码的模块化和可重用性。设计交易平台时,上述功能对处理不同的市场数据源、多个交易算法和不同运行环境时非常有帮助。模拟的交易环境非常接近现实,并能够防止前视偏差。

9.2 设计并实施回溯测试系统

下面以设计视频游戏的方式创建一个回溯测试交易系统,采用面向对象方法,首先定义交易系统中各种组件所需的类。

为了对均值回归策略进行回溯测试,以 AAPL 股票为例,使用从数据提供商下载的每日历史价格数据,用每日的收盘价计算 AAPL 的股价波动率。如果一定时间内收益的标准差与均值 0 的差超过特定阈值,则会产生买入或卖出信号,系统将指令发送到交易所,以下一个交易日的开盘价执行。

一旦开仓,系统就将跟踪未实现和已实现的损益。当系统产生相反的信号时,立即执行与之前相反的操作。完成回溯测试后，系统将绘制损益图，展示策略的执行效果。

下面几节将解释实现回溯测试系统的类。

9.2.1 TickData 类

TickData 类从市场数据源接收的单个数据单元，代码如下：

```
class TickData(object):
    """ Stores a single unit of data """
    def __init__(self, timestamp='', symbol='',
                 open_price=0, close_price=0, total_volume=0):
        self.symbol = symbol
        self.timestamp = timestamp
        self.open_price = open_price
        self.close_price = close_price
        self.total_volume = total_volume
```

本例的数据单元包括股票代码、时间戳、开盘价和收盘价，以及总成交量。还可以添加涨跌数据的详细描述，例如总成交量、买入价格、卖出价格或最后成交量。

9.2.2 MarketData 类

MarketData 类用于存储最终涨跌数据，还能检索价格数据：

```
class MarketData(object):
    """ Stores the most recent tick data for all symbols """

    def __init__(self):
        self.recent_ticks = dict()  # indexed by symbol

    def add_tick_data(self, tick_data):
        self.recent_ticks[tick_data.symbol] = tick_data

    def get_open_price(self, symbol):
        return self.get_tick_data(symbol).open_price

    def get_close_price(self, symbol):
        return self.get_tick_data(symbol).close_price

    def get_tick_data(self, symbol):
        return self.recent_ticks.get(symbol, TickData())

    def get_timestamp(self, symbol):
        return self.recent_ticks[symbol].timestamp
```

9.2.3 MarketDataSource 类

MarketDataSource 类可从外部数据源获取历史数据，本例中用 Quandl 作为数据源，结构体定义如下：

```
class MarketDataSource(object):
    def __init__(self, symbol, tick_event_handler=None, start='', end=''):
        self.market_data = MarketData()
```

```
self.symbol = symbol
self.tick_event_handler = tick_event_handler
self.start, self.end = start, end
self.df = None
```

在这个结构体中，symbol 参数包含数据源为下载数据集而需要识别的值。MarketData 的一个对象用来存储最近的市场现有数据，tick_event_handler 参数在迭代数据源时存储方法处理程序，start 和 end 参数表示我们想存储在 pandas DataFrame 变量 df 中的数据集的开始日期和结束日期。

在 MarketDataSource 函数中添加 fetch_historical_prices() 函数，该函数包含从我们的数据源下载并返回所需的 pandas DataFrame 对象的特定指令，这个对象中含有每天的市场价格，代码如下：

```
def fetch_historical_prices(self):
    import quandl

    # Update your Quandl API key here...
    QUANDL_API_KEY = 'BCzkk3NDWt7H9yjzx-DY'
    quandl.ApiConfig.api_key = QUANDL_API_KEY
    df = quandl.get(self.symbol, start_date=self.start, end_date=self.end)
    return df
```

上述函数是针对 Quandl 的 API 编写的，如果从别的地方下载数据的话，需要重新编写这个函数。同样，添加 run() 函数来进行流式价格的模拟：

```
def run(self):
    if self.df is None:
        self.df = self.fetch_historical_prices()

    total_ticks = len(self.df)
    print('Processing total_ticks:', total_ticks)

    for timestamp, row in self.df.iterrows():
        open_price = row['Open']
        close_price = row['Close']
        volume = row['Volume']

        print(timestamp.date(), 'TICK', self.symbol,
              'open:', open_price,
              'close:', close_price)
        tick_data = TickData(timestamp, self.symbol, open_price,
                             close_price, volume)
        self.market_data.add_tick_data(tick_data)

        if self.tick_event_handler:
            self.tick_event_handler(self.market_data)
```

请注意，第一个 if 语句在执行从数据提供商下载之前检查现有市场数据的存在。这允许同时进行多个模拟，使用缓存的数据进行回溯测试，从而避免不必要的下载开销，并使回溯测试更快运行。

在 df 这个市场数据变量上使用 for 循环来模拟流式价格,每个涨跌数据被转换和格式化为 TickData 的一个实例,添加到 market_data 对象中并作为最近可用于该特定符号的涨跌数据。然后将此对象传递给任何监听涨跌事件的涨跌数据事件处理程序。

9.2.4 Order 类

Order 类表示从交易策略发送到服务器的委托。每个指令都包含时间戳、股票代码、数量、价格和指示买入或卖出指令的标志。本例仅使用市场指令,is_market_order 的期望值为 True。系统可以进一步根据需要添加指令类型,例如限价指令和止损指令。指令完成后,系统将进一步更新成交时间、数量和价格:

```python
class Order(object):
    def __init__(self, timestamp, symbol,
        qty, is_buy, is_market_order,
        price=0
    ):
        self.timestamp = timestamp
        self.symbol = symbol
        self.qty = qty
        self.price = price
        self.is_buy = is_buy
        self.is_market_order = is_market_order
        self.is_filled = False
        self.filled_price = 0
        self.filled_time = None
        self.filled_qty = 0
```

9.2.5 Position 类

Position 类用于跟踪当前的市场仓位和账户余额:

```python
class Position(object):
    def __init__(self, symbol=''):
        self.symbol = symbol
        self.buys = self.sells = self.net = 0
        self.rpnl = 0
        self.position_value = 0
```

买卖和净收入单位的数量分别声明为 buys、sells 和 net 变量。rpnl 变量按符号存储最近实现的损益。注意,position_value 变量从 0 开始,买入股票时,证券的价值从该账户扣除;卖出股票时,证券的价值记入该账户。

当订单完成时,账户的仓位会相应地发生改变。在 Position 类中编写一个 on_position_event() 函数来处理仓位事件:

```python
def on_position_event(self, is_buy, qty, price):
    if is_buy:
        self.buys += qty
    else:
        self.sells += qty
```

```
        self.net = self.buys - self.sells
        changed_value = qty * price * (-1 if is_buy else 1)
        self.position_value += changed_value

        if self.net == 0:
            self.rpnl = self.position_value
            self.position_value = 0
```

在仓位发生变化时,更新并跟踪买卖证券的数量以及证券的当前价值。当持仓净额(net position)为零时,平仓,得到目前已实现的损益。

无论何时开仓,证券价值都会受到市场波动的影响。衡量未实现的损益有助于跟踪市场价值的变化。在 `Position` 类中添加 `calculate_unrealized_pnl()` 函数:

```
def calculate_unrealized_pnl(self, price):
    if self.net == 0:
        return 0

    market_value = self.net * price
    upnl = self.position_value + market_value
    return upnl
```

用当前的市场价格调用 `calculate_unrealized_pnl()` 函数,将提供特定证券仓位的当前市场价值。

9.2.6 Strategy 类

`Strategy` 类是其他策略实现的基础,代码如下:

```
from abc import abstractmethod

class Strategy:
    def __init__(self, send_order_event_handler):
        self.send_order_event_handler = send_order_event_handler

    @abstractmethod
    def on_tick_event(self, market_data):
        raise NotImplementedError('Method is required!')

    @abstractmethod
    def on_position_event(self, positions):
        raise NotImplementedError('Method is required!')

    def send_market_order(self, symbol, qty, is_buy, timestamp):
        if self.send_order_event_handler:
            order = Order(
                timestamp,
                symbol,
                qty,
                is_buy,
                is_market_order=True,
                price=0,
            )
            self.send_order_event_handler(order)
```

当新的市场涨跌数据到达时，调用 `on_tick_event()` 抽象函数。子类必须通过实现这种抽象函数来处理传入的市场价格。每当仓位有更新时，都会调用 `on_position_event()` 抽象函数，子类必须实现此抽象函数来处理传入的仓位更新。

子类调用 `send_market_order()` 函数将市场订单传递到代理商，此类事件的处理程序存储在结构体中——其实际的实现方式将在下一节中讨论，而接口就是代理商的 API。

9.2.7 MeanRevertingStrategy 类

本例使用继承自 `Strategy` 类的 `MeanRevertingStrategy` 类实现均值回归策略，股票代码为 AAPL：

```
import pandas as pd

class MeanRevertingStrategy(Strategy):
    def __init__(self, symbol, trade_qty,
        send_order_event_handler=None, lookback_intervals=20,
        buy_threshold=-1.5, sell_threshold=1.5
    ):
        super(MeanRevertingStrategy, self).__init__(
            send_order_event_handler)

        self.symbol = symbol
        self.trade_qty = trade_qty
        self.lookback_intervals = lookback_intervals
        self.buy_threshold = buy_threshold
        self.sell_threshold = sell_threshold

        self.prices = pd.DataFrame()
        self.is_long = self.is_short = False
```

在这个结构体中，接受参数值来告诉策略交易的安全符号和每个交易的单位数。`send_order_event_handler` 函数变量将被传递给父类进行存储。变量 `lookback_intervals`、`buy_threshold` 和 `sell_threshold` 是关于使用均值回归计算生成交易信号的参数。

`prices` 变量用于存储传入的价格，`is_long` 和 `is_short` 这两个布尔变量存储此策略的当前仓位，在任何时候，它们之中只有一个值可以是 `True`。它们在 MeanRevertingStrategy 类中的 `on_position_event()` 函数中分配：

```
def on_position_event(self, positions):
    position = positions.get(self.symbol)

    self.is_long = position and position.net > 0
    self.is_short = position and position.net < 0
```

`on_position_event()` 函数是一个父类抽象函数，并在每次更新仓位时被调用。

除此之外，还要在 MeanRevertingStrategy 类中编写一个 `on_tick_event()` 抽象函数：

```
def on_tick_event(self, market_data):
    self.store_prices(market_data)

    if len(self.prices) < self.lookback_intervals:
        return

    self.generate_signals_and_send_order(market_data)
```

在每个涨跌数据事件中，市场价格存储在当前的策略类中，用于计算交易信号——只要有足够的数据。在本例中，每日历史价格回溯期为 20 天，换句话说，这里将用过去 20 天的平均价格来确定均值回归。直到没有足够的数据，就可以跳过这一步。

在 MeanRevertingStrategy 类中编写一个 store_prices() 函数：

```
def store_prices(self, market_data):
    timestamp = market_data.get_timestamp(self.symbol)
    close_price = market_data.get_close_price(self.symbol)
    self.prices.loc[timestamp, 'close'] = close_price
```

在每个涨跌事件中，prices 这个 DataFrame 存储每日收盘价格，按时间戳索引。

生成交易信号的逻辑由 MeanRevertingStrategy 类中的 generate_signals_and_send_order() 函数给出：

```
def generate_signals_and_send_order(self, market_data):
    signal_value = self.calculate_z_score()
    timestamp = market_data.get_timestamp(self.symbol)

    if self.buy_threshold > signal_value and not self.is_long:
        print(timestamp.date(), 'BUY signal')
        self.send_market_order(
            self.symbol, self.trade_qty, True, timestamp)
    elif self.sell_threshold < signal_value and not self.is_short:
        print(timestamp.date(), 'SELL signal')
        self.send_market_order(
            self.symbol, self.trade_qty, False, timestamp)
```

在每个涨跌事件中，计算当前周期的 z- 评分。一旦 z- 评分超过了购买阈值，就会产生买入信号。可以通过向代理发送购买市场订单，平仓空头仓位或进入多头仓位。相反，当 z- 评分超过销售阈值时，生成卖出信号。可以向代理发出卖出市场订单的指令，从而平仓多头仓位或进入空头仓位。在回溯测试系统中，订单在第二天开始执行。

在 MeanRevertingStrategy 类中添加计算所需的 calculate_z_score() 函数：

```
def calculate_z_score(self):
    self.prices = self.prices[-self.lookback_intervals:]
    returns = self.prices['close'].pct_change().dropna()
    z_score = ((returns - returns.mean()) / returns.std())[-1]
    return z_score
```

z- 评分公式如下：

$$\text{z-score} = \frac{x - u}{\sigma}$$

这里，x 是最近的收益，μ 是收益均值，σ 是返回的标准差。z- 评分值为 0 表示得分与值均相同。假设购买阈值为 –1.5，当 z- 评分小于 –1.5 时，这表示一个强烈的买入信号，因为接下来 z- 评分将上升到零均值。类似地，高于销售阈值 1.5 也可以表示一个强的卖出信号，因为 z- 评分将下降到均值。

因此，该回溯测试系统的目标是寻找最佳阈值，使我们的利润最大化。

9.2.8　BacktestEngine 类

编写完核心模块组件后，创建下面的 BacktestEngine 类实现回溯测试系统：

```
class BacktestEngine:
    def __init__(self, symbol, trade_qty, start='', end=''):
        self.symbol = symbol
        self.trade_qty = trade_qty
        self.market_data_source = MarketDataSource(
            symbol,
            tick_event_handler=self.on_tick_event,
            start=start, end=end
        )

        self.strategy = None
        self.unfilled_orders = []
        self.positions = dict()
        self.df_rpnl = None
```

在这个回溯测试系统中，存储了符号和交易单位数量。MarketDataSource 的实例用符号以及定义时间数据集时间戳的开始日期和结束日期来创建，发出的涨跌事件由 on_tick_event() 函数进行处理。strategy 变量用于存储均值回归策略类的实例。

unfilled_orders 变量作为指令簿，存储传入的市场指令，以便在下一个交易日执行。positions 变量用于存储 Position 对象的实例，这个变量按符号索引。df_rpnl 变量用于存储在回溯测试期间实现的损益，在测试结束时，可以使用它来绘制图像。

运行这个回溯测试系统的入口点是 Backtester 类中给出的 start() 函数，代码如下：

```
    def start(self, **kwargs):
        print('Backtest started...')

        self.unfilled_orders = []
        self.positions = dict()
        self.df_rpnl = pd.DataFrame()

        self.strategy = MeanRevertingStrategy(
            self.symbol,
            self.trade_qty,
            send_order_event_handler=self.on_order_received,
            **kwargs
        )
        self.market_data_source.run()

        print('Backtest completed.')
```

可以通过调用 start() 函数多次运行 Backtester 类的单个实例。在每次运行开始时，先初始化 unfilled_orders、positions 和 df_rpl 变量。策略的新实例用符号交易单位数量来进行实例化，这需要使用 on_order_received() 函数来接收策略触发的订单以及策略所需的 kwargs 关键字参数。

在 BacktestEngine 类中实现 on_order_received() 函数：

```
def on_order_received(self, order):
    """ Adds an order to the order book """
    print(
        order.timestamp.date(),
        'ORDER',
        'BUY' if order.is_buy else 'SELL',
        order.symbol,
        order.qty
    )
    self.unfilled_orders.append(order)
```

当生成订单并将其添加到指令簿时，控制台上会有提示。

在 BacktestEngine 类中实现 on_tick_event() 函数，以处理市场数据源发出的涨跌事件：

```
def on_tick_event(self, market_data):
    self.match_order_book(market_data)
    self.strategy.on_tick_event(market_data)
    self.print_position_status(market_data)
```

本例中的市场数据源是每日历史价格，收到的涨跌事件代表一个新的交易日。在交易日开始时，检查指令簿并通过调用 match_order_book() 函数，在开市匹配所有未完成的订单。之后，将用 market_data 变量表示的最新市场数据传递给策略的涨跌事件处理程序，从而完成交易功能的执行。交易日结束时，将仓位信息显示在控制台上。

在 BacktestEngine 类中实现 match_order_book() 和 match_unfilled_orders() 函数：

```
def match_order_book(self, market_data):
    if len(self.unfilled_orders) > 0:
        self.unfilled_orders = [
            order for order in self.unfilled_orders
            if self.match_unfilled_orders(order, market_data)
        ]

def match_unfilled_orders(self, order, market_data):
    symbol = order.symbol
    timestamp = market_data.get_timestamp(symbol)

    """ Order is matched and filled """
    if order.is_market_order and timestamp > order.timestamp:
        open_price = market_data.get_open_price(symbol)

        order.is_filled = True
        order.filled_timestamp = timestamp
```

```
            order.filled_price = open_price

            self.on_order_filled(
                symbol, order.qty, order.is_buy,
                open_price, timestamp
            )
            return False

    return True
```

每次调用 match_order_book() 命令时,检查存储在 unfilled_orders 变量中的挂起订单列表,以便在市场中执行,并在操作完成后将订单从列表中删除。match_unfilled_orders() 函数中的 if 语句验证订单是否处于正确状态,并将订单标记为以当前市场开盘价立即完成的订单,这将引起 on_order_filled() 函数的一系列事件。在 BacktestEngine 类中实现这个函数:

```
def on_order_filled(self, symbol, qty, is_buy, filled_price, timestamp):
    position = self.get_position(symbol)
    position.on_position_event(is_buy, qty, filled_price)
    self.df_rpnl.loc[timestamp, "rpnl"] = position.rpnl

    self.strategy.on_position_event(self.positions)

    print(
        timestamp.date(),
        'FILLED', "BUY" if is_buy else "SELL",
        qty, symbol, 'at', filled_price
    )
```

一旦订单被完成,则需要更新交易符号的对应仓位。position 变量包含检索的 Position 实例,并通过调用 on_position_event() 命令更新其状态。计算并将实现的损益连同时间戳一起保存到 pandas DataFrame df_rpnl 中。关于仓位的变化还会通过调用 on_position_event() 函数告知策略,当该事件发生时,控制台上会有提醒。

在 BacktestEngine 类中实现 get_position() 函数:

```
def get_position(self, symbol):
    if symbol not in self.positions:
        self.positions[symbol] = Position(symbol)

    return self.positions[symbol]
```

get_position() 函数是获取交易符号的 Position 对象的辅助方法。如果没有找到一个实例,则这个函数会创建一个实例。

最后一个被 on_tick_event() 函数调用的命令是 print_position_status(),在 BacktestEngine 类中实现这个函数:

```
def print_position_status(self, market_data):
    for symbol, position in self.positions.items():
        close_price = market_data.get_close_price(symbol)
```

```
        timestamp = market_data.get_timestamp(symbol)
        upnl = position.calculate_unrealized_pnl(close_price)
        print(
            timestamp.date(),
            'POSITION',
            'value:%.3f' % position.position_value,
            'upnl:%.3f' % upnl,
            'rpnl:%.3f' % position.rpnl
        )
```

在每次涨跌事件中,都会将当前市场价值、已实现损益和未实现损益的仓位信息显示在控制台上。

9.2.9 运行回溯测试系统

把所有需要的函数都编写在 `BacktestEngine` 类中之后,用以下代码创建一个实例:

```
engine = BacktestEngine(
    'WIKI/AAPL', 1,
    start='2015-01-01',
    end='2017-12-31'
)
```

这个例子研究的是每次交易一个单位的 AAPL 股票,利用 2015 年至 2017 年这三年的每日历史数据进行回溯测试。

使用 `start()` 命令运行回溯系统系统:

```
engine.start(
    lookback_intervals=20,
    buy_threshold=-1.5,
    sell_threshold=1.5
)
```

值为 20 的 `lookback_interval` 参数告诉策略,使用最近 20 天的每日历史价格来计算 z- 评分。`buy_threshold` 和 `sell_threshold` 参数定义生成买入或卖出信号的界限。在本例中,买入阈值为 –1.5 表示在 z- 评分小于 –1.5 时,需要开仓多头仓位。同样,卖空阈值为 1.5 表示当 z- 评分高于 1.5 时,需要平仓空头仓位。

可以看到以下输出:

```
Backtest started...
Processing total_ticks: 753
2015-01-02 TICK WIKI/AAPL open: 111.39 close: 109.33
...
2015-02-25 TICK WIKI/AAPL open: 131.56 close: 128.79
2015-02-25 BUY signal
2015-02-25 ORDER BUY WIKI/AAPL 1
2015-02-26 TICK WIKI/AAPL open: **128.785** close: 130.415
2015-02-26 FILLED BUY 1 WIKI/AAPL at 128.785
2015-02-26 POSITION value:-128.785 upnl:**1.630** rpnl:0.000
2015-02-27 TICK WIKI/AAPL open: 130.0 close: 128.46
```

从输出日志中可以看出，2015 年 2 月 25 日发出了买入信号，并在 2 月 26 日（下一个交易日）开盘时以 128.785 美元的价格将一个市场订单添加到指令簿中，以供执行。到交易日结束时，多头仓位将有 1.63 美元的未实现利润：

```
...
2015-03-30 TICK WIKI/AAPL open: 124.05 close: 126.37
2015-03-30 SELL signal
2015-03-30 ORDER SELL WIKI/AAPL 1
2015-03-30 POSITION value:-128.785 upnl:-2.415 rpnl:0.000
2015-03-31 TICK WIKI/AAPL open: 126.09 close: 124.43
2015-03-31 FILLED SELL 1 WIKI/AAPL at 126.09
2015-03-31 POSITION value:0.000 upnl:0.000 rpnl:-2.695
...
```

随着日志向下滚动，你应该会看到，在 2015 年 3 月 30 日，产生了一个卖出信号，第二天（3 月 31 日）以 126.09 美元的价格执行了一个卖出市场指令。这平仓了多头仓位，带来了 2.695 美元的实际损失。

当回溯测试完成时，可以用以下 Python 代码绘制实现的策略并将利润绘制到图上，以可视化此交易策略：

```
%matplotlib inline
import matplotlib.pyplot as plt

engine.df_rpnl.plot(figsize=(12, 8));
```

结果如图 9-2 所示。

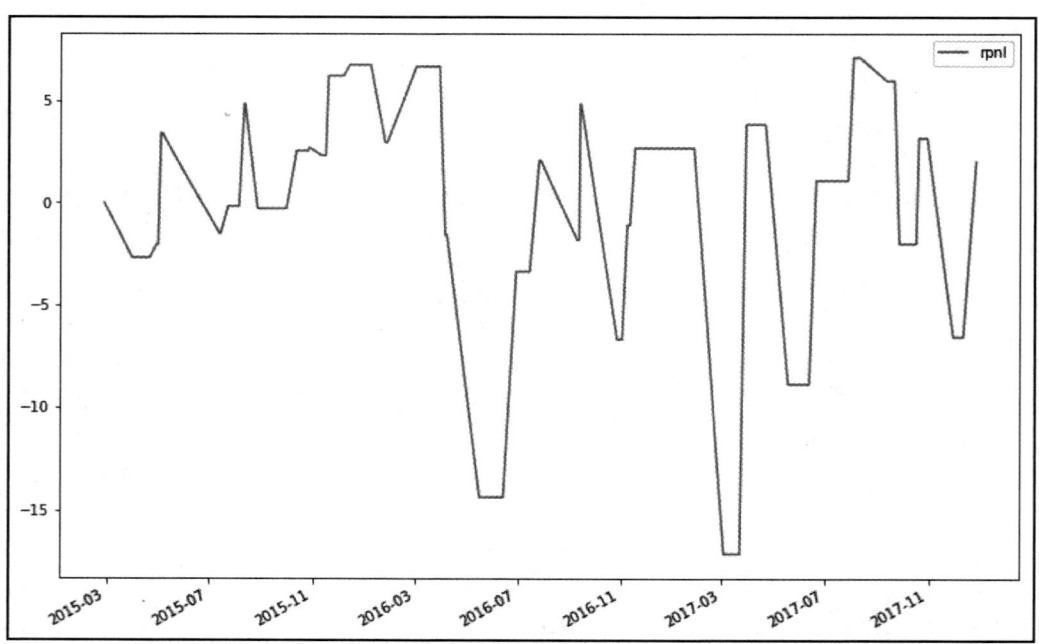

图 9-2

请注意，在回溯测试结束时，已实现的损益尚未完成。可能仍持有未实现损益的多头仓位或空头仓位，在评估你的交易策略时一定要进行说明。

9.2.10 多策略运行回溯测试系统

使用固定的策略参数，可以让回溯系统运行一次并可视化其性能。因为回溯测试的目标是找出适合交易系统的最优策略参数，所以需要这个回溯测试系统能在不同的策略参数上运行多次。

例如，在名为 THRESHOLDS 的常量变量中定义一个阈值列表：

```
THRESHOLDS = [
    (-0.5, 0.5),
    (-1.5, 1.5),
    (-2.5, 2.0),
    (-1.5, 2.5),
]
```

列表常量中的每一项都是买入或卖出阈值的一个元组。可以使用 for 循环来迭代这些值，在每次迭代时调用 engine.start() 命令并绘制每次迭代图像，代码如下：

```
%matplotlib inline
import matplotlib.pyplot as plt

fig, axes = plt.subplots(nrows=len(THRESHOLDS)//2,
    ncols=2, figsize=(12, 8))
fig.subplots_adjust(hspace=0.4)
for i, (buy_threshold, sell_threshold) in enumerate(THRESHOLDS):
    engine.start(
        lookback_intervals=20,
        buy_threshold=buy_threshold,
        sell_threshold=sell_threshold
    )
    df_rpnls = engine.df_rpnl
    ax = axes[i // 2, i % 2]
    ax.set_title(
        'B/S thresholds:(%s,%s)' %
        (buy_threshold, sell_threshold)
    )
    df_rpnls.plot(ax=ax)
```

结果如图 9-3 所示。

这四个图显示了在策略中使用不同阈值产生的结果。通过改变策略参数，获得了不同的风险和收益概况。也许你可以找到更好的策略参数，取得比这些更好的结果！

9.2.11 改进回溯测试系统

本章采用股票每日收盘价格的均值回归策略创建了回测系统。可以通过几个方面的改进使这个回测模型更加有效。可改进方面包括：历史日常价格是否足以测试模型？是否应使用日内限价指令？账户价值从零开始，如何准确地反映资本要求？能否借用股票进行做空？

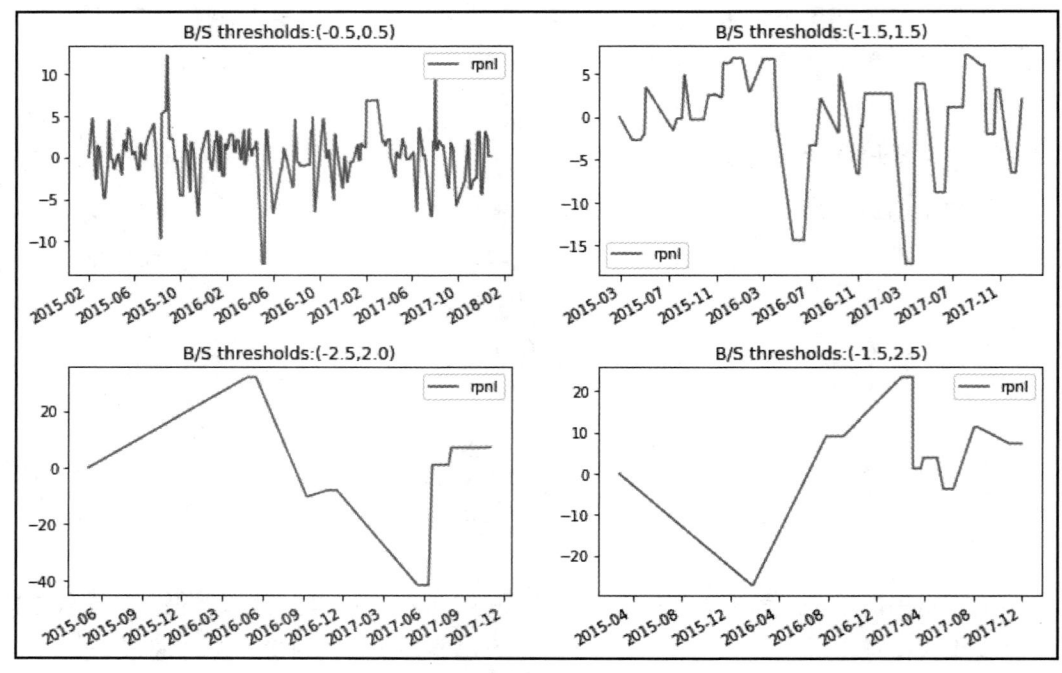

图 9-3

本例采用面向对象方法创建回测系统,该系统集成其他组件的难易程度如何?交易系统应该可以接受多个市场数据来源,是否应创建将系统部署到产品环境的其他组件?

上述可改进项目并不详尽。为创建更稳健的回测模型,下一节将详细阐述回测系统设计中的 10 个注意事项。

9.3 回溯测试模型的 10 个注意事项

上一节执行了一次回溯测试,测试结果看起来相当乐观,但是否足以推断这是一个好的交易模型?事实上,回溯测试涉及大量的研究工作,足以成为一门单独的学科。下面将简要介绍实施回溯测试时的注意事项。

9.3.1 模型的资源限制

有限的可用资源限制了回溯测试系统的能力。金融模型仅使用最后收盘价产生信号,而交易系统需要从指令薄中读取每一次涨跌可用的所有级别指令薄数据,这无疑增加了存储的复杂性。数据交换、估计技术和计算机资源等同样会对模型的性能产生限制。

9.3.2 模型评价标准

什么样的模型才是好模型?以下标准可以提供参考,比如夏普比率、命中率、平均收益率、VaR 统计量,以及最小和最大回撤。设计模型时该如何平衡这些指标?一个高夏普比率模型可接受的最大回撤幅度是多少？

9.3.3 估计回溯测试参数的质量

模型使用不同的参数自然会产生不同的结果。但结果最佳的模型参数最值得信赖吗？使用模型平均等方法，可以校正乐观估计。

模型平均技术是多个模型的平均拟合，而不是使用单个最佳模型。

9.3.4 应对模型风险

经过大规模回溯测试后，也许你会发现模型结果表现良好。但你对该模型的未来表现放心吗？模型风险是指市场结构或模型参数随时间变化，或者制度变化可能导致模型的功能突然变化。若上述情况发生，可能需要重新评估模型的正确性。应对模型风险的解决方案仍是使用模型平均法。

9.3.5 样本数据回测的性能

回溯测试有助于利用样本数据的特性广泛搜索参数，优化模型的结果。但历史数据永远不会真实模仿实时的实盘交易市场。优化结果始终导致对模型和使用的策略产生乐观的评估。

9.3.6 解决回溯测试的常见缺陷

回溯测试最常见的错误是前视偏差。前视偏差有多种形式，例如，参数估计由完整周期的样本数据导出，这就导致持续使用未来信息。因此应该按顺序进行统计估计和模型选择，但现实中这很难实施。

数据误差可能由硬件、软件和人为错误导致。况且上市公司可能分拆、合并或退市，从而导致股票价格发生重大变化，这些行为可能寻致模型出现幸存者偏差。未能正确清洗数据将影响模型参数。

幸存者偏差（survivorship bias）是在过去的选择过程中幸存下来结果上的逻辑错误。例如，即使在市场不景气时期，股票市场指数也可能表现强劲。这是因为市场指数已经将表现不佳的股票剔除，从而导致对历史收益的过高估计。

未使用收缩估计量或模型平均法可能产生极端值，从而难以进行比较和估计。

在统计学中，收缩估计量（shrinkage estimator）作为普通最小二乘估计的替代法，以产生最小的均方误差，用于将模型输出的原始估计值向零或其他固定常数值靠拢。

9.3.7 常识错误

设计模型时可能犯常识性错误，如尝试用趋势变量解释无趋势变量，或者在不必要时使用对数值。

9.3.8 理解模型环境

只具备常识概念是远远不够的，好的模型需要考虑历史、操作人员、操作限制、共同特性，以及对模型理论的理解等因素。模型出现问题时，应当查验商品价格随季节变动模式、数据搜集方法、变量的计算公式等问题。

9.3.9 数据准确性

由于种种原因，涨跌数据不是每个人都有权获取。此外，低分辨率涨跌数据可能会丢失许多详细信息，甚至出现错误。因此使用摘要统计量，如均值、标准误差、最大值、最小值和相关系数，能够确定数据的性质、数据可用性，进而推断回测参数。

整理数据时，我们可能会产生这样的疑问：有哪些需要注意的事项？数据是否现实并合乎逻辑？缺少数据如何编码？

使用图形将结果可视化，会产生出人意料的效果。直方图可显示意外的分布情况，残差图会显示意想不到的预测误差模式，残差数据的散点图会揭示新的建模机会。

残留数据是观察值和模型值之间的差，又称为"残差"。

9.3.10 数据挖掘

经过反复多次回溯测试后，测试结果会成为新的信息来源；实时条件下运行模型也会产生新的信息来源。挖掘这些丰富的信息，可以获得数据驱动的结果，避免模型设计得到样本数据的现值。建议在报告结果时使用收缩估计量或模型平均方法。

9.4 回溯测试中的算法选择

讨论了回溯测试模型的设计后，可以继续使用一个或多个算法来改进模型。本节简要介绍回溯测试中可用于改进模型的算法，例如数据挖掘和机器学习。

9.4.1 k-均值聚类算法

k-均值聚类算法是数据挖掘的聚类分析方法。依托回测结果的 n 个观察值，k-均值算法将数据分成 k 个聚类并计算每个聚类的中心点。该方法的目标是找出模型平均点的集群平方和。模型平均点代表模型的平均性能，可以与其他模型进行比较。

9.4.2 KNN 机器学习算法

K-近邻（K-Nearest Neighbor，KNN）是一种不构建任何模型的惰性学习技术。

回测系统通过随机或最佳猜测选择初始的回测模型参数集合，使用最接近原始集合的 k 个参数集合用于下一步骤计算，然后模型将采用最佳结果的参数集。

该计算过程直到满足终止条件才终止，得出可用的最佳模型参数集合。

9.4.3 分类回归树分析

分类回归树（Classification and Regression Tree，CART）分析包含用于数据挖掘的两棵决策树。分类树使用分类规则在决策树中使用节点和分支，对模型的结果进行分类。回归树试图为分类的结果分配一个真实值。所有经 CART 得到的值皆被平均，可用于衡量决策质量。

9.4.4 2k 析因设计

设计回溯测试实验时，可以使用 2k 析因设计。假设有两个因素 A 和 B，每个因素的行为对应一个布尔值，+1 或 –1。+1 指较大值，–1 指较小值。这将产生 $2^2 = 4$ 种结果的组合。对于三因素模型，就有 $2^3 = 8$ 种结果的组合。表 9-1 为双因子的示例，结果为 W、X、Y 和 Z。

表 9-1

	A	B	组合结果 I
布尔值	+1	+1	W
布尔值	+1	–1	X
布尔值	–1	+1	Y
布尔值	–1	–1	Z

基于这些数据可以执行回归分析计算其方差，确定哪些因素更具影响力，应选择什么值使结果接近期望值，以及哪些值能够实现最低方差或将不可控变量的影响最小化。

9.4.5 遗传算法

遗传算法（Genetic Algorithm，GA）技术中，每个个体通过自然选择过程发生自身演变以优化问题。优化问题的候选解群体经历选择迭代过程成为父母，经历突变和交叉产生后代。在连续世代的循环中，群体将朝着最优解方向演变。

遗传算法可用于回溯测试，解决标准优化问题、不连续或不可微分问题以及非线性问题等。

9.5 总结

回溯测试是借助历史数据测试模型驱动的投资策略,以检测系统与过程,并计算与风险或收益有关的各种因素。结合这些因素我们可以预测收益。

在设计和开发回溯测试的过程中,参考视频游戏的概念是很有帮助的。在虚拟交易环境中,需要模拟价格馈送、订单匹配、指令薄管理,以及账户和仓位更新的组件。为了实现这些功能,可以了解构建事件驱动的回溯测试系统的概念。

本章中设计并实现了一个回溯测试系统,它通过与各种组件的交互,处理涨跌数据,从数据提供商获取历史价格、处理订单、更新仓位、模拟触发策略的流式价格来执行均值回归计算。每周期的 z- 得分作为交易信号,这个信号可以在下一个交易日开盘时生成要执行的市场订单。使用不同的策略参数执行单个及多个回溯测试的运行,并绘制损益结果的图像,可以更清楚地看到交易策略的表现。

回溯测试涉及大量的研究工作,足以成为一门单独的学科。本章简要介绍了设计回测模型的 10 个注意事项。此外,为了优化交易模型,可以在回溯测试中使用 k- 均值聚类算法、KNN 机器学习算法、分类回归树、2k 析因设计和遗传算法。

下一章将讨论如何使用机器学习的相关技术进行预测分析。

第 10 章
金融中的机器学习

机器学习已经广泛应用于金融服务业,这是由供应因素(如在数据存储、算法和计算基础设施方面的技术进步)和需求因素(如盈利能力需求、与其他公司的竞争以及监督和管理职能)共同驱使的。金融领域的机器学习包括算法交易、投资组合管理、保险承保和欺诈检测等,还有很多领域,在这里就不赘述了。

机器学习算法有几种,但在机器学习文献中通常遇到的两种主要算法是——监督机器学习和无监督机器学习。本章讨论的重点是监督机器学习。监督机器学习包括提供输入和输出数据,以帮助机器预测新的输入数据。这可以是基于回归的,也可以是基于分类的。基于回归的机器学习算法预测连续值,而基于分类的机器学习算法预测类或者标签。

本章将介绍机器学习,研究机器学习的概念和在金融中的应用,以及应用机器学习来帮助交易决策的实例。

本章将讨论以下主题:
▲ 讨论机器学习在金融中的应用
▲ 监督机器学习和无监督机器学习
▲ 基于分类和基于回归的机器学习
▲ 使用 scikit-learn 实现机器学习算法
▲ 基于单资产回归的机器学习在价格预测中的应用
▲ 了解回归模型测量中的风险度量
▲ 基于多资产回归的机器学习在收益预测中的应用
▲ 基于分类的机器学习在趋势预测中的应用
▲ 理解分类模型中的风险度量

10.1 机器学习简介

在机器学习算法成熟之前,许多软件应用程序的决策都是基于规则的,由一系列 if 和

else 语句组成，对一些输入数据生成合适的响应。一个常见的例子是电子邮件收件箱中的垃圾邮件过滤功能。邮箱可能包含由邮件服务器管理员或所有者定义的黑名单单词，它会对收到的电子邮件扫描黑名单上的单词，如果黑名单条件成立，邮件被标记为垃圾邮件并发送到垃圾文件夹。由于不想要的电子邮件会为了避免检测不断更新，垃圾邮件过滤机制也必须不断更新来做得更好。然而，通过机器学习，垃圾邮件过滤器可以自动学习过去的电子邮件数据，并给出一个收到的电子邮件分类的可能性——无论新的电子邮件是否是垃圾邮件。

人脸识别和图像检测的算法在很大程度上都是一样的，以位和字节存储的数字图像根据使用者提供的预期响应进行收集、分析和分类。这个过程被称为训练，使用监督学习方法。经过训练的数据随后可用于预测下一组输入数据，并响应具有一定置信度的输出。另一方面，当训练数据不包含预期响应时，机器学习算法将从训练数据中学习，这个过程叫作无监督学习。

10.1.1 机器学习在金融中的应用

机器学习越来越多地被应用于金融领域，如数据安全、客户服务、预测和金融服务。当然，很多案例也利用了大数据和人工智能（AI）——这并不是机器学习所独有的。在本节中，将研究机器学习正在改变金融的一些方式。

1. 算法交易

机器学习算法研究高度相关资产价格的统计特性，测量其对历史数据的预测能力，并对价格进行精确地预测。机器学习交易算法可能涉及对订单簿、市场深度和数量、新闻稿、收益或财务报表的分析，进而分析价格变动的可能性并考虑产生交易信号。

2. 投资组合管理

近年来，作为自动对冲基金经理的 robo 顾问概念越来越受欢迎。它们辅助投资组合的构建、优化、分配和再平衡，甚至根据客户的风险承受能力和投资工具的选择，向客户建议投资工具。这些顾问作为与数字金融计划师交互的平台，提供财务建议和投资组合管理。

3. 监督和管理职能

金融机构和监管机构正在采用人工智能和机器学习来分析、识别和标识值得进一步调查的可疑交易。像证券交易委员会（SEC）这样的监管机构，就采用数据驱动方法，并使用 AI、机器学习和自然语言处理等方式来确定需要禁止的行为。目前，世界范围内的中央管理局正在发展机器学习能力，使其具有管理功能。

4. 保险贷款承保

保险公司积极使用人工智能和机器学习来增强保险部门的某些功能，改善保险产品的定价和营销,并减少索赔处理时间。在贷款承销中,将单个消费者的许多数据点(如年龄、收入和信用评分)与数据库进行比较,建立信贷风险,决定信用评分,并计算贷款违约的可能性。这些数据依赖于金融机构的交易和支付历史。然而,现在放款人越来越多地倾向于社交媒体活动、手机使用和信息传递活动,以获取更全面的信誉观点,加快贷款决策,限制增量风险,并提高信用评级的准确度。

5. 新闻情感分析

自然语言处理是机器学习的一个子集,它可以用来分析替代数据、财务报表、新闻公告甚至是 Twitter 订阅源,在这个基础上生成对冲基金、高频交易公司、社会交易和实时分析市场的投资平台使用的投资信心指标。政治家的演讲,或重要的新闻,如中央银行发布的新闻稿也可以用于实时分析,每一个单词都被仔细检查和计算,以预测哪些资产价格会发生变化以及变化的程度。机器学习不仅能了解股票价格和交易的走势,而且还能了解社交媒体的推送、新闻趋势和其他数据来源。

6. 金融以外的机器学习

机器学习正越来越多地应用于面部识别、语音识别、生物特征识别、贸易结算、聊天机器人、销售推荐、内容创建等领域。随着机器学习算法的改进和它们的采用率上升,使用它们的领域会越来越多。

本章从理解机器学习文献中遇到的一些术语开始,正式踏上机器学习之旅。

10.1.2 监督学习和无监督学习

机器学习算法有很多种,但是通常使用的两种主要算法是监督机器学习和无监督机器学习。

1. 监督机器学习

监督机器学习可以预测给定输入的输出,这些输入到输出数据的配对称为训练数据。预测的质量完全取决于训练数据,不正确的训练数据会降低机器学习模型的有效性。例如,一个事务数据集,其中的标签标识哪些是欺诈性的,哪些不是欺诈的,然后我们就可以用这个数据集构建一个新的模型,来预测新的交易是否是欺诈的。

监督学习中常用的算法有逻辑回归算法、支持向量机算法和随机森林算法。

2. 无监督机器学习

无监督机器学习是基于给定的输入数据建立一个模型,该模型不包含标签,而是被用来检测数据中的模式,这可能包括确定一组具有相似的潜在特征的观察结果。无监督学习的目的是对以前从未见过的新数据做出准确的预测。

例如,无监督学习模型可以通过寻找一组具有类似特性的证券来对非流动性证券进行定价。常用的无监督学习算法包括 k-均值聚类、主成分分析和自动编码器。

10.1.3 监督机器学习中的分类与回归

有两种主要的监督机器学习算法——分类和回归。分类机器学习模型会尝试预测和分类来自预定义的可能性列表的响应，这些预定义的可能性可以是二元分类，例如，对"这是垃圾邮件吗？"这个问题的回答有"是"或者"否"，也可以是多类分类。

回归机器学习模型会尝试预测连续的输出值。例如，预测房价或气温，这些输出值的范围是连续的。常见的回归形式有普通最小二乘（OLS）回归、LASSO 回归、岭回归和弹性网络正则化。

10.1.4 过拟合和欠拟合模型

机器学习模型的不良性能可能是过拟合或欠拟合造成的过拟合机器学习模型是指对训练数据训练过度，从而使得这个模型在对新数据的预测上性能不佳。当训练数据拟合于每一个微小的变化，包括噪声和随机波动时，就会发生这种情况。无监督学习算法对过拟合是高度敏感的，因为模型会从每一个数据中进行学习——无论这个数据是好的还是坏的。

欠拟合的机器学习模型给出的预测精度很低，这可能是由于训练数据太少，无法建立准确的模型，或者是这些数据不适合于提取其基本趋势。欠拟合模型很容易被检测到，因为它们的性能一直很差。若要改进这些模型，只需要提供更多的训练数据或使用另一种机器学习算法。

10.1.5 特征工程

特征是定义数据的特性的属性。通过使用与数据相关的领域知识，可以创建特征来帮助机器学习算法提高它们的预测表现。这一步非常简单，只需将现有数据的相关部分分组或存储就可以形成特征。除此之外，删除不需要的特征也是特征工程的一部分。

举个例子，假设有如表 10-1 所示的时间序列价格数据。

表 10-1

序号	日期和时间	价格	价格动向
1	2019-01-02 09:00:01	55.00	UP
2	2019-01-02 10:03:42	45.00	DOWN
3	2019-01-02 10:31:23	48.00	UP
4	2019-01-02 11:14:02	33.00	DOWN

只保留时间序列价格数据的时间（精确到小时）和最后状态，得到的特征如表 10-2 所示。

表 10-2

序号	小时	最终价格动向
1	9	UP
2	10	UP
3	11	DOWN

特征工程包括以下四步：

1）头脑风暴训练数据中包含的特征。

2）创建这些特征。

3）检查这些特征与模型的匹配程度。

4）重复第一步直到特征完全能代表模型。

对于怎么创建特征，没有什么硬性的规则。特征工程与其说是一门科学，不如说是一门艺术。

10.1.6 机器学习的 scikit-learn 库

scikit-learn 库是为科学计算而设计的 Python 库，它包含了许多最先进的机器学习算法，可用于分类、回归、聚类、降维、模型选择和预处理。它的名称来源于 SciPy 工具包，因为它是 SciPy 模块的一个扩展。关于 scikit-learn 的综合文档，可以从 https://scikit-learn.org 获取。

 SciPy 是用于科学计算的 Python 模块的集合，包含许多核心包，如 NumPy、Matplotlib、IPython 等。

本章将使用 scikit-learn 库的机器学习算法来预测证券动态，使用这个库需要先安装 NumPy 和 SciPy，然后在命令行中输入下述 pip 命令安装这个库：

```
pip install scikit-learn
```

10.2 用单资产回归模型预测价格

配对交易是一种常用的套利交易策略，这种策略常被拥有一对协整和高度正相关资产的交易者所使用——当然，负相关对也是可以考虑的。

在本节中，将使用机器学习来训练基于回归的模型，使用一对可能用于配对交易的证券的历史价格。根据一种证券的当前价格，我们每天都来预测另一种证券的价格。下面的例子使用了高盛（Goldman Sachs，GS）和摩根大通（J. P. Morgan，JPM）在纽约股票交易所（NYSE）交易的历史每日价格。我们将预测摩根大通 2018 年的股价。

10.2.1 OLS 线性回归

下面从一个简单的线性回归模型开始研究基于回归的机器学习。一条直线可以表示为:

$$\hat{y} = ax + c$$

我们尝试通过 OLS 拟合数据:

▲ a 是斜率或系数。

▲ c 是 y 轴上的截距。

▲ x 是输入的数据。

▲ $\hat{y}$ 是直线的预测值。

系数和截距是通过最小化成本函数来确定的:

$$minimize \sum_{i=0}^{n-1}(y_i - \hat{y}_i)^2$$

y 是用于执行直线拟合时观测到的实际值的数据集。换句话说,就是寻找系数 a 和 c 的平方误差的最小和,从中可以预测当前周期的输出。

在完善模型之前,先下载所需的数据集。

10.2.2 准备自变量和因变量

先从 Alpha Vantage 上下载 GS 和 JPM 的价格数据集,代码如下:

```
In [ ]:
    from alpha_vantage.timeseries import TimeSeries

    # Update your Alpha Vantage API key here...
    ALPHA_VANTAGE_API_KEY = 'PZ2ISG9CYY379KLI'

    ts = TimeSeries(key=ALPHA_VANTAGE_API_KEY, output_format='pandas')
    df_jpm, meta_data = ts.get_daily_adjusted(
        symbol='JPM', outputsize='full')
    df_gs, meta_data = ts.get_daily_adjusted(
        symbol='GS', outputsize='full')
```

df_jpm 和 df_gs 这两个 pandas 的 DataFrame 对象分别存储 JPM 和 GS 的价格数据集,从每个数据集的第五列提取调整后的收盘价。

用下列代码来准备自变量:

```
In [ ]:
    import pandas as pd

    df_x = pd.DataFrame({'GS': df_gs['5. adjusted close']})
```

GS 调整后的收盘价存储在新的 DataFrame 对象 df_x 中。接下来准备因变量,代码如下:

```
In [ ]:
    jpm_prices = df_jpm['5. adjusted close']
```

JPM 调整后的收盘价作为一个 pandas 序列对象存储在 jpm_prices 变量中，有了这些数据集，我们就可以进一步完善我们的线性回归模型。

10.2.3 编写线性回归模型

创建一个用于线性回归模型拟合和预测值的类。在本章中，该类还用作实现其他模型的基类。步骤如下：

1）声明一个 LinearRegressionModel 类：

```
from sklearn.linear_model import LinearRegression

class LinearRegressionModel(object):
    def __init__(self):
        self.df_result = pd.DataFrame(columns=['Actual',
'Predicted'])

    def get_model(self):
        return LinearRegression(fit_intercept=False)

    def get_prices_since(self, df, date_since, lookback):
        index = df.index.get_loc(date_since)
        return df.iloc[index-lookback:index]
```

在这个结构体中，声明了一个 pandas DataFrame 对象 df_result，用于存储实际值和预测值并画图进行对比。get_model() 函数返回 sklearn.linear_model 模块中 LinearRegression 类的一个实例，用于拟合和预测数据。set_intercept 参数设置为 True，数据不在中心点（也就是在 x 轴和 y 轴上约为 0）。

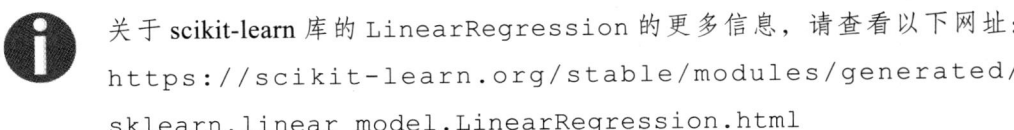

> 关于 scikit-learn 库的 LinearRegression 的更多信息，请查看以下网址：
> https://scikit-learn.org/stable/modules/generated/sklearn.linear_model.LinearRegression.html

get_prices_since() 函数用 iloc 命令对所给数据集的一个子集进行切片，从 date_since 包含的日期索引往前一段时间（这个时间的长度由 lookback 值定义）。

2）在 LinearRegressionModel 类中添加一个 learn() 函数：

```
def learn(self, df, ys, start_date, end_date, lookback_period=20):
    model = self.get_model()

    for date in df[start_date:end_date].index:
        # Fit the model
        x = self.get_prices_since(df, date, lookback_period)
        y = self.get_prices_since(ys, date, lookback_period)
        model.fit(x, y.ravel())

        # Predict the current period
        x_current = df.loc[date].values
        [y_pred] = model.predict([x_current])
```

```
# Store predictions
new_index = pd.to_datetime(date, format='%Y-%m-%d')
y_actual = ys.loc[date]
self.df_result.loc[new_index] = [y_actual, y_pred]
```

`learn()`函数用作运行模型的入口点,它接受`df`和`ys`参数作为自变量和因变量,`start_date`和`end_date`作为相应于预测周期数据集索引的字符串,`lookback_period`参数是用于拟合当前周期模型的历史数据点数。

`for`循环按日模拟回溯测试,调用`get_prices_since()`获取数据集的子集,以便使用`fit()`命令在 x- 轴和 y- 轴上拟合模型。`ravel()`命令将给定的`pandas`序列对象转换为用于拟合模型的因变量列表。

`x_current`变量代表指定日期的自变量值,输入到`predict()`函数中。预测输出是一个`list`对象,从中提取第一个值。实际值和预测值都保存到`df_result`这个`DataFrame`对象中,由当前日期进行索引。

3)下面来实例化这个类,通过下面的命令来运行机器学习模型:

```
In [ ]:
    linear_reg_model = LinearRegressionModel()
    linear_reg_model.learn(df_x, jpm_prices, start_date='2018',
                           end_date='2019', lookback_period=20)
```

在`learn()`命令中,提供了准备好的数据集`df_x`和`jpm_prices`,并指定了对 2018 年进行预测。对于这个例子,假设一个月有 20 个交易日,将`lookback_period`的值设为 20,这里使用过去一个月的价格来拟合模型,以便进行每天的预测。

4)从模型中检索`df_result`这个`DataFrame`,并绘制实际值与预测值的图像:

```
In [ ]:
    %matplotlib inline

    linear_reg_model.df_result.plot(
        title='JPM prediction by OLS',
        style=['-', '--'], figsize=(12,8));
```

在`style`参数中,我们指定将实际值绘制为实线,并将预测值绘制为虚线,结果如图 10-1 所示。

从图 10-1 中可以发现,在一定程度上,预测结果与实际值相符。那么这个模型实际性能到底如何呢?在下一节,将讨论几个常见的风险度量来评估这个基于回归的模型的性能。

10.2.4 测量预测性能的风险度量

`sklearn.metrics`模块中实现了几个用于度量预测性能的回归指标。在本节的剩余部分中,将讨论均值绝对误差、均方误差、解释方差得分和 R^2 得分。

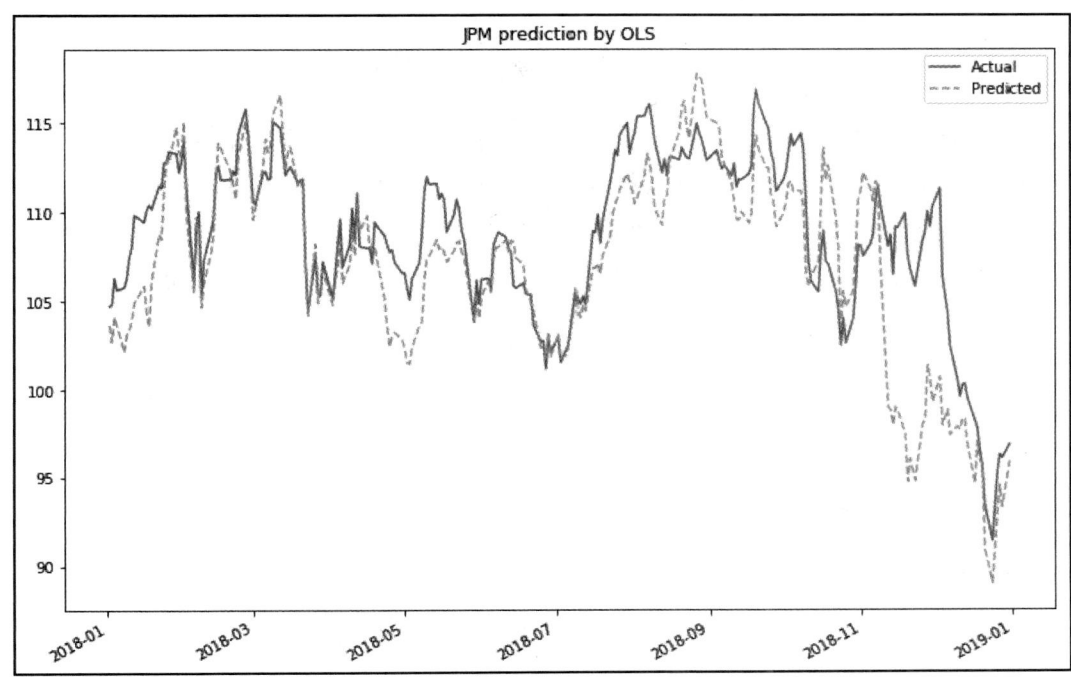

图 10-1

1. 均值绝对误差

均值绝对误差(MAE)是衡量平均绝对预测误差的风险度量,公式如下:

$$\text{MAE}(y, \hat{y}) = \frac{1}{n}\sum_{i=0}^{n-1}|y_i - \hat{y}_i|$$

这里,y 和 $\hat{y}$ 分别是实际值和预测值列表,它们的长度为 n。$\hat{y}_i$ 和 y_i 分别是在索引为 i 处的预测值和实际值。取误差的绝对值,表示输出结果是一个正的十进制值。理想的 MAE 是一个很小的值,因为 MAE 为 0 代表预测值和实际值完全吻合,它们没有任何区别。

用 sklearn.metrics 模块中的 mean_abolute_error 函数计算 MAE 的值:

```
In [ ]:
    from sklearn.metrics import mean_absolute_error
    
    actual = linear_reg_model.df_result['Actual']
    predicted = linear_reg_model.df_result['Predicted']
    
    mae = mean_absolute_error(actual, predicted)
    print('mean absolute error:', mae)
Out[ ]:
    mean absolute error: 2.4581692107823367
```

线性回归模型 MAE 值为 2.458。

2. 均方误差

与 MAE 类似,均方误差(MSE)是衡量预测误差平方平均值的风险度量,公式如下:

$$\text{MSE}(y, \hat{y}) = \frac{1}{n}\sum_{i=0}^{n-1}(y_i - \hat{y}_i)^2$$

均方误差意味着 MSE 的值总是正的，同样，理想的 MSE 是一个较小的值，MSE 为 0 代表预测值和实际值完全吻合，此时这些差值的平方是可以忽略的。虽然 MSE 和 MAE 都可以帮助我们确定模型的预测性能，但 MSE 会更胜一筹，因为平方会使误差更明显。

用 `sklearn.metrics` 模块中的 `mean_squared_error` 函数计算 MSE 的值：

```
In [ ]:
    from sklearn.metrics import mean_squared_error
    mse = mean_squared_error(actual, predicted)
    print('mean squared error:', mse)
Out[ ]:
    mean squared error: 12.156835196436589
```

线性回归模型 MSE 值为 12.157。

3. 解释方差得分

解释方差得分表示给定数据集误差的分散性，公式如下：

$$explained\ variance(y, \hat{y}) = 1 - \frac{Var(y, \hat{y})}{Var(y)}$$

这里，$Var(y - \hat{y})$ 和 $Var(y)$ 分别是预测误差和实际值的方差。这个得分越接近 1，表明误差标准差的平方值越好。

用 `sklearn.metrics` 模块中的 `explained_variance_score` 函数计算这个值：

```
In [ ]:
    from sklearn.metrics import explained_variance_score
    eva = explained_variance_score(actual, predicted)
    print('explained variance score:', eva)
Out[ ]:
    explained variance score: 0.5332235487812286
```

线性回归模型解释方差得分为 0.5332。

4. R^2 得分

R^2 得分也被称为决定系数，它衡量了模型对未来样本的预测能力，公式如下：

$$R^2(y, \hat{y}) = 1 - \frac{\sum_{i=0}^{n-1}(y_i - \hat{y})^2}{\sum_{i=0}^{n-1}(y_i - \overline{y})^2}$$

$\overline{y}$ 是实际值的均值，可以表示为：

$$\overline{y} = \frac{1}{n}\sum_{i=0}^{n-1} y_i$$

R^2 得分范围是从负值到 1.0，一个完美的 R^2 得分值为 1，这表示在回归分析中没有误差。而得分 0 表示模型总是预测目标值的均值，一个负的 R^2 得分表示预测结果低于平均水平。

用 sklearn.metrics 模块中的 r2_score 函数计算 R^2 得分：

```
In [ ]:
    from sklearn.metrics import r2_score
    r2 = r2_score(actual, predicted)
    print('r2 score:', r2)
Out[ ]:
    r2 score: 0.41668246393290576
```

线性回归模型 R^2 得分为 0.4167，这表示这个模型考虑了目标变量 41.67% 的变异性。

10.2.5 岭回归

岭回归，即 L2 正则化，通过惩罚模型系数的平方和来解决 OLS 回归的一些问题，公式如下：

$$minimize \sum_{i=1}^{n}(y_i - \hat{y}_i)^2 + \alpha \sum_{j=0}^{m} b_j^2$$

α 参数是一个控制收缩量的正值。α 值越大，收缩越大，这样可以使系数对共线性具有更好的鲁棒性。

sklearn.linear_model 模块的 Ridge 类可以实现岭回归，为了实现这个模型，编写一个继承自 LinearRegressionModel 类的 RidgeRegressionModel，代码如下：

```
In [ ]:
    from sklearn.linear_model import Ridge

    class RidgeRegressionModel(LinearRegressionModel):
        def get_model(self):
            return Ridge(alpha=.5)

    ridge_reg_model = RidgeRegressionModel()
    ridge_reg_model.learn(df_x, jpm_prices, start_date='2018',
                          end_date='2019', lookback_period=20)
```

在这个新类中，重新编写 get_model() 函数以返回 scikit-learn 库的岭回归模型，同时保持父类中的其他方法不变。alpha 值设置为 0.5，模型参数的其余部分保留为默认值。ridge_reg_modell 变量表示岭回归模型的一个实例，learn() 命令使用之前的参数值运行。

创建一个 print_regression_metrics() 函数来输出前面讨论的各种风险度量：

```
In [ ]:
    from sklearn.metrics import (
        accuracy_score, mean_absolute_error,
        explained_variance_score, r2_score
    )
    def print_regression_metrics(df_result):
        actual = list(df_result['Actual'])
        predicted = list(df_result['Predicted'])
        print('mean_absolute_error:',
```

```
        mean_absolute_error(actual, predicted))
    print('mean_squared_error:', mean_squared_error(actual, predicted))
    print('explained_variance_score:',
        explained_variance_score(actual, predicted))
    print('r2_score:', r2_score(actual, predicted))
```

把 df_result 变量传递给这个函数,在控制台上显示这些风险度量值:

```
In [ ]:
    print_regression_metrics(ridge_reg_model.df_result)
Out[ ]:
    mean_absolute_error: 1.5894879428144535
    mean_squared_error: 4.519795633665941
    explained_variance_score: 0.7954229624785825
    r2_score: 0.7831280913202121
```

岭回归模型的均值绝对误差和均方误差都低于线性回归模型,且接近于零。解释方差得分和 R^2 得分都高于线性回归。这说明岭回归模型比线性回归模型性能更好。除了有更好的性能,岭回归计算所需的资源比线性回归更少。

10.2.6 其他回归模型

sklearn.linear_model 模块包括很多的回归模型,下面将进行简要的介绍。下面的网站上有完整的线性模型列表:

https://scikit-learn.org/stable/modules/classes.html#module-sklearn.linear_model

1. LASSO 回归

与岭回归相似,LASSO 回归也是一种正则化形式,它通过惩罚模型系数的绝对值之和来进行求解,采用 L1 正则化技术。LASSO 的公式如下:

$$minimize \sum_{i=1}^{n}(y_i - \hat{y})^2 + \alpha \sum_{j=0}^{m} |b_j|$$

与岭回归一样,α 参数控制惩罚的强度。但是,出于几何原因,LASSO 回归产生的结果不同于岭回归,因为它迫使大部分系数被设置为零。它更适合于参数值较少的稀疏系数和模型的估计。

sklearn.linear_model 模块的 Lasso 类可以实现 LASSO 回归。

2. 弹性网络

弹性网络是另一种正则化回归方法,它将 LASSO 和岭回归方法的 L1 和 L2 惩罚相结合。公式如下:

$$minimize \frac{1}{2n}\sum_{i=1}^{n}(y_i - \hat{y})^2 + \alpha_1 \sum_{j=0}^{m}|b_j| + \alpha_2 \sum_{j=0}^{m} b_j^2$$

两个 α 计算公式如下：

$$\alpha_1 = \text{alpha} * \text{l1\_ratio}$$
$$\alpha_2 = 0.5 * \text{alpha} * (1 - \text{l1\_ratio})$$

`alpha` 和 `l1_ratio` 是 `ElasticNet` 函数的两个参数，当 `alpha` 为 0 时，这个函数相当于 OLS 回归；当 `l1_ratio` 为 0 时，这相当于岭回归或 L2 惩罚；当 `l1_ratio` 为 1 时，这相当于 LASSO 回归或 L1 惩罚；当 `l1_ratio` 的值介于 0 ~ 1 之间时，这个函数结合了 L1 惩罚和 L2 惩罚。

`sklearn.linear_model` 模块的 `ElasticNet` 类可以实现弹性网络回归。

10.2.7 结论

采用单资产趋势跟踪的回归动量策略，通过 GS 预测 JPM 的价格——假设这对变量是协整和高度相关的。也可以考虑跨资产动量，从而获得更好、更多样化的结果。下一节将探讨用于预测资产收益的多资产回归。

10.3 用跨资产动量模型预测收益

这一节将建立一个跨资产动量模型，用四种多样化资产的价格预测摩根大通 2018 年每日收益。我们用 S&P 500 指数、10 年期国债指数、美元指数的 1 个月、3 个月、6 个月、1 年的滞后收益率和黄金价格来拟合我们的模型——这给了我们 16 个特征。让我们从下载数据集开始，逐步完善我们的模型。

10.3.1 准备自变量

用 Alpha Vantage 作为数据源，但是这个免费的供应商不能提供本例中需要的所有数据集，还需要考虑相似的资产作为代替。S&P 500 指数的代码是 SPX，用 SPDR 黄金信托基金（代码：GLD）来表示黄金的份额——作为黄金价格的替代。用 Invesco DB US Dollar Index Bullish Fund（代码：UUP）代表美元指数，用 iShares 7 ~ 10 年期国库券 ETF（代码：IEF）代替 10 年期国债指数。运行以下代码下载这些数据集：

```
In [ ]:
    df_spx, meta_data = ts.get_daily_adjusted(
        symbol='SPX', outputsize='full')
    df_gld, meta_data = ts.get_daily_adjusted(
        symbol='GLD', outputsize='full')
    df_dxy, dxy_meta_data = ts.get_daily_adjusted(
        symbol='UUP', outputsize='full')
    df_ief, meta_data = ts.get_daily_adjusted(
        symbol='IEF', outputsize='full')
```

`ts` 变量是前面章节提到过的 Alpha Vantage 的 `TimeSeries` 对象，将调整后的收盘价合并成一个名为 df_assets 的 pandas DataFrame，用 dropna() 命令删除空的值：

```
In [ ]:
    import pandas as pd

    df_assets = pd.DataFrame({
        'SPX': df_spx['5. adjusted close'],
        'GLD': df_gld['5. adjusted close'],
        'UUP': df_dxy['5. adjusted close'],
        'IEF': df_ief['5. adjusted close'],
    }).dropna()
```

计算 df_assets 数据集的滞后百分比收益率：

```
IN [ ]:
    df_assets_1m = df_assets.pct_change(periods=20)
    df_assets_1m.columns = ['%s_1m'%col for col in df_assets.columns]

    df_assets_3m = df_assets.pct_change(periods=60)
    df_assets_3m.columns = ['%s_3m'%col for col in df_assets.columns]

    df_assets_6m = df_assets.pct_change(periods=120)
    df_assets_6m.columns = ['%s_6m'%col for col in df_assets.columns]

    df_assets_12m = df_assets.pct_change(periods=240)
    df_assets_12m.columns = ['%s_12m'%col for col in df_assets.columns]
```

在 pct_change() 命令中，periods 参数指定要移动的周期数。在计算滞后收益时，假设一个月内有 20 个交易日。用 join() 命令将四个 pandas DataFrame 对象合并成一个：

```
In [ ]:
    df_lagged = df_assets_1m.join(df_assets_3m)\
        .join(df_assets_6m)\
        .join(df_assets_12m)\
        .dropna()
```

用 info() 命令查看它的属性：

```
In [ ]:
    df_lagged.info()
Out[ ]:
    <class 'pandas.core.frame.DataFrame'>
    Index: 2791 entries, 2008-02-12 to 2019-03-14
    Data columns (total 16 columns):
    ...
```

输出被截断了，但你还是可以看到 16 个特征——在 2008 年至 2019 年期间的自变量。下面继续来获取因变量的数据集。

10.3.2 准备因变量

JPM 的收盘价已经下载到 pandas 序列对象 jpm_prices 中了，用以下命令简单计算因变量：

```
In [ ]:
    y = jpm_prices.pct_change().dropna()
```

这样就有了一个 pandas 序列对象作为因变量 y。

10.3.3 多资产线性回归模型

前面的章节用单资产（GS 的价格）来拟合线性回归模型，同样的模型——Linear-RegressionModel 也适用于多资产。运行如下代码可以用下载的数据创建这个模型的实例：

```
In [ ]:
    multi_linear_model = LinearRegressionModel()
    multi_linear_model.learn(df_lagged, y, start_date='2018',
                            end_date='2019', lookback_period=10)
```

在 multi_linear_model 这个线性回归模型实例中，learn() 命令提供了 df_lagged 数据集，其中包含 16 个特征。y 是 JPM 的价格变化百分比。lookback_period 的值减小了，因为考虑到有限的滞后收益数据。下面来绘制 JPM 的实际变化百分比与预测变化百分比：

```
In [ ]:
    multi_linear_model.df_result.plot(
        title='JPM actual versus predicted percentage returns',
        style=['-', '--'], figsize=(12,8));
```

结果如图 10-2 所示，其中实线表示 JPM 的实际百分比收益，而虚线表示预测的百分比收益。

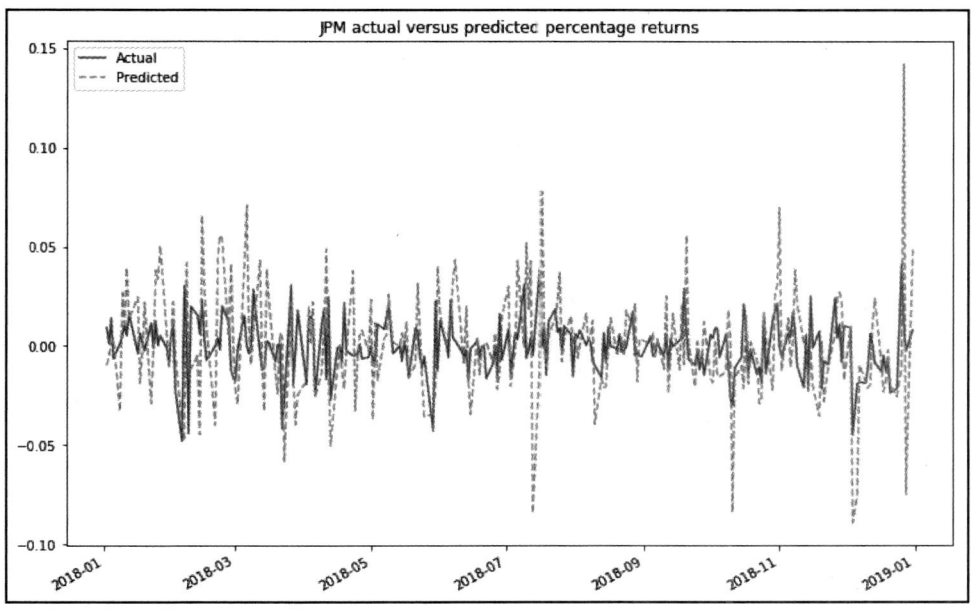

图 10-2

这个模型性能如何呢？下面运行前面章节定义的 `print_regression_metrics()` 函数来评估：

```
In [ ]:
    print_regression_metrics(multi_linear_model.df_result)
Out[ ]:
    mean_absolute_error: 0.019523280666607389
    mean_squared_error: 0.0007225502867195044
    explained_variance_score: -2.729798588246765
    r2_score: -2.738404583097052
```

解释方差得分和 R^2 得分在负值范围内，这表明模型的表现低于平均值，还需要进行优化，下面将尝试在回归中引入更复杂的树模型。

10.3.4 决策树的集成

决策树是广泛应用于分类和回归任务的模型，与二叉树非常相似，其中每个节点都代表一个问题——根据问题答案的"是"或"否"，导向下一个左或右节点。而下面例子的目标是尽可能提出更少的问题，从而找到正确的答案。

 下面的网址是描述深度神经决策树的一篇论文：
https://arxiv.org/pdf/1806.06988.pdf

遍历深度决策树会很快导致对给定数据的过度拟合，而不是推断出它们的分布的总体属性。对于过拟合，可以将数据拆分为子集，并在不同的树上对每个子集进行训练。这样，我们最终得到了一个不同的决策树模型的集成。当样本的随机子集被替换用于预测时，这种方法被称为套袋（bagging）或 bootstrap 聚合。在这些模型中，可能得到一致的结果，也可能得不到一致的结果，最终的模型是对单独的模型求平均得到的。与使用单一的决策树相比，这种方法会获得更好的结果。这个随机决策树集成就称为随机森林。

下面来看一下 scikit-learn 库中的一些决策树模型，并考虑在我们的多资产回归模型中实现这些模型。

1. bagging 回归

`sklearn.ensemble` 模块中的 `BaggingRegressor` 类可以用来实现 bagging 回归，来看一下这个方法是如何对 JPM 的收益百分比进行多资产预测的，代码如下：

```
In [ ]:
    from sklearn.ensemble import BaggingRegressor

    class BaggingRegressorModel(LinearRegressionModel):
        def get_model(self):
            return BaggingRegressor(n_estimators=20, random_state=0)
In [ ]:
    bagging = BaggingRegressorModel()
    bagging.learn(df_lagged, y, start_date='2018',
                  end_date='2019', lookback_period=10)
```

创建名为 BaggingRegressorModel 的类，它扩展了 LinearRegressionModel 类，并重新编写了 get_model() 函数来返回 bagging 回归。n_estimators 参数指定了集合中 20 个估计器或决策树，random_state 参数定义为 0 作为随机数发生器，其余参数是默认值。用之前的数据集来运行这个模型。

运行之前讨论过的风险度量来测试模型的性能：

```
In [ ]:
    print_regression_metrics(bagging.df_result)
Out[ ]:
    mean_absolute_error: 0.0114699264723
    mean_squared_error: 0.000246352185742
    explained_variance_score: -0.272260304849
    r2_score: -0.274602137956
```

MAE 和 MSE 值表明，与简单线性回归模型相比，决策树集成产生的预测误差较小。此外，解释方差得分和 R^2 得分为负值，表明数据的方差优于简单线性回归模型。

2. 梯度树提升回归模型

梯度树提升（boosting），或简单地梯度提升，是一种利用梯度下降的方法来改善或逐渐提高薄弱学习者的学习表现，从而最小化损失函数的技术。对于树模型，通常是决策树，每次添加一个，并以分阶段的方式来构建模型，同时保持模型中现有的树不变。因为梯度提升是一种快速的算法，它可以快速地适应训练数据集。而且，它可以通过正则化方法来惩罚算法的各个部分，减少过拟合，从而提高算法的性能。

sklearn.ensemble 模块中的 GradientBoostingRegressor 类可以实现这种梯度提升回归算法。

3. 随机森林回归

随机森林由多个决策树组成，每个决策树是基于训练数据的随机子样本，并通过求均值来提高预测精度和控制过拟合。随机的选择会引入误差，但是通过求均值的方式又可以减小这种误差，这样就可以认为产生了一个整体上效果更好的模型。

sklearn.ensemble 模块中的 RandomForestRegressor 类可以实现这种随机森林算法。

4. 更多集成模型

sklearn.ensemble 模块包含很多种集成回归集器和分类模型，你可以查看下列网址来获取更多信息：https://scikit-learn.org/stable/modules/classes.html#module-sklearn.ensemble

10.4 基于分类的机器学习预测趋势

基于分类的机器学习是一种监督机器学习方法。在这种方法中，模型从给定的输入数据中学习，并根据新的观测数据对其进行分类。分类可以是两类（bi-class），例如确定是否应该行使一个期权；也可以是多类，例如价格变化的方向，可以是向上的，也可以是向下的或者是不变的。

在这一节中，再次考虑建立跨资产动量模型，用四种多样化资产的价格预测 2018 年摩根大通的每日价格趋势。S&P 500 指数、10 年期国债指数、美元指数和黄金价格的 1 个月、3 个月滞后收益率将用来拟合该预测模型。因变量由布尔标志组成，其中 `True` 值表示比前一个交易日的收盘价增加或没有变化，`False` 值则表示下跌。

首先准备模型所需的数据集。

10.4.1 准备因变量

在前面的章节中，已经把 JPM 数据集下载到了 pandas DataFrame 对象 `df_jpm` 中，`y` 变量中包含了 JPM 每日价格变化的百分比。用下面的代码将这些值转换为标签：

```
In [ ]:
    import numpy as np
    y_direction = y >= 0
    y_direction.head(3)
Out[ ]:
    date
    1998-01-05    True
    1998-01-06    False
    1998-01-07    True
    Name: 5. adjusted close, dtype: bool
```

使用 `head()` 命令，可以看到 `y_direction` 变量变成了一个具有布尔值的 pandas 序列对象。百分比变化大于等于 0 时，这个变量的值为 `True` 标签；反之，则为 `False` 标签。用 `unique()` 命令将这一列数据独立出来：

```
In [ ]:
    flags = list(y_direction.unique())
    flags.sort()
    print(flags)
Out[ ]:
    [False, True]
```

这一列单独的数据命名为 `flags`，准备好因变量，然后准备多资产自变量。

10.4.2 准备多资产数据集作为输入变量

重新使用 `df_assets_1m` 和 `df_assets_3m` 这两个 pandas DataFrame 对象——包含 1 个月、3 个月滞后百分比收益，在本节中，把这两个变量结合成一个 `df_input` 变量：

```
In [ ]:
    df_input = df_assets_1m.join(df_assets_3m).dropna()
```

用以下代码查看它的属性：

```
In [ ]:
    df_input.info()
Out[ ]:
    <class 'pandas.core.frame.DataFrame'>
    Index: 2971 entries, 2007-05-25 to 2019-03-14
    Data columns (total 8 columns):
    ...
```

输出被截断了，但是你还是可以看到，在 2007 年到 2019 年期间，有 8 个特征作为自变量。在输入变量和因变量创建之后，就可以开始讨论 scikit-learn 库中各种分类建模方法。

10.4.3 逻辑回归

逻辑回归实际上是用于分类的线性模型。它使用一个逻辑函数，也称为 sigmoid 函数，对单个实验可能输出的概率进行建模。逻辑函数可以将一个任意的实数值映射为一个介于 0 和 1 之间的值。标准的逻辑函数公式如下：

$$\hat{y} = \frac{1}{1+e^{-x}}$$

e 是自然对数的底，x 是自变量的 S 形中点，$\hat{y}$ 是介于 0 和 1 之间的预测值，这个值将通过四舍五入或截断，转换为一个值为 0 或 1 的二进制数。

`sklean.linear_model` 模块中的 `LogisticRegression` 类可以帮我们实现逻辑回归，下面我们通过扩展 `LinearRegressionModel` 类来编写一个新的 `LogisticRegressionModel` 类：

```
In [ ]:
    from sklearn.linear_model import LogisticRegression

    class LogisticRegressionModel(LinearRegressionModel):
        def get_model(self):
            return LogisticRegression(solver='lbfgs')
```

在新的分类模型中使用了同样的线性回归逻辑，重写 `get_model()` 函数，返回 `LogisticRegression` 类的一个实例，在优化问题中我们使用 LBFGS 算法。

 关于机器学习的 LBFGS 算法可以查看下面的网站：https://arxiv.org/pdf/1802.05374.pdf

用前面的数据创建这个模型的实例：

```
In [ ]:
    logistic_reg_model = LogisticRegressionModel()
    logistic_reg_model.learn(df_input, y_direction, start_date='2018',
                             end_date='2019', lookback_period=100)
```

同样，设置参数值表示我们对 2018 年进行预测，在拟合模型时，使用 `lookback_period` 值 100 作为每日历史数据的数量。用 `head()` 命令查看存储在 `df_result` 中的结果：

```
In [ ]:
    logistic_reg_model.df_result.head()
```

结果如表 10-3 所示。

表 10-3

Date	Actual	Predicted
2018-01-02	True	True
2018-01-03	True	True
2018-01-04	True	True
2018-01-05	False	True
2018-01-08	True	True

由于因变量是布尔值，所以模型输出也是预测一个布尔值。这个模型性能如何呢？在下面几节中，将继续探讨衡量预测性能的风险度量。这些度量与在前面部分中用于基于回归的预测不同，基于分类的机器学习采用另一种方法来衡量输出标签的性能。

10.4.4 基于分类预测的风险度量

在本节中，将探讨衡量基于分类的机器学习预测的常见风险度量，即混淆矩阵、准确率得分、精度得分、召回率得分和 F1 得分。

1. 混淆矩阵

混淆矩阵，也称为误差矩阵，是可视化和描述真实值已知的分类模型性能的平方矩阵。`sklearn.metrics` 模块的 `confusion_matrix` 函数可以计算这个矩阵：

```
In [ ]:
    from sklearn.metrics import confusion_matrix

    df_result = logistic_reg_model.df_result
    actual = list(df_result['Actual'])
    predicted = list(df_result['Predicted'])

    matrix = confusion_matrix(actual, predicted)
In [ ]:
    print(matrix)
Out[ ]:
    [[60 66]
     [55 70]]
```

将实际值和预测值列为两个单独的列表。因为这个例子中有两种类型的类标签,所以可以得到一个 2×2 的矩阵。seaborn 库的 heatmap 函数可以让你更好地理解这个矩阵。

 seaborn 是一个基于 Matplotlib 的数据可视化库,它提供了一个高级界面,用于绘制有吸引力的和信息量大的统计图形,也是数据学家广泛使用的一种工具。如果你的环境里没有这个库,可以输入以下命令来安装:pip install seaborn。

运行以下代码生成混淆矩阵:

```
In [ ]:
    %matplotlib inline
    import seaborn as sns
    import matplotlib.pyplot as plt

    plt.subplots(figsize=(12,8))
    sns.heatmap(matrix.T, square=True, annot=True, fmt='d', cbar=False,
                xticklabels=flags, yticklabels=flags)
    plt.xlabel('Actual')
    plt.ylabel('Predicted')
    plt.title('JPM percentage returns 2018');
```

结果如图 10-3 所示。

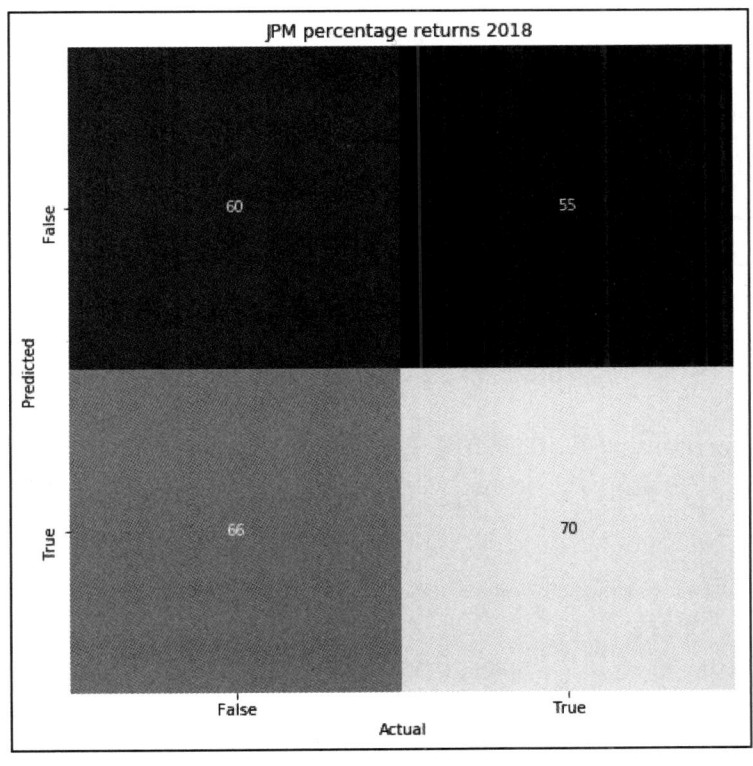

图 10-3

不要让这个混淆矩阵迷惑到你,只要以一种逻辑的方式来分解数字,混淆矩阵的原理就非常容易。从左列开始,总共有126个样本分类为假,分类模型正确地预测了60次,这些被称为真否定(TN);然而,分类模型错误地预测了它66次,这些被称为假否定(FN)。在右列中,共有125个样本属于True类。分类模型错误地预测了55次,这些被称为假肯定(FP);正确地预测了70次,这些都被称为真肯定(TP)。这些计算的比率将用于其他的风险度量,将在下面几节中探讨。

2. 准确率得分

准确率得分是正确预测与预测总数的比率。默认情况下,它是一个介于0到1之间的分数。当这个得分为1时,表示预测的标签与实际值完全相符。准确率得分公式如下:

$$accuracy(y, \hat{y}) = \frac{1}{n} \sum_{i=0}^{n-1} I(\hat{y}_i = y_i)$$

在这里,$I(x)$是一个指示函数,返回1表示进行了正确的预测;否则,就返回0。sklearn.metrics模块的accuracy_score函数可以帮助计算这个得分:

```
In [ ]:
    from sklearn.metrics import accuracy_score
    print('accuracy_score:', accuracy_score(actual, predicted))
Out[ ]:
    accuracy_score: 0.5179282868525896
```

结果表明,这个模型预测的准确率为52%。准确率得分可以很好地测量对称数据集——假肯定和假否定的值几乎相同的数据集,但是,要全面评估模型的性能,还需要查看其他风险度量。

3. 精度得分

精度得分是指正确预测的肯定数与预测的肯定总数的比率,公式如下:

$$精度得分 = \frac{真肯定数}{真肯定数 + 假肯定数}$$

这个公式会给出一个介于0到1之间的精度得分,其中1是最佳值,表明模型一直正确地进行分类。sklearn.metrics模块的precision_score函数可以计算这个得分:

```
In [ ]:
    from sklearn.metrics import precision_score
    print('precision_score:', precision_score(actual, predicted))
Out[ ]:
    precision_score: 0.5147058823529411
```

结果显示这个模型分类正确的精度得分是52%。

4. 召回率得分

召回率得分是正确预测的肯定数与预测为肯定数的比率，公式如下：

$$召回率得分 = \frac{真肯定数}{真肯定数 + 假否定数}$$

同样，这个公式会给出一个介于 0 到 1 之间的召回率得分，其中 1 是最佳值。sklearn.metrics 模块的 recall_score 函数可以计算这个得分：

```
In [ ]:
    from sklearn.metrics import recall_score
    print('recall_score:', recall_score(actual, predicted))
Out[ ]:
    recall_score: 0.56
```

结果表明逻辑回归模型预测的肯定数中，有 56% 是正确的。

5. F1 得分

F1 得分，即 F- 度量，是精度得分和召回率得分的加权平均值，公式如下：

$$F1 = 2 * \frac{精度 * 召回率}{精度 + 召回率}$$

F1 得分的值介于 0 到 1 之间，当精度得分和召回率得分其中之一为 0 时，F1 得分即为 0；当这两个得分都为正数时，F1 得分将会给这两种方式同样的权重。F1 得分最大时的分类模型，就是精度得分和召回率得分最平衡的情况。

sklearn.metrics 模块的 f1_score 函数可以帮助我们计算这个得分：

```
In [ ]:
    from sklearn.metrics import f1_score
    print('f1_score:', f1_score(actual, predicted))
Out[ ]:
    f1_score: 0.5363984674329502
```

这个模型 F1 得分为 0.536。

10.4.5 支持向量分类器

支持向量分类器（SVC）是使用支持向量对数据集进行分类的支持向量机（SVM）的一个概念。

 关于 SVM 的更多信息请访问下面的网站：
http://www.statsoft.com/textbook/support-vector-machines

sklean.svm 模块的 SVC 类可以实现 SVM 分类器。下面扩展 LogisticRegression-Model 类编写一个 SVCModel 类：

```
In [ ]:
    from sklearn.svm import SVC

    class SVCModel(LogisticRegressionModel):
        def get_model(self):
            return SVC(C=1000, gamma='auto')
In [ ]:
    svc_model = SVCModel()
    svc_model.learn(df_input, y_direction, start_date='2018',
                    end_date='2019', lookback_period=100)
```

重写 get_model() 函数，以返回 scikit-learn 库的 SVC 类。指定高度惩罚 C 的值为 1000，gamma 参数是具有默认值 auto 的核系数。Learn() 命令按之前定义的模型参数运行。有了这些，就可以来衡量这个模型的性能：

```
In [ ]:
    df_result = svc_model.df_result
    actual = list(df_result['Actual'])
    predicted = list(df_result['Predicted'])
In [ ]:
    print('accuracy_score:', accuracy_score(actual, predicted))
    print('precision_score:', precision_score(actual, predicted))
    print('recall_score:', recall_score(actual, predicted))
    print('f1_score:', f1_score(actual, predicted))
Out[ ]:
    accuracy_score: 0.5577689243027888
    precision_score: 0.5538461538461539
    recall_score: 0.576
    f1_score: 0.5647058823529412
```

与逻辑回归分类模型相比，这一次得到了更好的结果。默认情况下，线性支持向量机的 C 值为 1.0，这个值在实际中可以与逻辑回归模型的性能进行比较。C 值的选择没有什么固定的法则，因为它完全取决于训练数据集。一个非线性支持向量机内核可以通过给 SVC() 函数提供一个 kernel 参数来实现，关于 SVM 内核的更多信息请访问下面的网站：

https://scikit-learn.org/stable/modules/svm.html#svm-kernels

10.4.6 其他类型的分类器

除了逻辑回归和 SVC，scikit-learn 库中还有很多用于机器学习的分类器。下面对可以考虑基分类模型实现的分类器进行简要的介绍。

1. 随机梯度下降

随机梯度下降（SGD）是梯度下降的一种形式，它使用迭代过程来估计梯度以最小化损失的方向下降，例如线性支持向量机或逻辑回归。随机项是随机选取样本的结果，当使用较少的迭代时，需要采取更大的步骤来达到解决方案，并建立模型，这个模型有很高的学习率。同样，随着迭代次数的增加，会采取更小的步骤，从而形成一个学习率较小的模型。SGD 是机器学习算法的热门选择，有效地应用于大规模文本分类和自然语言处理模型。

sklearn.linear_model 模块的 SGDClassifier 类可以实现 SGD 分类器。

2. 线性判别分析

线性判别分析（LDA）是一种经典的分类器，它使用线性决策曲面来估计每一类数据的均值和方差。它假设数据是高斯分布的，每个属性都有相同的方差，每个变量的值都在均值附近。LDA 利用贝叶斯定理对每个观测结果进行判别得分的计算，以确定它属于哪个类。

`sklearn.discriminant_analysis` 模块的 `LinearDiscriminantAnalysis` 类可以实现 LDA 分类器。

3. 二次判别分析

二次判别分析（QDA）与 LDA 非常相似，但它使用二次决策边界，每类都使用自己的方差估计。进行风险度量显示，QDA 模型不一定比 LDA 模型提供更好的性能，模型必须考虑需要的决策边界类型。QDA 模型更适合大型数据集，因为它具有较小的偏差和较大的方差。另一方面，LDA 模型适用于偏差较小、方差较大的较小数据集。

`sklearn.discriminant_analysis` 模块的 `QuadraticDiscriminantAnalysis` 类可以实现 QDA 模型。

4. KNN 分类器

KNN 分类器是一种简单的算法，它对每个点的近邻进行简单的多数投票，并将该点分配给一个具有最大代表性的类。虽然不需要训练一个泛化模型，但预测阶段在时间和内存方面性能较差，而且成本更高。

`sklearn.neighbors` 模块的 `KNeighborsClassifier` 类可以实现 KNN 分类器。

10.5　机器学习算法的应用结论

你可能已经发现，模型预测值与实际值相差很远。本章旨在展示 scikit-learn 提供的最好的机器学习功能，用于预测时间序列数据。但是，迄今为止没有研究表明机器学习算法能够预测哪怕只是接近 100% 时间的价格。还需要更多的努力来完善和运行这个机器学习系统。

10.6　总结

这一章介绍了金融背景下的机器学习。讨论了人工智能和机器学习如何改变金融业，机器学习可以是监督的或者无监督的，监督算法可以是基于回归的和基于分类的。scikit-learn 这个 Python 库提供了各种机器学习算法和风险度量方式。

我们讨论了基于回归的机器学习模型，如 OLS 回归、岭回归、LASSO 回归和弹性网络正则化在预测连续值（如债券价格）中的应用，还讨论了决策树的集成，如 bagging 回归、梯度提升和随机森林。为了衡量回归模型的性能，本章讲解了 MSE、MAE、解释方差得分和 R^2 得分。

基于分类的机器学习将输入值分为类或标签，这种分类可以是两类，也可以是多类。本章讲解了逻辑回归、SVC、LDA、QDA 和 k-NN 等用于预测价格趋势的分类器。为了衡量分类模型的性能，讨论了混淆矩阵、准确率得分、精度得分、召回率得分以及 F1 得分。

下一章将讨论应用于金融领域的深度学习。

第 11 章
金融中的深度学习

深度学习代表着人工智能（AI）的前沿。与机器学习不同，深度学习在使用神经网络进行预测时采取了不同的方法。人工神经网络以人类神经系统为模型，由输入层和输出层组成，中间有一个或多个隐藏层。每一层由人工神经元组成，这些神经元并行工作，并将输出作为输入传递到下一层。深度学习中的"深度"来自一种观念，即当数据通过人工神经网络中更多的隐藏层时，可以提取到更复杂的特征。

TensorFlow 是 Google 开发的一个强大的开源机器学习和深度学习框架。在本章中，我们将通过建立一个深度学习模型来学习 TensorFlow 的相关知识。这个模型有四个隐藏层，可以用来预测证券的价格。深度学习模型是通过在网络中前后传递整个数据集来训练的，每次迭代作为一个周期。如果输入数据太大，无法输入，则可以分批进行训练——这一过程被称为小批量培训。

另一个流行的深度学习库是 Keras，它使用 TensorFlow 作为后端。本章将讲解学习 Keras 的方法，看看建立一个深度学习模型来预测信用卡支付违约是多么容易！

本章讨论以下主题：
▲ 神经网络的介绍
▲ 神经元、激活函数、损失函数和优化器
▲ 不同类型的神经网络结构
▲ 如何利用 TensorFlow 建立证券价格预测深度学习模型
▲ 深度学习框架 Keras
▲ 如何利用 Keras 建立信用卡支付违约预测深度学习模型
▲ 如何在 Keras 历史记录中显示已记录的事件

11.1 浅谈深度学习

深度学习的理论早在 20 世纪 40 年代就有了，然而，直到这几年才被人们广泛使用。

这要归功于计算机硬件技术的进步、智能算法的出现以及深度学习框架的采用。除了本书中讨论的内容之外，深度学习还有很多值得讨论的内容。本节作为一个快速指南，用一些实例介绍工作中可能会用到的一些知识。

11.1.1　什么是深度学习

在第 10 章中，讲解了机器学习是怎么做出预测的。监督机器学习采用误差最小化技术对模型进行训练数据拟合，这可以是基于回归的，也可以是基于分类的。

深度学习在使用神经网络进行预测时采取了不同的方法。人工神经网络以人脑和神经系统为模型，由一个层次结构组成——每一层由许多简单的单位组成，称为神经元。这些神经元并行工作，并将输入数据转换为抽象表示，作为输出数据，这些数据被传递到下一层，作为下一层的输入。图 11-1 说明了一个人工神经网络的结构。

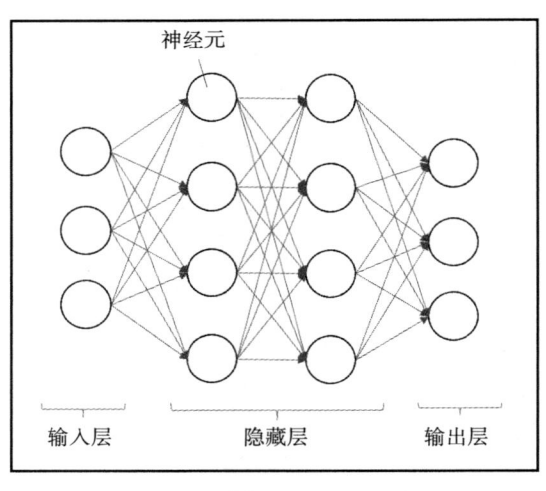

图　11-1

人工神经网络由三种类型的层组成。接受输入的第一层称为输入层。收集输出的最后一层称为输出层。输入层和输出层之间的层称为隐藏层，因为它们是在网络接口中隐藏的。隐藏层的组合可以执行不同的激活函数。当然，更复杂的计算会增加对更强大的机器的需求（如计算它们所需的 GPU）。

11.1.2　人工神经元

人工神经元接收一个或多个输入，然后乘以权重值，将其求和并传递给激活函数。由激活函数计算的最终值作为神经元的输出。可以在求和项中包含一个偏差值来帮助拟合数据。图 11-2 所示为一个人工神经元。

求和项可以写成一个线性方程 $Z = x_1w_1 + x_2w_2 + \cdots + b$，神经元使用非线性激活函数 f 将输入转化为输出 a，这个输出可以写成 $a = f(Z)$。

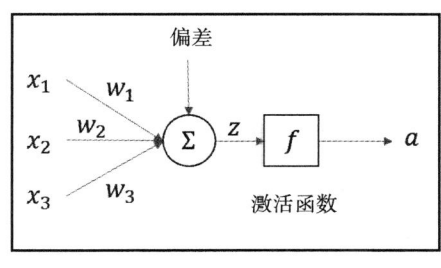

图 11-2

11.1.3 激活函数

激活函数是人工神经元的一部分,它将加权输入和转换为输出到下一层的另一个值。通常,这个输出值的范围是 -1 或 0 到 1。当一个非零值传递给另一个神经元时,人工神经元就会被激活。激活函数有下面几种类型:

▲ 线性函数。

▲ Sigmoid 函数。

▲ 双曲正切函数。

▲ 双曲正切函数的线性分段近似。

▲ 修正线性单元。

▲ 带泄露修正线性单元。

▲ Softplus 函数。

例如,修正线性单元(ReLU)函数的公式为:

$$f(x) = \begin{cases} 0 & 若\ x \leq 0 \\ x & 其他 \end{cases}$$

只有当输入值大于零时,ReLU 才激活具有相同输入值的节点。研究人员非常喜欢使用这个函数,因为它比 Sigmoid 激活函数训练得更好,我们将在本章的剩余部分中使用 ReLU 函数。

又如,带泄露修正线性单元(leaky ReLU)函数的公式为:

$$f(x) = \begin{cases} 0.01x & 若\ x \leq 0 \\ x & 其他 \end{cases}$$

当 $x \leq 0$ 时,leaky ReLU 通过在 0.01 附近有一个小的负斜率,来解决 ReLU 在 $x \leq 0$ 时为死区的问题。

11.1.4 损失函数

损失函数计算模型的预测值与实际值之间的误差。误差值越小,模型的预测效果越好。

在基于回归的模型中，常用的损失函数有以下几种：

▲ 均方误差（MSE）损失函数。

▲ 均值绝对误差（MAE）损失函数。

▲ Huber 损失函数。

▲ 分位数损失函数。

在基于分类的模型中，常用的损失函数有以下几种：

▲ 焦点损失函数。

▲ Hinge 损失函数。

▲ 逻辑损失函数。

▲ 指数损失函数。

11.1.5 优化器

优化器可帮助调整模型权重以最小化损失函数，深度学习中有以下几种优化器：

▲ AdaGrad 算法。

▲ Adam 算法。

▲ LBFGS 算法。

▲ Rprop 算法。

▲ RMSprop 算法。

▲ SGD 算法。

Adam 算法是最受欢迎的优化器，它是 RMSprop 和 SGD 的结合，是一种自适应学习速率优化算法，可为不同的参数计算单独的学习速度。

11.1.6 网络结构

神经网络的网络结构定义了它的行为。有很多种网络结构可供使用，在这里我们列举部分如下：

▲ 感知器神经网络（P）。

▲ 前馈神经网络（FF）。

▲ 深度前馈神经网络（DFF）。

▲ 径向基函数神经网络（RBF）。

▲ 循环神经网络（RNN）。

▲ 长短期记忆网络（LSTM）。

▲ 自编码网络（AE）。

▲ Hopfield 网络（HN）。

▲ 玻尔兹曼机神经网络（BM）。

▲ 生成对抗网络（GAN）。

最著名、最容易理解的神经网络是前馈多层神经网络，它可以表示使用输入层、一个或多个隐藏层以及单个输出层的任何函数。你可以在下面的网站上找到关于神经网络的列表：

http://www.asimovinstitute.org/neural-network-zoo/

11.1.7 TensorFlow 和其他深度学习框架

TensorFlow 是 Google 提供的免费开源库，可在 Python、C++、Java、Rust 和 Go 编程环境中使用，它包含用于训练深度学习模型的各种神经网络。可以将 TensorFlow 用于各种场景，如图像分类、恶意软件检测和语音识别。TensorFlow 的官网如下：

https://www.tensorflow.org/

业界使用的其他流行的深度学习框架还有 Theano、PyTorch、CNTK（微软认知工具包）、Apache MXNet 和 Keras。

11.1.8 什么是张量

TensorFlow 中的张量（tensor）表示框架定义并运行涉及张量的计算，其实张量是一类具有某种变换性质的 n 维向量。无量纲张量是一个标量或数，一维张量是向量，二维张量是矩阵。张量可以提供更自然的数据表示，例如在计算机视觉领域中的图像表示。

向量空间的基本性质和张量的初等数学性质使得它们在物理和工程中特别实用。

11.2 基于 TensorFlow 的深度学习价格预测模型

在本节中，将讨论如何使用 TensorFlow 作为深度学习框架来构建价格预测模型。用 2013 年至 2017 年这五年的价格数据来构建深度学习模型，尝试预测 2018 年苹果股票（AAPL）的价格。

11.2.1 特征化模型

用数据的每日调整收盘价构成因变量，而定义模型特征的自变量由以下技术指标组成：

▲ 相对强弱指数指标（RSI）。

▲ 威廉指标 %R（WR）。

▲ 动量震荡指标（AO）。

▲ 成交量加权平均价（VWAP）。

▲ 每日平均交易量（ADTV）。

▲ 5 天移动平均（MA）。

▲ 15 天移动平均。

▲ 30天移动平均。

这里给出了模型的 8 个特征。

11.2.2 需要的库

为了完成本章中的示例，需要安装 NumPy、pandas、Jupyter 和 scikit-learn 库，本节将重点介绍构建深度学习模型所需的其他内容。

1. Intrinio 作为数据提供者

Intrinio（https://intrinio.com/）是一个基于 API 的高级金融数据提供商。订阅美国的基本面和股价信息（Fundamentals and Stock Prices），你将能够获得美国股票的历史价格和计算良好的技术指标值。注册账户后，API 密钥可以在账户设置中找到，稍后就会用到这个 API 密钥。

2. 兼容 TensorFlow 的 Python 环境

在编写本书时，TensorFlow 的最新稳定版本是 r1.13，此版本与 Python 2.7、3.4、3.5 和 3.6 兼容。由于本书的前几章使用的是 Python3.7，我们需要设置一个单独的 Python 3.6 环境来运行本章中的示例，建议使用 virtualenv 工具（https://virtualenv.pypa.io/）来隔离 Python 环境。

3. requests 库

`requests` Python 库是帮助我们对 Intrinio API 进行 HTTP 调用所必需的。这个库的官方网址是 https://2.python-requests.org//en/master/。

你可以在命令行窗口输入以下代码来安装这个库：

```
pip install requests
```

4. TensorFlow 库

有许多 TensorFlow 的变体可以安装，可以选择只支持 CPU 或 GPU 的版本、alpha 版本和夜间版本。关于安装说明的更多信息请访问 https://www.tensorflow.org/install/pip。

你可以在命令行中输入以下代码安装只支持 CPU 的 TensorFlow 库的最新稳定版本：

```
pip install tensorflow
```

11.2.3 下载数据集

本节将介绍从 Intrinio 下载所需价格和技术指标值的步骤。关于 API 调用的综合文献可以访问 https://docs.intrinio.com/documentation/api_v2。如果想用其他数据提供商，可以直接跳过本节。

1) 编写一个 query_intrinio() 函数, 该函数将对 Intrinio 进行 API 调用:

```
In [ ]:
    import requests

    BASE_URL = 'https://api-v2.intrinio.com'

    # REPLACE YOUR INTRINIO API KEY HERE!
    INTRINIO_API_KEY =
'Ojc3NjkzOGNmNDMxMGFiZWZiMmMxMmY0Yjk3MTQzYjdh'

    def query_intrinio(path, **kwargs):
        url = '%s%s'%(BASE_URL, path)
        kwargs['api_key'] = INTRINIO_API_KEY
        response = requests.get(url, params=kwargs)

        status_code = response.status_code
        if status_code == 401:
            raise Exception('API key is invalid!')
        if status_code == 429:
            raise Exception('Page limit hit! Try again in 1
minute')
        if status_code != 200:
            raise Exception('Request failed with status
%s'%status_code)

        return response.json()
```

此函数接受 path 和 kwargs 参数。path 参数指定特定的 Intrinio API 上下文路径, kwargs 关键字参数是一个字典变量, 用来传递给 HTTP GET 作为请求参数。每个 API 调用都将 API 密钥插入到此字典中, 以识别用户账户。任何 API 响应都应采用带有 HTTP 状态代码 200 的 JSON 格式, 否则这个操作将引发异常。

2) 使用以下代码编写 get_technicals() 函数, 从 Intrinio 下载技术指标值:

```
In [ ]:
    import pandas as pd
    from pandas.io.json import json_normalize

    def get_technicals(ticker, indicator, **kwargs):
        url_pattern = '/securities/%s/prices/technicals/%s'
        path = url_pattern%(ticker, indicator)
        json_data = query_intrinio(path, **kwargs)

        df = json_normalize(json_data.get('technicals'))
        df['date_time'] = pd.to_datetime(df['date_time'])
        df = df.set_index('date_time')
        df.index = df.index.rename('date')
        return df
```

ticker 和 indicator 参数构成了用于下载特定证券指标的 API 上下文路径。响应应该是 JSON 格式的, 其中有一个名为 technicals 的参数获得技术指标值列表。pandas 的 json_normalize() 函数可以将这些值转换为一个平面表 DataFrame 对象, 把日期和时间设置为 date 变量下的索引还需要额外的格式设置。

3)为 request 参数定义值:

```
In [ ]:
    ticker = 'AAPL'
    query_params = {'start_date': '2013-01-01', 'page_size': 365*6}
```

查询 2013 年至 2018 年 AAPL 的全部数据,将 `page_size` 定义为一个很大的值,为在一个查询中请求 6 年数据提供足够的空间。

4)每隔一分钟运行以下命令以下载技术指标数据:

```
In [ ]:
    df_rsi = get_technicals(ticker, 'rsi', **query_params)
    df_wr = get_technicals(ticker, 'wr', **query_params)
    df_vwap = get_technicals(ticker, 'vwap', **query_params)
    df_adtv = get_technicals(ticker, 'adtv', **query_params)
    df_ao = get_technicals(ticker, 'ao', **query_params)
    df_sma_5d = get_technicals(ticker, 'sma', period=5,
**query_params)
    df_sma_5d = df_sma_5d.rename(columns={'sma':'sma_5d'})
    df_sma_15d = get_technicals(ticker, 'sma', period=15,
**query_params)
    df_sma_15d = df_sma_15d.rename(columns={'sma':'sma_15d'})
    df_sma_30d = get_technicals(ticker, 'sma', period=30,
**query_params)
    df_sma_30d = df_sma_30d.rename(columns={'sma':'sma_30d'})
```

在执行 Intrinio API 查询时要小心分页限制! `page_size` 值大于 100 的 API 请求受到每分钟请求的限制,如果出现状态代码为 429 的失败调用,请在一分钟之后再次尝试。关于 Intrinio 的更多限制请查看 https://docs.intrinio.com/documentation/api_v2/limits。

这里提供了 8 个变量,每个变量包含一个存有各自技术指标值的 DataFrame 对象。对 MA 数据列进行重命名,以避免在后面加入数据时出现命名冲突。

5)编写一个 `get_prices()` 函数,用来下载股票的历史价格:

```
In [ ]:
    def get_prices(ticker, tag, **params):
        url_pattern = '/securities/%s/historical_data/%s'
        path = url_pattern%(ticker, tag)
        json_data = query_intrinio(path, **params)
        
        df = json_normalize(json_data.get('historical_data'))
        df['date'] = pd.to_datetime(df['date'])
        df = df.set_index('date')
        df.index = df.index.rename('date')
        return df.rename(columns={'value':tag})
```

`tag` 参数指定要下载的股票数据的标记。JSON 响应应包含一个名为 `historical_data` 的变量,其中包含值列表。将 DataFrame 对象中包含价格数据的列重命名——从

value 改为它的数据标记。

 Intrinio 数据标记用于从系统下载特定值，可以在 `https://data.intrinio.com/data-tags/all` 找到带有解释的数据标记列表。

6）用 `get_prices()` 函数来下载 AAPL 调整后的收盘价：

```
In [ ]:
    df_close = get_prices(ticker, 'adj_close_price',
**query_params)
```

7）由于这些特性用于预测第二天的收盘价，需要将价格向后移动一天，以对齐这一映射。创建以下因变量：

```
In [ ]:
    df_target = df_close.shift(1).dropna()
```

8）最后，用 `join()` 命令将所有 DataFrame 对象组合在一起，并删除其中的空值：

```
In [ ]:
    df = df_rsi.join(df_wr).join(df_vwap).join(df_adtv)\
        .join(df_ao).join(df_sma_5d).join(df_sma_15d)\
        .join(df_sma_30d).join(df_target).dropna()
```

这样就准备好了一个数据集，并保存在 `df` 这个 DataFrame 中，下面需要拆分数据来进行训练。

11.2.4 缩放和拆分数据

用最早的五年价格数据来训练这个模型，然后使用 2018 年的价格数据来测试预测的结果。运行以下代码拆分 `df` 数据集：

```
In [ ]:
    df_train = df['2017':'2013']
    df_test = df['2018']
```

`df_train` 和 `df_test` 变量分别包含训练数据和测试数据。

数据预处理的一个重要步骤是对数据集进行标准化，将输入的特征值转换成均值为 0、方差为 1 的数据。标准化数据有助于避免由于输入特征的尺度不同而导致的训练中的偏差。

`sklearn` 模块的 `MinMaxScaler` 函数可以将每个特征转换为 −1 到 0 之间的值，代码如下：

```
In [ ]:
    from sklearn.preprocessing import MinMaxScaler

    scaler = MinMaxScaler(feature_range=(-1, 1))
    train_data = scaler.fit_transform(df_train.values)
    test_data = scaler.transform(df_test.values)
```

函数 `fit_transform()` 计算用于缩放和转换数据的参数，而 `transform()` 函数则通过使用这些计算出的参数来转换数据。

接下来，将缩放的训练数据集分成自变量和因变量。因变量值位于最后一列，其余列为模型的特征：

```
In [ ]:
    x_train = train_data[:, :-1]
    y_train = train_data[:, -1]
```

测试数据只列出特征值：

```
In [ ]:
    x_test = test_data[:, :-1]
```

在准备好训练数据集和测试数据集之后，开始构建一个基于 TensorFlow 的人工神经网络。

11.2.5　基于 TensorFlow 构建人工神经网络

本节将介绍建立一个具有四个隐藏层的深度学习人工神经网络的过程，这涉及两个阶段：第一个阶段是装配图形，第二个阶段是训练模型。

1. 阶段 1——装配图形

下面介绍如何设置 TensorFlow 图。

1）为输入和标签创建占位符，代码如下：

```
In [ ]:
    import tensorflow as tf

    num_features = x_train.shape[1]

    x = tf.placeholder(dtype=tf.float32, shape=[None, num_features])
    y = tf.placeholder(dtype=tf.float32, shape=[None])
```

TensorFlow 操作从占位符开始。在这里定义了两个占位符 x 和 y，分别用于存储网络输入和输出。`shape` 参数定义张量的形状，它的值为 `None` 意味着观察的数量在这一点上是未知的。x 的第二个维度是我们所拥有的特征数，反映在 `num_features` 变量中，占位符的值是使用 `feed_dict` 命令输入的。

2）为隐藏层创建权重和偏置初始化器。这个模型将由四个隐藏层组成，第一层包含 512 个神经元，约为输入大小的三倍。第二、第三、第四层分别有 256 个、128 个和 64 个神经元。随着各层神经元数量的减少，网络中的信息也被压缩。

初始化器用于在训练前初始化网络变量，在优化问题开始时使用适当的初始化是非常

重要的,这为底层的问题提供了良好的解决方案。下面的代码演示了方差缩放初始化器和零初始化器的使用:

```
In [ ]:
    nl_1, nl_2, nl_3, nl_4 = 512, 256, 128, 64
    
    wi = tf.contrib.layers.variance_scaling_initializer(
        mode='FAN_AVG', uniform=True, factor=1)
    zi = tf.zeros_initializer()
    
    # 4 Hidden layers
    wt_hidden_1 = tf.Variable(wi([num_features, nl_1]))
    bias_hidden_1 = tf.Variable(zi([nl_1]))
    wt_hidden_2 = tf.Variable(wi([nl_1, nl_2]))
    bias_hidden_2 = tf.Variable(zi([nl_2]))
    
    wt_hidden_3 = tf.Variable(wi([nl_2, nl_3]))
    bias_hidden_3 = tf.Variable(zi([nl_3]))
    
    wt_hidden_4 = tf.Variable(wi([nl_3, nl_4]))
    bias_hidden_4 = tf.Variable(zi([nl_4]))
    
    # Output layer
    wt_out = tf.Variable(wi([nl_4, 1]))
    bias_out = tf.Variable(zi([1]))
```

除了占位符之外,TensorFlow 中的变量在图形执行期间也会被更新。在这里,变量是在训练过程中会发生变化的权重和偏差。`variance_scaling_initializer()` 命令返回一个初始化器,在不缩放方差的情况下为权重生成张量。`FAN_AVG` 模式指示初始化程序使用平均输入和输出连接数,`uniform` 参数为 `True` 时,采用均匀随机初始化,标度因子为 1,这类似于训练 DFF 神经网络。

在多层感知器 (MLP) 中(例如这个模型),权重层的第一维与前一个权重层的第二维相同。偏置维度对应于当前层的神经元数目,最后一层的神经元应该只有一个输出。

3)现在应将占位符输入与四个隐藏层的权重和偏差相结合的时候了,代码如下:

```
In [ ]:
    hidden_1 = tf.nn.relu(
        tf.add(tf.matmul(x, wt_hidden_1), bias_hidden_1))
    hidden_2 = tf.nn.relu(
        tf.add(tf.matmul(hidden_1, wt_hidden_2), bias_hidden_2))
    hidden_3 = tf.nn.relu(
        tf.add(tf.matmul(hidden_2, wt_hidden_3), bias_hidden_3))
    hidden_4 = tf.nn.relu(
        tf.add(tf.matmul(hidden_3, wt_hidden_4), bias_hidden_4))
    out = tf.transpose(tf.add(tf.matmul(hidden_4, wt_out),
bias_out))
```

`tf.matmul` 命令把输入矩阵和权重矩阵相乘,使用 `tf.add` 命令添加偏差值,神经网络的每个隐藏层由一个激活函数转换。在这个模型中,我们使用 ReLU 作为所有层的激活函数——使用 `tf.nn.relu` 命令来调用这个函数。每个隐藏层的输出被馈送到下一个隐藏层的输入。最后一层是具有单个向量输出的输出层，必须使用 `tf.transpose` 命令进行转换。

4）指定网络损失函数来度量训练期间预测值和实际值之间的误差。对于基于回归的模型，通常使用 MSE：

```
In [ ]:
    mse = tf.reduce_mean(tf.squared_difference(out, y))
```

`tf.squared_difference` 命令定义返回预测值和实际值之间的平方差，`tf.reduce_mean` 命令是最小化训练期间均值的损失函数

5）编写优化器：

```
In [ ]:
    optimizer = tf.train.AdamOptimizer().minimize(mse)
```

为了最小化损失函数，优化器可以计算训练过程中的网络权重和偏差，这里使用带有默认值的 Adam 算法。随着这一重要步骤的完成，现在可以开始第二阶段——训练模型。

2. 阶段2——训练模型

下面介绍训练模型的过程。

1）创建 TensorFlow `Session` 对象来封装神经网络模型运行的环境：

```
In [ ]:
    session = tf.InteractiveSession()
```

这里指定了一个用于上下文交互的会话（session）——在本例中是一个 Jupyter Notebook。常规的 `tf.Session` 是非交互式的，并且需要一个显式的 `Session` 对象来传递，运行操作时使用 `with` 关键字。`InteractiveSession` 消除了此需要，并且由于它重复使用 `session` 变量而变得更加方便。

2）TensorFlow 要求在训练前初始化所有全局变量，用下面的 `session.run` 命令完成这步操作：

```
In [ ]:
    session.run(tf.global_variables_initializer())
```

3）运行以下代码，使用小批量培训来训练这个模型：

```
In [ ]:
    from numpy import arange
    from numpy.random import permutation

    BATCH_SIZE = 100
    EPOCHS = 100

    for epoch in range(EPOCHS):
        # Shuffle the training data
        shuffle_data = permutation(arange(len(y_train)))
```

```
            x_train = x_train[shuffle_data]
            y_train = y_train[shuffle_data]
            # Mini-batch training
            for i in range(len(y_train)//BATCH_SIZE):
                start = i*BATCH_SIZE
                batch_x = x_train[start:start+BATCH_SIZE]
                batch_y = y_train[start:start+BATCH_SIZE]
                session.run(optimizer, feed_dict={x: batch_x, y: batch_y})
```

一个 epoch 是通过网络向前和向后传递整个数据集的单个迭代。通常，在训练数据的不同排列上执行多个 epoch 来让网络学习它的行为。一个好的模型没有固定的 epoch 数，因为它取决于数据的多样性。因为数据集可能太大，无法在一个 epoch 内输入到模型中，小批量培训将数据集分成几个部分，并将其输入 session.run 命令进行学习。第一个参数指定优化算法实例，给 feed_dict 参数提供了字典变量，其中包含分别映射到自变量值和因变量值的 x 和 y 占位符。

4）在模型经过充分的训练之后，使用它来预测包含特征的测试数据：

```
In [ ]:
    [predicted_values] = session.run(out, feed_dict={x: x_test})
```

使用第一个参数调用 session.run 命令作为输出层转换函数，给 feed_dict 参数提供测试数据，然后读取输出列表中的第一项作为最终的输出预测值。

5）由于预测值也是标准化的，因此需要将它们还原到原始值：

```
In [ ]:
    predicted_scaled_data = test_data.copy()
    predicted_scaled_data[:, -1] = predicted_values
    predicted_values = scaler.inverse_transform(predicted_scaled_data)
```

使用 copy() 命令在新的 predicted_scaled_data 变量上创建初始训练数据的副本，最后一列用预测值取代。接下来，用 inverse_transform() 命令将数据还原到原来的大小，与实际观测值进行比较。

11.2.6　绘制预测值和实际值

将预测值和实际值绘制到一个图上，以便可视化深度学习模型的性能。运行以下代码以提取感兴趣的值：

```
In [ ]:
    predictions = predicted_values[:, -1][::-1]
    actual = df_close['2018']['adj_close_price'].values[::-1]
```

重新标度的预测值数据集是一个 NumPy 的 ndarray 对象，预测值位于最后一列，这些数值和 2018 年的实际调整收盘价分别被提取到 predictions 和 actual 变量中。由于原始数据集的格式是按时间的降序排列的，所以反转它们，按升序排列，以便进行绘图：

```
In [ ]:
    %matplotlib inline
    import matplotlib.pyplot as plt
    plt.figure(figsize=(12,8))
    plt.title('Actual and predicted prices of AAPL 2018')
    plt.plot(actual, label='Actual')
    plt.plot(predictions, linestyle='dotted', label='Predicted')
    plt.legend()
```

结果如图 11-3 所示。

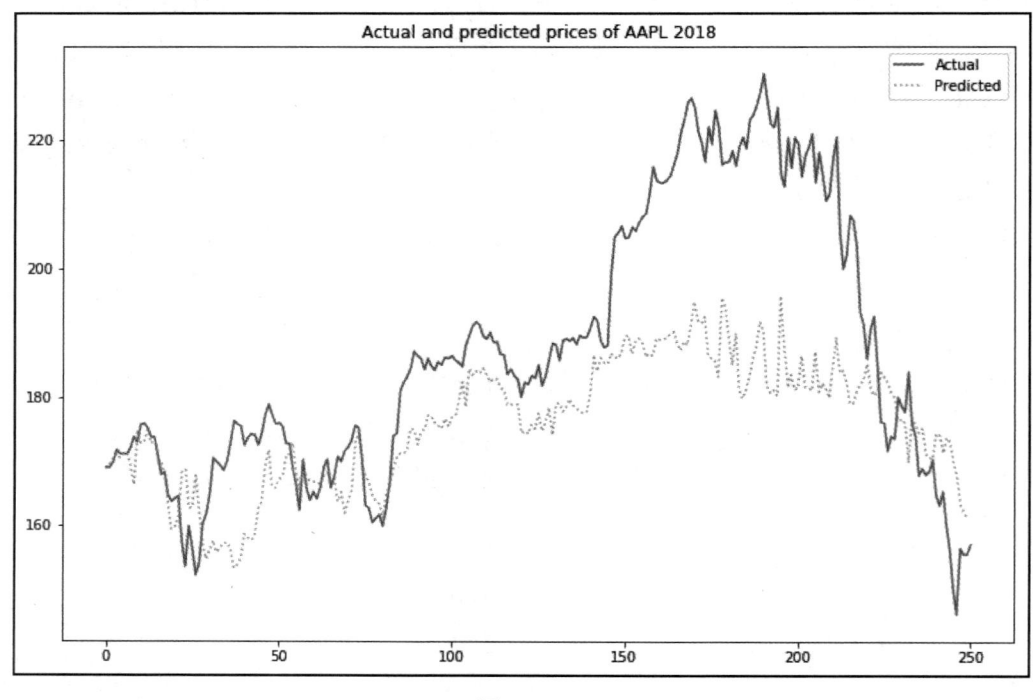

图　11-3

实线表示实际调整后的收盘价，虚线表示预测值。请注意，即使这个模型与实际价格偏差很大，但总体的预测与实际价格的总体趋势是一致的。不过，这个深度学习预测模型仍有很大的改进空间，比如神经元网络体系结构的设计、隐藏层、激活函数和初始化方案。

11.3　基于 Keras 的信用卡支付违约预测

另一个流行的深度学习 Python 库是 Keras。在本节中，将使用 Keras 构建信用卡支付违约预测模型，并了解构建一个具有五个隐藏层的人工神经网络有多容易、应用激活函数、训练模型并与 TensorFlow 进行比较有多容易。

11.3.1 Keras 简介

Keras 是 Python 中的一个开源的深度学习库，旨在提供高级别、用户友好、模块化和可扩展的服务。Keras 被认为是一个接口，而不是一个独立的机器学习框架，因为它运行在 TensorFlow、CNTK 和 Theano 之上。Keras 拥有超过 20 万用户的庞大社区，这使它成为最受欢迎的深度学习库之一。

11.3.2 安装 Keras

Keras 的官方网站是 `https://keras.io`。最简单的下载方式是在命令行中输入以下代码：`pip install keras`。默认情况下，Keras 将使用 TensorFlow 作为其张量操作库，当然也可以给它配置另一个后端。

11.3.3 获取数据集

使用的信用卡客户违约数据集是从 UCI 机器学习库下载的，下载网页如下[⊖]：
`https://archive.ics.uci.edu/ml/datasets/default+of+credit+card+clients`
有关数据集中列的命名约定，请参阅网页上的"属性信息"部分。因为原数据集采用 Microsoft Excel 的 XLS 格式，所以需要进行数据处理。打开文件，删除包含补充属性信息的第一行和第一列，将其保存为 CSV 文件。此文件的副本可在源代码存储库的 `files\chapter11\default_cc_clients.csv` 中找到。

将此数据集作为 `pandas` 的 DataFrame 对象读取到 `df` 变量中：

```
In [ ]:
    import pandas as pd

    df = pd.read_csv('files/chapter11/default_cc_clients.csv')
```
[⊖]

用 `info()` 命令查看这个 DataFrame 对象：

```
In [ ]:
    df.info()
Out[ ]:
    <class 'pandas.core.frame.DataFrame'>
    RangeIndex: 30000 entries, 0 to 29999
    Data columns (total 24 columns):
    LIMIT_BAL                   30000 non-null int64
    SEX                         30000 non-null int64
    EDUCATION                   30000 non-null int64
    MARRIAGE                    30000 non-null int64
    AGE                         30000 non-null int64
    PAY_0                       30000 non-null int64
    ...
```

⊖ Yeh, I. C., and Lien, C. H. (2009). *The comparisons of data mining techniques for the predictive accuracy of probability of default of credit card clients. Expert Systems with Applications*, 36(2), 2473-2480.

⊖ 此处要改成我们自己的路径，与前文操作一致。——译者注

```
PAY_AMT6                    30000 non-null int64
default payment next month  30000 non-null int64
dtypes: int64(24)
memory usage: 5.5 MB
```

输出被截断了，但是摘要显示这个数据集有 30 000 行信用违约数据，有 23 个特征。因变量是名为 `default payment next month` 的最后一列，这个变量的值为 1 表示有违约行为发生，反之则为 0。

如果打开 CSV 文件，你将注意到数据集中的所有值都是数字格式，性别、教育和婚姻状况等值已经转换为等效的整数，省去了需要进行额外数据预处理的步骤。如果有包含字符串或布尔值的数据集，请记住执行标签编码并将它们转换为需要的指标值。

11.3.4 缩放和拆分数据

在将数据集输入模型之前，必须将数据集转换成适当的格式，步骤如下：

1）将数据集拆分成因变量和自变量两部分：

```
In [ ]:
    feature_columns= df.columns[:-1]
    features = df.loc[:, feature_columns]
    target = df.loc[:, 'default payment next month']
```

数据集的最后一列是因变量，把它存储到 `target` 变量中；其余的值是模型的特征，存储到 `features` 变量中。

2）将数据集拆分成训练数据和测试数据：

```
In [ ]:
    from sklearn.model_selection import train_test_split

    train_features, test_features, train_target, test_target = \
        train_test_split(features, target, test_size=0.20, random_state=0)
```

sklearn 的 `train_test_split()` 命令可以将数组或矩阵拆分为随机训练和测试子集，这里提供的每一个非关键字参数都可以得到一对输入的训练测试的拆分。这里你将获得两对这样的输入和输出数据。`test_size` 参数表示用 20% 的输入数据作为测试数据，`random_state` 参数设置为将随机数字发生器清零。

3）将拆分的数据转换为一个 NumPy 数组对象：

```
In [ ]:
    import numpy as np

    train_x, train_y = np.array(train_features), np.array(train_target)
    test_x, test_y = np.array(test_features), np.array(test_target)
```

4）最后，用 sklearn 模块的 `MinMaxScaler()` 函数将特征值进行缩放来标准化数据集：

```
In [ ]:
    from sklearn.preprocessing import MinMaxScaler

    scaler = MinMaxScaler()
    train_scaled_x = scaler.fit_transform(train_x)
    test_scaled_x = scaler.transform(test_x)
```

前面的章节中用的是 `fit_transform()` 和 `transform()` 命令。但是，这一次默认的缩放范围是 0 到 1。有了这个数据集，就可以基于 Keras 来设计一个神经网络了。

11.3.5 基于 Keras 的深度神经网络设计

建立模型时，Keras 使用图层的概念。这样做有两种方法：最简单的方法是使用线性层叠的顺序模型，另一种方法是用 API 功能构建复杂的模型，例如多输出模型、有向无圈图或具有共享层的模型。这意味着来自一个层的张量输出可以用于定义模型或者模型本身就是一个层。

1）使用 Keras 库建立一个 Sequential 模型：

```
In [ ]:
    from keras.models import Sequential
    from keras.layers import Dense
    from keras.layers import Dropout
    from keras.layers.normalization import BatchNormalization

    num_features = train_scaled_x.shape[1]

    model = Sequential()
    model.add(Dense(80, input_dim=num_features, activation='relu'))
    model.add(Dropout(0.2))
    model.add(Dense(80, activation='relu'))
    model.add(Dropout(0.2))
    model.add(Dense(40, activation='relu'))
    model.add(BatchNormalization())
    model.add(Dense(1, activation='sigmoid'))
```

`add()` 函数可以将层添加到模型中。第一层和最后一层分别是输入层和输出层，每个 `Dense()` 命令创建一个有稠密连接的神经元的规则层。在它们之间有一个 dropout 层，用来将随机的几个输入单元设置为 0，这有助于防止过拟合。在这里，规定删除率为 20%——通常使用的值是 20% ~ 50%。

`Dense()` 命令的第一个参数值为 80，表示输出空间的维度。可选的 `input_dim` 参数指输入层的特征数。除了输出层之外，其他层都定义了 ReLU 激活函数。在输出层之前，有一个 BN 层将激活均值转换为零，将标准差转换到 1 附近。与最终输出层的 Sigmoid 激活函数一起作用，输出值可以舍入到最接近 0 或 1，满足二进制分类解决方案。

2）`summary()` 命令可以显示模型的概况：

```
In [ ]:
    model.summary()
Out[ ]:
_____
Layer (type)                 Output Shape              Param #
=================================================================
dense_17 (Dense)             (None, 80)                1920

dropout_9 (Dropout)          (None, 80)                0

dense_18 (Dense)             (None, 80)                6480

dropout_10 (Dropout)         (None, 80)                0

dense_19 (Dense)             (None, 40)                3240

batch_normalization_5 (Batch (None, 40)                160

dense_20 (Dense)             (None, 1)                 41
=================================================================
Total params: 11,841
Trainable params: 11,761
Non-trainable params: 80
_____
```

可以看到每一层的输出形状和权重。计算稠密层的参数数量为权重矩阵的总数加上偏置矩阵中的元素数。比如，第一个隐藏层 dense_17 将有 $23 \times 80 + 80 = 1920$ 个参数。

Keras 中可用的激活函数信息可以查看 https://keras.io/activations/。

3）用 compile() 命令对模型进行训练：

```
In [ ]:
    import tensorflow as tf

    model.compile(optimizer=tf.train.AdamOptimizer(),
                  loss='binary_crossentropy',
                  metrics=['accuracy'])
```

optimizer 参数指定用于训练模型的优化器，Keras 也提供了一些优化器，但是这里选择基于上一节中 TensorFlow 的 Adam 优化器来自定义一个优化器。选择二元交叉熵计算作为损失函数，因为它适用于二元分类问题。metrics 参数定义了在训练和测试期间产生的度量数据。拟合模型后会产生检索精度。

Keras 中可用的优化器信息可以查看 https://keras.io/optimizers/。
Keras 中可用的损失函数信息可以查看 https://keras.io/losses/。

4）下面用 100 个 epoch 的 fit() 命令来训练我们的模型：

```
In [ ]:
    from keras.callbacks import History

    callback_history = History()

    model.fit(
        train_scaled_x, train_y,
        validation_split=0.2,
        epochs=100,
        callbacks=[callback_history]
    )
Out [ ]:
    Train on 19200 samples, validate on 4800 samples
    Epoch 1/100
    19200/19200 [==============================] - 2s 106us/step -
loss: 0.4209 - acc: 0.8242 - val_loss: 0.4456 - val_acc: 0.8125
    ...
```

当模型为每个epoch生成详细的培训更新时，前面的输出将被截断。然后创建一个 History() 对象，并将其输入到模型的回调中，以便在培训期间记录所有的事件。fit() 命令定义 epoch 的数量和批尺寸，validation_split 参数设置说明，20% 的训练数据将作为验证数据保留，即评估每个epoch结束时的损失和模型度量。

 除了一次性训练数据外，你还可以批量训练你的数据。用epochs和batch_size 参数调用 fit() 命令，例如：model.fit(x_train,y_train,epochs=5, batch_size=32)。你还可以使用 train_on_batch() 命令手动进行批量训练，例如：model.train_on_batch(x_batch, y_batch)。

11.3.6 度量模型的性能

利用测试数据，可以计算模型的损失和准确率：

```
In [ ]:
    test_loss, test_acc = model.evaluate(test_scaled_x, test_y)
    print('Test loss:', test_loss)
    print('Test accuracy:', test_acc)
Out[ ]:
    6000/6000 [==============================] - 0s 33us/step
    Test loss: 0.432878403028
    Test accuracy: 0.824166666667
```

结果显示这个模型有 82% 的准确率。

风险度量

在第10章中，讨论了基于分类的预测模型性能衡量中的混淆矩阵、准确率得分、精度得分、召回率得分和F1得分。对于这个模型，可以继续使用这些风险度量。

由于模型输出是在 0 到 1 之间的标准化十进制格式，因此将其四舍五入为 0 或 1，以获得预测的二进制分类标签：

```
In [ ]:
    predictions = model.predict(test_scaled_x)
    pred_values = predictions.round().ravel()
```

用 `ravel()` 命令将结果转化为一个表，并存储在 `pred_values` 变量中。

计算并显示混淆矩阵：

```
In [ ]:
    from sklearn.metrics import confusion_matrix

    matrix = confusion_matrix(test_y, pred_values)
In [ ]:
    %matplotlib inline
    import seaborn as sns
    import matplotlib.pyplot as plt

    flags = ['No', 'Yes']
    plt.subplots(figsize=(12,8))
    sns.heatmap(matrix.T, square=True, annot=True, fmt='g', cbar=True,
        cmap=plt.cm.Blues, xticklabels=flags, yticklabels=flags)
    plt.xlabel('Actual')
    plt.ylabel('Predicted')
    plt.title('Credit card payment default prediction');
```

结果如图 11-4 所示。

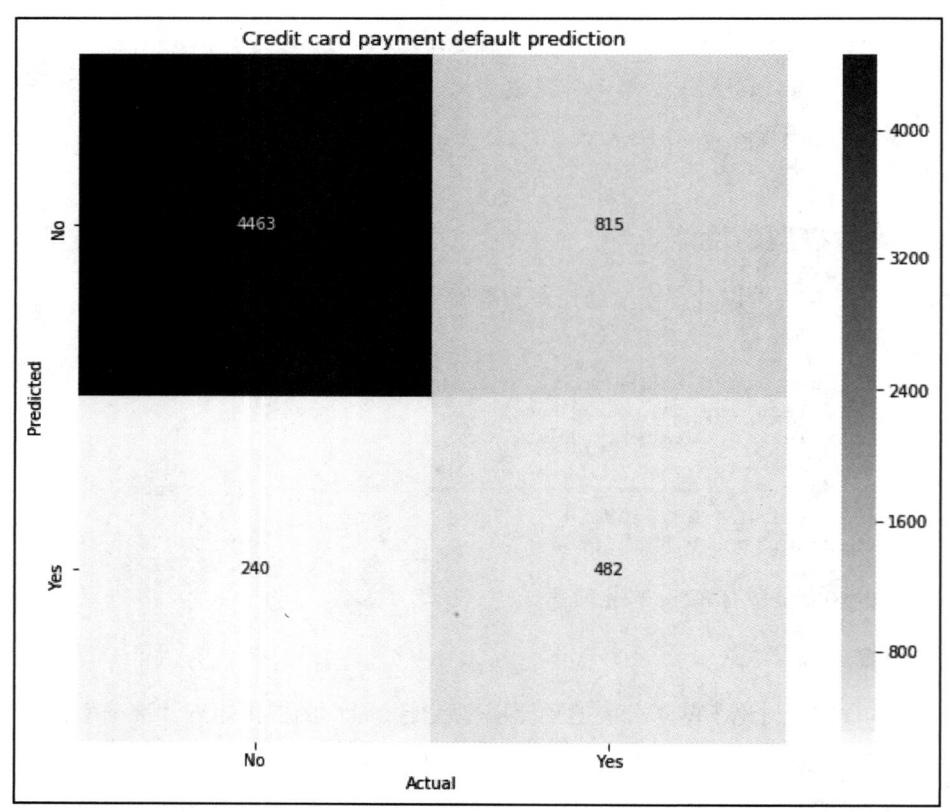

图　11-4

用sklearn模块中的函数显示准确率得分、精度得分、召回率得分和F1得分：

```
In [ ]:
    from sklearn.metrics import (
        accuracy_score, precision_score, recall_score, f1_score
    )
    actual, predicted = test_y, pred_values
    print('accuracy_score:', accuracy_score(actual, predicted))
    print('precision_score:', precision_score(actual, predicted))
    print('recall_score:', recall_score(actual, predicted))
    print('f1_score:', f1_score(actual, predicted))
Out[ ]:
    accuracy_score: 0.818666666667
    precision_score: 0.641025641026
    recall_score: 0.366229760987
    f1_score: 0.466143277723
```

这个很低的召回率得分和略低于平均值的F1得分表示，这个模型其实并不具有竞争力。下一节中，将介绍通过访问历史记录中的事件来寻找更多信息。

11.3.7 显示Keras历史记录中的事件

回顾一下`callback_history`变量，它是在`fit()`命令中填充的`History`对象。`History.history`属性是一个包含四个变量的字典，存储训练和验证过程中产生的准确率得分和损失值。这些表示为每个epoch后保存的值列表。将此信息提取到一个单独的变量中：

```
In [ ]:
    train_acc = callback_history.history['acc']
    val_acc = callback_history.history['val_acc']
    train_loss = callback_history.history['loss']
    val_loss = callback_history.history['val_loss']
```

绘制训练和验证过程中的损失图像，代码如下：

```
In [ ]:
    %matplotlib inline
    import matplotlib.pyplot as plt

    epochs = range(1, len(train_acc)+1)

    plt.figure(figsize=(12,6))
    plt.plot(epochs, train_loss, label='Training')
    plt.plot(epochs, val_loss, '--', label='Validation')
    plt.title('Training and validation loss')
    plt.xlabel('epochs')
    plt.ylabel('loss')
    plt.legend();
```

结果如图11-5所示。

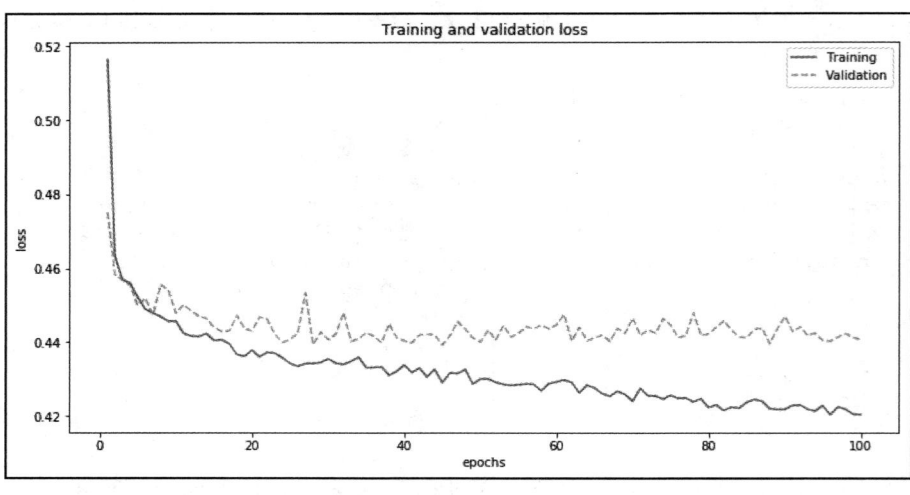

图 11-5

实线显示训练损失随 epoch 次数增加而减少,这意味着这个模型随着时间的推移能更好地学习训练数据;虚线显示验证时随着时间的增加,损失也在增加,这意味着这个模型在验证集上的推广不够好。这些趋势表明,这个模型容易过拟合。

用以下代码绘制训练和验证过程中的准确率:

```
In [ ]:
    plt.clf()   # Clear the figure
    plt.plot(epochs, train_acc, '-', label='Training')
    plt.plot(epochs, val_acc, '--', label='Validation')
    plt.title('Training and validation accuracy')
    plt.xlabel('epochs')
    plt.ylabel('accuracy')
    plt.legend();
```

结果如图 11-6 所示。

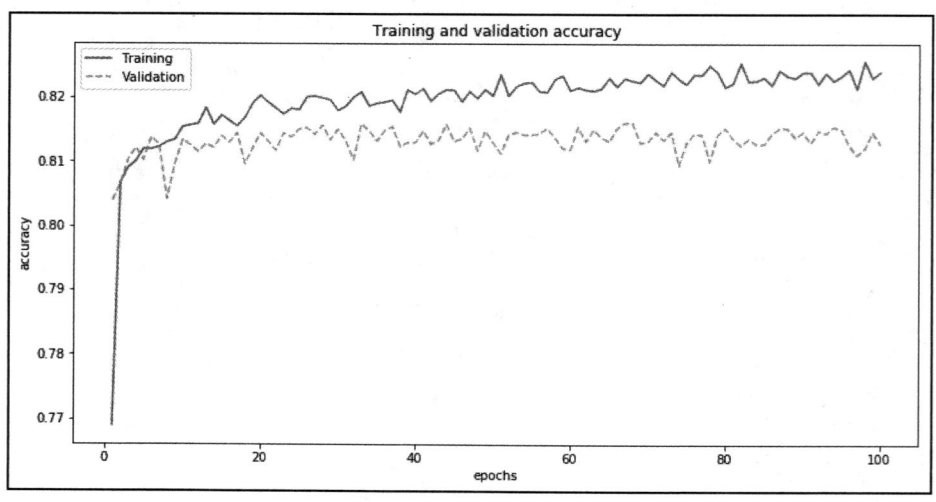

图 11-6

实线显示训练准确率随着 epoch 次数的增加而增加，而虚线则显示验证过程中准确率不断降低。这表明这个模型存在对训练数据的过拟合，需要做更多的工作来进行完善！为了防止过拟合，可以使用更多的训练数据，减少网络的容量，增加权重，使用 dropout 层。在实际中，深度学习建模需要理解潜在的问题，找到合适的神经网络体系结构，并研究激活函数对每一层的影响，以获得更好的效果。

11.4 总结

本章介绍了神经网络的深层学习和应用。人工神经网络包括输入层、输出层以及一个或多个在输入输出层中间的隐藏层。每一层都由人工神经元组成，每个人工神经元都接收加权输入，将这些输入与一个偏差相加，然后由激活函数将这些输入转换为输出，并将其作为另一个神经元的输入。

使用 TensorFlow Python 库，我们构建了一个具有四个隐藏层的深度学习模型，以预测股票的价格。通过缩放并将数据集拆分成训练和测试数据，对数据集进行了预处理。设计人工神经元网络涉及两个阶段。第一阶段是组装图形，第二阶段是训练模型。TensorFlow 的 session 对象提供一个执行环境——在这个环境中，模型在多个 epoch 上进行训练，每个 epoch 上使用小型批处理训练。当模型输出标准化值时，将数据缩放回其原始表示以返回预测价格。

另一个流行的深度学习库是 Keras——使用 TensorFlow 作为后端。本章中用它构建了另一个深层次学习模型，通过五个隐藏层来预测信用卡支付违约情况。Keras 在定义模型时使用了图层的概念，你看到了添加层、配置模型、训练模型和评估其性能是多么容易！Keras 的 History 对象记录了训练和验证过程中每次 epoch 的损失和准确率。

实际上，要建立一个良好的深度学习模型，还需要努力去理解深层次的问题，以便产生最好的结果。

推荐阅读

R语言经典实例（原书第2版）

作者：JD Long，Paul Teetor ISBN：978-7-111-65681-4 定价：139.00元

基于R语言的金融分析

作者：Mark J. Bennett，Dirk L. Hugen ISBN：978-7-111-65821-4 定价：119.00元

金融数据分析导论：基于R语言

作者：Ruey S.Tsay ISBN：978-7-111-43506-8 定价：69.00元

机器学习与R语言（原书第2版）

作者：Brett Lantz ISBN：978-7-111-55328-1 定价：69.00元

推荐阅读

Python学习手册（原书第5版）

作者：Mark Lutz ISBN：978-7-111-60366-5 定价：219.00元

Python 3标准库

作者：Doug Hellmann ISBN：978-7-111-60895-0 定价：199.00元

Effective Python：编写高质量Python代码的59个有效方法

作者：Brett Slatkin ISBN：978-7-111-52355-0 定价：59.00元

Python数据整理

作者：Tirthajyoti Sarkar 等 ISBN：978-7-111-65578-7 定价：99.00元

推荐阅读

利用Python进行数据分析（原书第2版）

书号：978-7-111-60370-2　作者：Wes McKinney　定价：119.00元

Python数据分析经典畅销书全新升级，第1版中文版累计印刷10万册

Python pandas创始人亲自执笔，Python语言的核心开发人员鼎立推荐

针对Python 3.6进行全面修订和更新，涵盖新版的pandas、NumPy、IPython和Jupyter，并增加大量实际案例，可以帮助你高效解决一系列数据分析问题